全国测绘地理信息职业教育教学指导委员会“十四五”规划教材
全国测绘地理信息类职业教育“十四五”规划教材

变形监测技术及应用

主　编　邹自力　马　铭
副主编　马力鹤　苟彦梅　杨志坚
主　审　郑红亮

本书立体化资源

黄河水利出版社
·郑州·

内容提要

本书为全国测绘地理信息职业教育教学指导委员会“十四五”规划教材、全国测绘地理信息类职业教育“十四五”规划教材。全书主要内容分为三部分:第一部分为变形监测技术,包括变形监测的基础知识、变形监测中使用的仪器与方法概述、变形监测的基本方法、变形监测数据处理、变形监测资料整理与变形分析5个项目;第二部分为各类工程变形监测项目,包括边坡工程变形监测、隧道及地下工程变形监测、基坑工程变形监测、大型桥梁变形监测、城市高层建筑物变形监测、大型钢构建筑物变形监测6个项目;第三部分为变形测量信息系统及工程案例,包括变形测量信息系统和工程案例2个项目。教材在编写过程中引用了许多有特色的实例,对理论和方法进行了比较充分的论证,比较全面地反映了变形监测的基础知识、基础理论和基础方法,具有较强的理论性和实用性。

本书内容是作者多年教学、实践经验的体现,其特点是突出基础知识的系统性、实用性。全书由浅入深,重点明确,通俗易懂。本书可作为高等职业院校测绘工程专业的教材,还可供从事测量及建筑工程设计等有关技术人员参考使用。

图书在版编目(CIP)数据

变形监测技术及应用/邹自力,马铭主编. —郑州:黄河水利出版社,2024. 2

全国测绘地理信息类职业教育“十四五”规划教材

ISBN 978-7-5509-3837-3

Ⅰ. ①变… Ⅱ. ①邹…②马… Ⅲ. ①变形观测-高等职业教育-教材 Ⅳ. ①TV698. 1

中国国家版本馆 CIP 数据核字(2024)第 023803 号

策划编辑:陶金志 电话:0371-66025273 E-mail:838739632@ qq. com

责任编辑 乔韵青 责任校对 郑佩佩

封面设计 黄瑞宁 责任监制 常红昕

出版发行 黄河水利出版社

地址:河南省郑州市顺河路 49 号 邮政编码:450003

网址:www. yrcp. com E-mail:hhslcbs@ 126. com

发行部电话:0371-66020550

承印单位 河南承创印务有限公司

开 本 787 mm×1 092 mm 1/16

印 张 17. 75

字 数 410 千字

版次印次 2024 年 2 月第 1 版 2024 年 2 月第 1 次印刷

定 价 49. 00 元

前言

党的二十大报告中强调“实施科教兴国战略,强化现代化建设人才支撑”。做出教育优先发展的战略部署,要求 2035 年建成教育强国,充分体现了在社会主义现代化强国建设中教育的基础性、先导性和全局性战略地位。我国教育必须全面贯彻党的教育方针,落实立德树人根本任务,培养德、智、体、美、劳全面发展的社会主义建设者和接班人。《国家教育事业发展“十四五”规划》中指出“坚持把立德树人成效作为检验学校一切工作的根本标准”“坚持不懈培育和弘扬社会主义核心价值观,大力加强爱国主义教育,深入推动习近平新时代中国特色社会主义思想进学校、进课堂、进头脑……”

为适应新时代我国经济发展的需要,贯彻教育部关于高等职业院校人才培养的有关精神,进一步学习贯彻习近平新时代中国特色社会主义思想进课堂,入脑入心,作者对《变形监测技术》原有教材进行了改编,在原有教材的基础上加入数字化资源,实现了传统纸质教材与数字化教学资源相融合。数字化教学资源主要以视频形式在学习通学习平台进行共享(可自行搜索,进入学习)。

2020 年 5 月 28 日,教育部印发的《高等学校课程思政建设指导纲要》中要求,将课程思政融入课堂教学建设全过程,作为课程设置、教学大纲核准和教案评价的重要内容,落实到课程目标设计、教学大纲修订、教材编审选用、教案课件编写各方面,贯穿于课堂授课、教学研讨、实验实训、作业论文各环节。为此,本书每个项目都设置了与项目内容相关的思政内容,不仅包含了培养学生爱党、爱国、爱集体、家国情怀、文化素养、法治意识、道德修养等方面的内容,还包含了阐述创新精神、工匠精神、北斗精神等测绘专业相关的思政内容。在学生学习专业知识的同时,对学生进行了系统性的中国特色社会主义教育、社会主义核心价值观教育、中华优秀传统文化教育。进一步推进习近平新时代中国特色社会主义思想进教材、进课堂、进头脑。引导学生了解世情、国情、党情、民情,深刻理解中华优秀传统文化的同时,增强学生职业责任感,培养遵纪守法、爱岗敬业、无私奉献、诚实守信、开拓创新的职业品格。

本书注重培养学生的基本技能、基本理论和实践能力。每个项目理论知识学习结束后均设置了实践中遇到的工程问题,便于增强学生处理实际工程问题的能力,实现工学结合,产教相融。

本书由东华理工大学高等职业技术学院邹自力和甘肃交通职业技术学院马铭担任主编,由甘肃交通职业技术学院马力鹤、甘肃林业职业技术学院苟彦梅、甘肃铁道综合工程勘察院有限公司杨志坚担任副主编,由中铁十二局集团第七工程有限公司项目经理郑红亮担任主审。具体编写分工为:邹自力编写项目十;马铭编写项目四、项目五、项目九;马力鹤编写项目二、项目三、项目十一、项目十二;荀彦梅编写项目一、项目六、项目七、项目八;杨志坚编写项目十三。

本书在编写过程中参阅了大量国内外有关专业著作和文献资料,在此谨对这些尊敬的专家、学者和老师表示深深的感谢。本书在编写过程中借鉴了网络上的案例、图片及视频等资源,在此表示感谢!因无法联系到作者本人,如有不妥之处,请通过出版社与主编沟通处理。

由于编者水平有限,书中不妥之处在所难免,恳请同行专家、学者及读者批评指正。

编 者

2023 年 10 月

目　录

第一部分　变形监测技术

第二部分 各类工程变形监测项目

第三部分 变形测量信息系统及工程案例

第一部分　变形监测技术

项目一　变形监测的基础知识

【项目概述】

世间万物无时无刻不受到力的作用。在力的作用下,物体将改变原有运动学状态,力的作用效果使物体产生机械运动发生变形。本项目主要内容为变形监测的基本概念、变形监测目的与意义、变形监测的特点与分类、变形监测的精度与频率、变形监测的内容与方法等。在传授专业知识的同时融入思政教育,注重培养学生的职业道德、工匠精神、责任与担当,激发学生的学习兴趣、爱国、理想、正义、道德等正能量,对学生人生成长积极引导,充分发挥课程的德育功能,运用德育的学科思维,在"润物细无声"的知识学习中融入理想信念层面的精神指引。

【学习目标】

［知识目标］

1. 掌握变形监测的目的与意义、变形监测的主要任务;

2. 掌握变形监测的特点与变形监测的分类;

3. 掌握变形监测的内容与方法;

4. 了解变形监测技术的研究现状及进展。

［技能目标］

1. 能够根据建筑物的允许偏移值计算出观测中误差并确定等级;

2. 能够读懂变形监测技术设计书,会进行变形监测网的布设;

3. 会分析引起工程变形的原因,判断建筑物的安全程度。

［思政目标］

1. 帮助学生树立爱国情怀、文化自信、科技强国理念;

2. 激发学生投身于祖国工程建设的情怀,培养学生一丝不苟、爱岗敬业、精益求精的大国工匠精神。

【考核内容】

1. 知识考核:变形监测的目的与意义,变形监测的特点,变形监测的内容;

2. 技能考核:变形监测网的设计,变形监测实施的注意事项。

【规范】

1.《建筑变形测量规范》(JGJ 8—2016);

2.《工程测量通用规范》(GB 55018—2021);
3.《工程测量标准》(GB 50026—2020)。

任务一　变形监测概述

【任务导学】

随着现代化建设和工业企业建设的发展,各种大型而复杂的工程建筑物日益增多,工程建筑物在兴建和运营过程中,由于许多客观和主观方面的原因,工程建筑物发生沉降、位移、挠曲、倾斜和裂缝等现象。为了不影响建筑物的正常使用,保证生产安全,必须对工程建筑物进行变形监测。

【任务要求】

掌握什么是工程变形监测,引起工程变形的原因有哪些;掌握工程变形监测的主要任务有哪些;在网站上了解多种工程事故典型事例,思考这些事故的原因;了解变形监测成功案例;认识变形监测的意义。

一、变形监测的基本概念

变形是自然界普遍存在的现象。工程建筑物的兴建,从施工开始到竣工及建成后整个运营期间都要不断地监测,以便掌握其变形情况并及时发现问题,保证工程建筑物的安全。

所谓"变形"(deformation),是指工程建筑物由于某种原因而产生的位置、形状和大小的变化,被观测的工程建筑物又称为"变形体"。而变形监测则是对变形体进行观测和分析的过程。具体地说,变形监测就是定期地对变形体的有关几何量进行测量并从观测成果中整理、分析出变形规律的整个过程;其目的就是要获得变形体产生变形的空间状态和时间特性,确定变形值的大小及稳定程度,同时解释变形的原因。

广义地讲,变形监测并不只局限于工程建筑物,以它严密的理论和灵活的方法应用于社会生产的许多部门。例如,用于大地构造研究和地震预报的大地变形测量(地壳形变测量)即变形监测中极为活跃的一个分支。然而,由于本书编写目的的限制和专业特点,不得不将精力集中在对工程建筑物所进行的变形监测上。因此,本书除特殊声明外,所有变形监测均是指工程建筑物的变形监测。

变形监测又称变形观测,是对变形体进行测量以确定其自身变形,或者通过测量确定其空间位置随时间的变化特征。《工程测量标准》(GB 50026—2020)中提出,变形监测指对监测对象的形状或位置变化及相关影响因素进行监测,确定监测体随时间的变化特征,并进行变形分析的过程。

变形监测与其他学科的关系十分密切。首先,作为工程测量在工程建设中应用,其观测方法与工程测量特别是精密工程测量中的方法十分类似,如前方交会法、导线法、视准线法等;其次,由于变形分析的需要,它又必须借助于测量平差及其他近代数据处理技术,如回归分析、频谱分析、时序分析、随机过程等,另外,在对变形进行物理解释时,又要利用建筑设计、结构、力学等方面的知识;最后,为了进一步地观测到工程建筑物瞬间的变形,还必须采用摄影测量、自动化及计算机应用等技术。变形监测是工程测量与其他有关学科结合形成的边缘学科。

二、变形监测的目的与意义

变形监测的目的是获得变形体的空间位置随时间变化的特征,科学、准确、及时地分析和预报工程建筑物的变形状况,同时还要正确地解释变形的原因和机制。

(一)安全监测

变形测量的使用意义是安全监测。主要是检查各种工程建筑物、地质构造、工业构件等的稳定性,分析和评价建筑物的安全状态,以便及时发现问题和采取应对措施。由于各种因素的影响,工程建筑物在施工运营过程中都会产生变形。这种变形在一定限度内是允许的正常现象,但如果超过了规定的限度,就会影响建筑物的正常使用,严重的还可能危及建筑物的安全。因此,在工程建筑物的施工和运营期间必须对其进行变形监测,以确定或预测变形的大小及其对建筑物安全的影响。

拦河大坝是一类重要的工程建筑物,大坝失事在极短时间内即造成巨大损失。对工程建筑没有及时进行变形监测,造成重大损失的例子不计其数。

我国自20世纪50年代初期就开始了对水库大坝的变形监测。而且,所有的大型工程建筑物和危及人民安全的重点滑坡地段都定期地进行了变形监测,对避免灾害发生起了积极作用。1984年,长江三峡地区发生了一次大滑坡,由于该地区进行了广泛的变形测量,对这次滑坡作了正确的预报,使滑坡体上约11 000名居民在滑坡前一周搬离,避免了一场大灾难的发生。20世纪80年代,开始对长江葛洲坝的变形监测是我国变形监测工作十分成功的典范。1998年,长江流域大洪水,湖北隔河岩大坝成功利用GNSS自动化变形监测系统在抗洪错峰中发挥了巨大作用,确保了长江安全度汛,避免了荆江大堤灾难性的分洪。

通过上述分析,可以得出明确的结论:对工程建筑物坚持长期而严密的变形监测,可以检查各种工程建筑物和地质构造的稳定性,及时发现问题,防患于未然。

(二)积累材料,为科学试验服务

变形测量的科学意义包括更好地理解变形的机制,验证有关工程设计的理论是否正确、设计方案是否合理,以及建立正确的预报变形的理论和方法。反馈设计施工质量,验证设计参数,研究正确的变形规律和预报变形的方法等。

由于地基组成成分复杂、土力学对试验数据的依赖性很大,有必要在各地对大量不同基础形式的建筑物进行观测,以便为后期的设计积累资料,作为验证设计方法和修改、完善设计方案的依据。科学试验服务,对某种新结构、新材料的性能作出科学的或客观的评价,需要在一个较短的时间内,在人工条件下让建筑物产生变形,以取得科学数据。此时,测量师要在短时间内以较高的精度测出一系列的变形值。

在国际上,国际测量师联合会(FIG)于1969年在工程测量专业委员会中成立了变形监测及其自动化小组,并于1978年在波恩成立了“变形监测分析专门委员会”,以便在世界范围内进一步协调和加强变形监测及其成果分析的研究工作。

变形监测的意义为安全监测、积累材料、科学试验服务,这三方面说明了对工程建筑物进行观测的必要性。历史的经验与教训已经很明确地告诉我们,加强变形监测的理论研究和实际工作是十分重要的。

三、引起变形的原因

各种工程建筑物都要求坚固稳定,以延长其使用年限。因此,了解可能引起变形的原因,对于变形监测系统的设计和变形监测成果的分析、解释都是十分重要的。引起变形的原因可以归纳为客观原因和主观原因两个方面,即影响工程建筑物变形的因素有外部因素和内部因素两个方面。

(一)引起变形的客观原因

自然条件及其变化,即外部因素,主要是指建筑物负载及其自重的作用使地基不稳定,震动或风力等因素引起的附加载荷,地下水水位的升降及其对基础的侵蚀作用,地基土地载荷与地下水水位变化影响下产生的各种工程地质现象及地震、飓风、滑坡、洪水等自然灾害引起的变形或破坏。

(1)荷重影响。当在砂土或黏土的地基上,兴建大型的现代化的厂房、高炉、水塔及烟囱时,由于荷重的增加,土壤被逐渐压缩,地基下沉,因而引起建筑物的变形。如某水泥厂储藏库共有10个直径为10 m、高度达27 m的筒库,总容量达2.4万t,储藏库装料后,基础连续下沉,导致邻近车间框架梁板开裂,库区四周地面凹陷,两侧铁路专用线被迫停用。

(2)地下水影响。地下水的升降对建筑物的变形影响很大。例如,上海地区历年来的地面沉降资料表明,在1969年以前,地面沉降量的变化幅度很大,在20世纪50年代和60年代初,作为地面沉降监测点的城市水准点,其下沉量每年都达几厘米之多。

(3)地震影响。地震之后会出现大面积的地面升降现象。例如,1963年3月的邢台地震后,有的地面升高7 cm,有的地面则下降30多cm。

(4)地下开采影响。由于地下开采,地面及其上建筑物变形现象比较严重。例如,本溪市采煤,造成个别地区地面下沉达2 m多。

(5)外界动力影响。爆破、重载运输和连续性的机械振动,也会引起建筑物的变形。例如,抚顺某锻钢车间在5 t的锻锤的作用下,有4根角柱从1966年至1969年下沉了5 cm。

(6)其他影响。地基土的冻融、建筑物附近附加荷重及恶劣气候(如台风)等的影响,都有可能引起建筑物的变形。例如,济南某厂烟囱高44 m,底部直径5.12 m,基础直径10.22 m,埋深2.8 m,自重950 t,由于在烟囱东侧增建1 300 t的锅炉房,烟囱向锅炉房方向严重倾斜。

(二)引起变形的主观原因

与建筑物本身相联系的原因,即内部因素,主要是指建筑物本身的结构、负重、材料及内部机械设备振动作用。由于地质勘探不充分、设计不合理、施工质量差、运营管理及施工方法不当等引起的不应有的额外变形和人为破坏也是重要因素。

(1)地质勘探不充分。例如,没发现地基下的旧河道。

(2)设计不合理。例如,对土地承载力、各种荷载估计错误;对当地的地基土特性了解不够；套用其他地方的做法造成的错误，结构计算中的失误等。

(3)施工质量差。例如，地基基础处理不当，使用了较差的材料，砂石没有洗净或者水分过多或保养不当致使混凝土强度减弱等。

(4)运营管理及施工方法不当。例如，软土上施工时没有处理好地下水或基坑壁的保护，引起显著的地面沉降和位移；打工程桩使近地面隆起而引起上面的建筑物变形；高大建筑物施工时没顾及大风的影响；钢结构施工时没顾及日照及气温变化的影响；巨大钢构件焊接时没注意保温，让灼热的焊缝过快冷却，从而产生巨大的热应力等不良后果。

通常，这些大型建(构)筑物变形的原因都是互相联系的，并贯穿于建(构)筑物的施工和运营管理阶段。

四、变形监测的主要任务

工程变形监测的主要任务是周期性地对目标进行观测，从观测点的位置变化中了解建筑物变形的空间分布，通过对各次观测成果分析比较，了解其随时间的变化特征，从而判断建筑物的质量、变形的过程及变形的趋势，对超出变形允许范围的建(构)筑物及时地分析原因，采取加固措施，防止变形的发展，避免事故的发生。

任务二　变形监测的特点与分类

【任务导学】

变形监测是对工程建筑物进行精准测量，为安全、科研等服务，它和我们已掌握的测量方法有什么不同呢？它的特点表现在哪里？它分为哪些监测呢？

【任务要求】

掌握变形监测有哪些特点；掌握变形监测是如何分类的。

一、变形监测的特点

变形监测与工程建设中的地形测量和施工测量相比，具有以下特点：

(1)重复性观测。这是变形监测的最大特点。重复观测的频率取决于变形的大小、速度及观测目的。第一次观测称为初始观测周期或零周期观测，每一周期的观测方案中，监测网的图形、使用仪器、作业方法乃至观测人员都要尽可能一致。

(2)观测精度高。相比其他测量工作，变形监测精度要求高，典型精度要求达到1 mm或相对精度达到1×10^{-6}。但对于不同的任务或对象，精度要求有差异，即使对于同一建筑物的不同部位，观测精度也不尽相同。变形监测的精度取决于变形的大小、速率、仪器和方法所能达到的实际精度及观测的目的等。

(3)综合应用多种测量方法。由于各种测量方法都有其优缺点，因此根据工程的特点和变形测量的要求，综合应用地面测量方法(如几何水准测量、三角高程测量、方向和角度测量、距离测量等)、空间测量技术(如GNSS技术、合成孔径雷达干涉等)、近景摄影测量、地面激光雷达技术及专门测量手段，可以起到取长补短、相互校核的目的，从而提高变形测量精度和可靠性。

(4)数据处理过程的严密性。变形量一般很小,有时甚至与观测精度处在同一量级,要从含有误差的观测值中分离出变形信息,需要严密的数据处理方法。观测值中经常含有粗差和系统误差,在估计变形模型之前要进行筛选,以保证结果的正确性。变形模型一般预先是不知道的,需要仔细地鉴别和检验。对于发生变形的原因还要进行解释,建立变形和变形原因之间的关系。变形监测资料可能是由不同的方法在不同的时间采集的,需要综合地利用。再者,变形监测是重复进行的,多年观测积累了大量资料,必须有效地管理和利用这些资料。

(5)多学科综合分析。变形监测工作者必须熟悉并了解所要研究的变形体,包括变形体的形状特征、结构类型、构造特点、所用材料、受力状况及所处的外部环境条件等,这就要求变形监测工作者应具备地质学、工程力学、岩土力学、材料科学和土木工程等方面的相关知识,以便制订合理的变形监测精度指标和技术指标,合理而科学地处理变形监测资料和分析变形监测成果,特别是对变形体的变形做出科学合理的物理解释。

二、变形监测的分类

工程建筑物"变形"的类型可以从如下5个方面进行划分。

(一)按照变形监测的研究范围分类

按照变形监测的研究范围可将其分为全球性变形监测、区域性变形监测和工程变形监测。

(1)全球性变形监测,指对地球自身动态变化(如自转速率变化、地极移动、海水潮汐、地球板块运动、地壳形变等)的监测。

(2)区域性变形监测,指对一个城市或一个工矿厂区等区域性地域进行的监测,如三峡库区周边地表沉降监测等。

(3)工程变形监测,指对某个具体的工程建筑物进行的监测。

(二)按照变形体产生变形的时间和过程分类

按照变形体产生变形的时间和过程可将其分为静态变形和动态变形。

(1)静态变形。静态变形通常是指变形监测的结果只表示在某一时间段内产生的变形,是时间的函数,一般通过周期观测得到,如高层建筑物的沉降。

(2)动态变形。动态变形是指在外力作用下而产生的变形。它是以外力的函数来表示动态系统对于时间的变化,其观测结果往往是表示建筑物在某个时刻的瞬间变形,即某个时刻的瞬时变形,是外力的函数,一般通过持续监测得到,如地震、滑坡、塌方等。

(三)按照变形监测相对于变形体的空间位置分类

按照变形监测相对于变形体的空间位置可将其分为外部变形监测和内部变形监测。

(1)外部变形监测,主要是测量变形体在空间三维几何形态上的变化,普遍使用的是常规测量仪器和摄影测量设备,这种测量手段技术成熟、通用性好、精度高,能提供变形体整体的变形信息,但野外工作量大,不容易实现连续监测。

(2)内部变形监测,主要是采用各种专用仪器,对变形体结构内部的应变、应力、温度、渗压、土压力、孔隙压力及伸缩缝开合等项目进行观测,这种测量手段容易实现连续、自动的监测,长距离遥控遥测,精度也高,但只能提供局部的变形信息。

（四）按照变形监测的目的分类

按照变形监测的目的可将其分为施工变形监测、监视变形监测和科研变形监测。

(1)施工变形监测,在施工过程中对其变形的监测。

(2)监视变形监测,在工程竣工投入使用后的监测。

(3)科研变形监测,为了研究变形规律和机制而进行的监测等。

（五）从变形分析的角度来考虑变形模型分类

从变形分析的角度来考虑变形模型可分为静态的变形模型、运动的变形模型和动态的变形模型。

(1)静态的变形模型只考虑变形的空间特性,或者说几何特性。也就是说,用静态的变形模型进行变形分析时,所关心的只是变形是否发生,或变形有多大。这种模型在点位稳定性分析中经常用到。

(2)运动的变形模型是在静态变形模型的基础上引入时间因素。它同时考虑变形的空间特性和时间特性。用运动的变形模型进行分析时,不仅可以求出变形的大小,还可求出变形的速度和加速度。对于工程建筑物的变形监测来说,变形速度是极其重要的数据,因此对一般工程建筑物的变形监测,常采用运动的变形模型。

(3)动态的变形模型考虑的主要因素是变形的一些物理特性,如振幅、频率。它主要用于分析风力振动等瞬间产生的连续的变形。对于这种连续的变形一般采用带有连续自动记录装置、摄影装置等特殊的方法进行观测,其变形分析也必须采用一些特殊的手段或方法(如频谱分析和时序分析等),以适应其需要,并达到变形分析的最终目的。

三、变形监测技术的研究现状及发展

变形监测技术作为工程测量中极为重要的一个分支,也是土木工程领域的关键技术之一,是保障工程安全和可靠性的重要手段。变形监测在近几十年得到了迅速发展,主要体现在以下几个方面。

(1)在观测手段方面。首先摄影测量技术、激光技术及自动化技术在变形监测中的应用越来越广泛。GNSS 定位技术已在区域性变形监测及大型工程变形监测中得到应用,我国自主研制的全球卫星导航系统——北斗卫星定位系统(BDS)可以为全球用户提供全天候、全天时、高精度的位置、速度、时间等信息。BDS 在变形监测领域有着广泛的应用,主要体现在实时动态变形监测、综合位移监测、桥梁结构监测、矿山监测等,其高精度、高可靠性及全国性覆盖等特点,已经成为变形监测的重要手段之一,并将在未来的工程监测和预警中发挥更加重要的作用。

(2)数据处理和分析技术的进步。理论上更严密、实用上更合理的数据处理方法(如自由网平差、验后方差估计、抗差估计等)得到了越来越广泛的应用,而且这种趋势仍将长期保持下去,在这方面,除传统的假设检验、回归分析等建立在统计理论基础之上的方法和建立在力学、物理学基础之上的确定函数法外,其他新的方法也得到了试验和初步应用,如模糊聚类分析、灰色理论、人工神经网络等。这些方法将为变形数据处理和分析带来新的生机。大数据处理技术、机器学习算法的应用,极大地提高了监测数据的处理效率和准确性,从而能够实现更加准确、及时地监测和诊断结构变形。

(3)结构健康监测技术发展。工程变形监测一般只监测结构变形或外部载荷作用下的变形,而新型的结构健康监测技术常常可以监测结构的疲劳、裂纹等情况,为运营维护提供准确数据。

(4)监测管理平台变革。近年来,监测管理平台也在不断发展进化,新的监测管理平台(如 BIM、GIS)可更好地将变形监测数据与实际工程数据进行有力的整合,为更好地进行变形管理提供了可能。

综上所述,一种能综合各种经验、知识、情况和观测资料的变形分析专家系统将是未来计算机在变形监测应用中的发展方向。

未来变形监测技术的发展重点将集中在提高传感器精度和灵敏度上,进一步深入研究数据处理与分析技术,更好地实现对结构健康状况的监测和诊断,并打造全新的监测管理平台,全面提高变形监测技术的可靠性和使用价值。

任务三　变形监测的精度与频率

【任务导学】

变形监测属于精密工程,变形监测有哪些工作环节?主要影响的因素有哪些?变形监测的等级和精度是如何确定的?变形监测的频率取决于什么?如何确定建筑物的沉降稳定期?

【任务要求】

了解制约变形监测质量的主要因素,熟悉变形监测工作环节;掌握变形监测的等级,每种等级的精度指标和适用范围;掌握变形监测精度确定方法,能根据建筑物的允许偏移值计算出观测中误差并确定等级;掌握变形监测频率的含义、影响因素,了解一般建筑物的观测频率。

一、变形监测的精度

变形监测的必要精度取决于该项工程变形监测的目的和允许变形值的大小。观测目的通常分为检查施工、监视建筑物安全和研究变形过程 3 种情况。一般说来,检查施工对变形监测的要求较低,监视建筑物安全稍高,研究变形过程精度要求最高。实际上由于工程建设项目种类繁多,工程复杂程度各异,观测周期也不一样,所以对变形监测的精度要求定出统一的规格是困难的,在极端的情况下,对于重要的工程建筑物应该“以当时能达到的最高精度为标准来进行变形监测”。但是,对于大多数情况,仍然有必要确定变形监测的必要或合理的精度。合理的精度是重要的,过高的精度要求测量工作复杂,费用和时间增加;而精度定得太低又会增加变形分析的困难,使所估计的变形参数误差太大,甚至会得出不正确的结论。

例如,考虑某个变形监测问题,设允许变形为 20 mm,如果变形监测的精度为±10 mm,则变形监测中可能出现的误差就达±20 mm。此时,即使真实的变形为0,也有可能出现计算出的变形值为±20 mm 而发出错误警报的可能性。

讨论变形监测必要精度的基本思路是:先根据有关因素求出形变观测值(一般是指

同一点在不同时期的坐标差在 ΔX、ΔY、ΔH)的必要精度。然后套用现有的有关规范或采用相应的算法(如优化设计)来确定距离、方向、角度、高差等原始观测中予以实施。后一步与传统的大地控制网或工程控制网的有关内容完全相同,第一步则具有变形监测本身的特点。因此,我们讨论的主要问题是如何确定形变观测值 ΔX、ΔY、ΔH 的必要精度。

(一)精度等级

根据《建筑变形测量规范》(JGJ 8—2016),建筑变形测量应以中误差作为衡量精度的指标,并以 2 倍中误差作为极限误差。对通常的建筑变形测量项目,可根据建筑类型、变形测量类型及项目勘察、设计、施工、使用或委托方的要求,从表 1-1 中选择适宜的观测精度等级。表 1-1 为《建筑变形测量规范》(JGJ 8—2016)中的表 3.2.2。

表 1-1　建筑变形测量的等级、精度指标及其适用范围

等级	沉降监测点测站高差中误差/mm	位移监测点坐标中误差/mm	主要适用范围
特等	0.05	0.3	特高精度要求的变形测量
一等	0.15	1.0	地基基础设计为甲级的建筑的变形测量;重要的古建筑、历史建筑的变形测量;重要城市的基础设施的变形测量等
二等	0.5	3.0	地基基础设计为甲、乙级的建筑的变形测量;重要场地的边坡监测;重要的基坑监测;重要管线的变形测量;地下工程施工及运营中的变形测量;重要城市的基础设施的变形测量等
三等	1.5	10.0	地基基础设计为乙、丙级的建筑的变形测量;一般场地的边坡监测;一般的基坑监测;地表、道路及一般管线的变形测量;一般的城市基础设施的变形测量;日照变形测量;风振变形测量等
四等	3.0	20.0	精度要求低的变形测量

注:1. 沉降监测点测站高差中误差:对水准测量,为其测站高差中误差;对静力水准测量、三角高程测量,为相邻沉降监测点间等价的高差中误差。

2. 位移监测点坐标中误差:监测点相对于基准点或工作基点的坐标中误差、监测点相对于基准线的偏差中误差、建筑上某点相对于其底部对应点的水平位移分量中误差等。坐标中误差为其点位中误差的 1/2。

对明确要求按建筑地基变形允许值来确定精度等级或需要对变形过程进行研究分析的建筑变形测量项目,应符合下列规定:

(1)应根据变形测量的类型和现行国家标准《建筑地基基础设计规范》(GB 50007—2011)的规定或工程设计给定的建筑地基变形允许值,先按下列方法估算变形测量精度:

①对沉降监测,应取差异沉降的沉降差允许值的 1/20~1/10 作为沉降差测定的中误差,并将该数值视为监测点测站高差中误差;

②对位移观测,应取变形允许值的 1/20~1/10 作为位移量测定中误差,并根据位移量测定的具体方法计算监测点坐标中误差或测站高差中误差。

(2)估算出变形测量精度后,应按下列规则选择表 1-1 规定的精度等级:

①当仅给定单一变形允许值时,应按所估算的精度选择满足要求的精度等级,当给定多个同类型变形允许值时,应分别估算精度,按其中最高精度选择满足要求的精度等级;

②当估算的精度低于表1-1中四等精度的要求时,应采用四等精度;

③对需要研究分析变形过程的变形测量项目,宜在上述确定的精度等级基础上提高1个等级。

(二)确定变形监测必要精度的基本原则

变形监测的必要精度主要应根据变形监测的目的、允许变形值的大小、变形的速度及工程的性质来确定。

1971年,在国际测量师联合会(FIG)第十三届会议上,工程测量委员会中的变形监测及其自动化小组对变形监测精度方面提交的报告认为:如果观测的目的是使变形值不超过某一允许的数值而确保建筑物的安全,则其观测中误差应小于允许变形值的1/20~1/10;如果观测的目的是研究其变形的过程,则其观测的中误差应比这个数值小得多。

1981年,FIG第八个五年计划六届会议认为:为实用目的,观测的中误差应不超过允许变形值的1/20~1/10或1~2 mm;为科研目的,观测的中误差应不超过允许变形值的1/100~1/20或0.02 mm。这就概括地说明了变形监测的必要精度与观测目的、允许变形值大小之间的关系,也是确定必要精度的一个基本原则。实际工作中,不同类型的工程建筑物,变形监测的精度要求差别很大;同类工程建筑物,由于其结构形式和所处环境不同,变形监测的精度要求也有差异;对于同一工程建筑物,不同部位变形监测的精度要求也不尽相同。因此,有关变形监测的精度问题应进一步研究。

(三)分析变形监测的必要精度

1.按允许变形值确定观测精度

建筑物的允许变形值大多由设计单位提供或依据有关规程中的规定,一般可以直接套用。有关允许限差规定可参考表1-2。设允许变形值为$\Delta_{容}$,则按上述原则有:观测的必要精度(中误差)$M=\Delta_{容}/(10\sim20)$。现举例如下:

表1-2　工程建筑物的允许限差

序号	项目	允许限差
1	塔架挠度	任意两点间的倾斜应小于两点间高差的1/100
2	桅杆的自振周期	$T\leqslant 0.01L$,T为周期(s),L为桅杆高度(m)
3	微波塔在风荷载作用下的变形	在垂直面内的偏角不应小于1/100,在水平面内的扭转角不应小于1°~1.5°
4	框架结构高层建筑$\dfrac{\delta(层间位移)}{H(层高)}$	风荷载1/400,地震荷载1/250

续表 1-2

序号	项目		允许限差	
5	框架剪力墙高层建筑$\frac{\delta(层间位移)}{H(层高)}$		风荷载 1/600,地震荷载 1/350~1/300	
6	剪力墙高层建筑$\frac{\delta(层间位移)}{H(层高)}$		风荷载 1/800,地震荷载 1/500	
7	桅杆顶部位移		不应大于桅杆高度的 1/100	
8	砖石承重结构基础的局部倾斜/m (L 为相邻柱基之间的距离)		砂土和中低压缩性黏土	高压缩性黏土
			$0.002L$	$0.003L$
9	工业与民用建筑相邻柱基的差异沉降 (L 为相邻柱基之间的距离)/m	框架结构	$0.002L$	$0.003L$
		当基础不均匀沉降时不产生压力的结构	$0.005L$	$0.005L$
10	桥式吊车轨面倾斜		纵向 4‰,横向 3‰	
11	高耸结构基础的倾斜 (h 为相对地面高度)	$h \leq 20$ m	≤3‰	
		20 m $\leq h \leq$ 50 m	≤6‰	
		50 m $\leq h \leq$ 100 m	≤5‰	

例 1:某核电厂边坡的允许变形(滑坡)值为 $\Delta_{容}=20$ mm,根据上述原则即可确定变形监测的必要精度为 $M=\pm1$ mm。

例 2:某综合勘察院在观测一幢 $H=30$ m 的大楼的变形时,根据设计人员提出的允许倾斜度 $\alpha=4‰$ 求得顶点的允许偏移值为 $\Delta_{容}=\alpha H=120$ mm,进一步求得观测中误差 $M=\pm6$ mm。

高大建筑(高层建筑和超高层建筑等)的倾斜变形监测精度,则应根据建筑设计规定的横向总体倾斜允许值按上述方法予以确定。一般规定,高大建筑总体倾斜的允许值可按下式计算:

$$\alpha=\frac{B}{100H} \tag{1-1}$$

式中　B——高大建筑基础的宽度;

H——高大建筑的高度。

若以允许的总体倾斜横向位移表示,则为:

$$\Delta=\alpha H \tag{1-2}$$

若是为了监视建筑物的安全并取允许值的 1/20,则倾斜监测的精度(观测点的位置中误差)应为:

$$m_p = \frac{1}{20}\Delta = \frac{\alpha H}{20} \tag{1-3}$$

按式(1-3)计算的倾斜监测精度见表1-3。

表1-3 按允许值计算高大建筑的倾斜监测精度

建筑类型	层数	宽度 B/m	高度 H/m	倾斜允许值		观测精度
				$\alpha=\frac{B}{100H}$/‰	$\Delta=\alpha H$/mm	$m_p=\frac{\alpha H}{20}$/mm
多层建筑	5~8	10	15~30	3.3	99	5.0
高层建筑	8~20	15	30~60	2.5	150	7.5
超高层建筑	20以上	20	60~120	1.7	204	10.2
高耸建筑物			100	1.5	150	7.5

如果是为了研究变形的过程,则其误差应比表1-3中的数值小得多,一般认为取观测中误差的1/5,但有时甚至应采用目前测量手段和仪器所能达到的最高精度。所以,在实际工作中,还应结合工程设计部门对建筑物的允许偏差要求或有关规范的具体规定,以及变形监测目的和测量工作者的经验来确定出合理的观测精度。

2. 按变形监测实测数据的统计分析确定观测精度

这种方法一般是从实际经验出发并顾及当前的测量技术水平而定的。由于不同类型工程建筑物,变形监测的精度要求差别较大而难以定出统一规格。但是,我们可以根据对各类工程多年变形监测数据统计分析,确定出该类工程的预期最大变形值,再定出变形监测精度。下面给出各类工程的分析结果。

(1)特殊精密工程,如高能粒子加速器、大型抛物面天线、特种军事工程等,其平面位移的测量中误差要求在±(0.1~0.5)mm。沉降监测的精度为±(0.05~0.2)mm。

(2)对于为了科学研究而进行的变形监测,往往要求达到±0.1 mm的精度。

(3)大型工程建筑物,如对于有连续生产线的大型车间(钢结构、钢筋混凝土结构的建筑物),通常要求观测工作能反映出1 mm的沉降量;对于一般厂房,要求观测工作能反映出2 mm的沉降量。因此,观测点高程的精度为±(0.5~1)mm。这些大型建筑物的平面位移观测精度一般在±(1~3)mm。

(4)水利工程建筑物,根据其结构、形状不同,观测内容和精度也有所差异。即使对于同一建筑物(如拱坝)的不同部位,其观测精度也不相同,变形大的部位(如拱冠)的观测精度可稍低于变形小的部位(如拱座)。对于混凝土大坝,其沉降和水平位移监测的精度都是±(1~2)mm;对于土坝,则为±(5~10)mm。

(5)对于土木工程,测定其变形值的精度不低于±2 mm。

(6)滑坡变形监测精度一般在±(10~50)mm。

至于必要精度与变形速度关系,主要是由于变形速度的大小决定了两次(期)观测之间变形值的大小,而变形监测最终要反映出变形。因此,当变形速度大时,两次(期)观测间的变形量也大,这时可适当地放宽精度。反之,当变形速度很小时(如大地板块运动),则应适当地提高精度。

总的来说,在确定工程建筑物的变形监测精度时,要考虑的影响因素可以归纳为表 1-4。

表 1-4　影响变形监测精度因素

影响因素	精度要求高	精度要求低
变形监测目的	安全监测	积累资料
结构或设备对变形的反映	敏感	不敏感
预期的或正常的变形	小	大
观测时间间隔	短	长
变形速度	小	大
建筑物造价	高	低

二、变形监测的频率

变形监测的特点之一是重复观测。一定时间内观测的次数为观测频率,相邻两次观测之间的时间间隔为观测周期,单位时间的变形量为变形速率。

变形监测周期或频率应以能反映变形体的变形过程并且不遗漏其变化时刻为基本原则。变形监测的频率应根据变形监测的目的、变形值的大小、变形的速度和工程性质来确定。

(1)系统观测。根据日历计划和荷载增加的进度所进行的变形监测,称为系统观测。变形的速度越大,观测间隔要求越短。在掌握了一定的规律或变形稳定后,可减少观测次数。

对于同一工程建筑物,在不同的时期,观测间隔要求也不一样。变形监测的初始周期通常在变形监测控制网建立完毕,由于对变形规律不了解,初始周期是以后各期计算的基础,所以应特别重视观测质量,通常需要连续测若干次,取其平均值作为初始观测成果,以提高初始观测值的可靠性。工程施工开始后,由于载荷的不断增加,地基下的土层逐渐压缩沉降,此阶段变形较快,所以施工过程中观测周期应该适当缩短,如以 3 d、5 d、7 d、10 d、15 d 等为周期进行观测;或者以载荷的增加(如楼层数增加)为周期进行观测,每增加一定的载荷即可观测一次。在工程建筑物竣工初期,变形速度较快,观测周期应短一些,随着建筑物的逐渐稳定,观测周期逐步加长,但仍然要定期观测,以便发现异常变化,此后逐步加长观测周期,如 1 个月、1 个季度、半年,直至变形速度小于相关规范规定的稳定限值(认为建筑物变形已经停止),则认为建筑物已趋于稳定,不需要继续观测。

(2)附加观测,因突发事件和自然条件发生急剧变化,而临时增加的变形监测,称为附加观测。例如,水坝变形监测中的洪水对大坝的影响;基础上的负荷或附近地面荷载急剧增加或减少;外界温度急剧变化;基础四周地面大量积水、长时间连续降水及地下水位发生急剧变化等。

(3)对于旨在详细研究变形过程的变形监测,间隔要求很短,有时甚至要求连续观测。例如,风振或动荷载引起大桥的振动过程。

下面以基础沉陷的观测过程为例,说明确定观测频率的方法。

在荷载的影响下，基础下土层的压缩是逐渐实现的，因此基础的沉陷也是逐渐增加的。一般认为建筑在砂类土层上的基础，其沉陷在施工期间已大部分完成；而建筑在黏土类土层上的基础，其沉陷在施工时期只完成了一部分。图 1-1 为不同类土层上基础的过程。

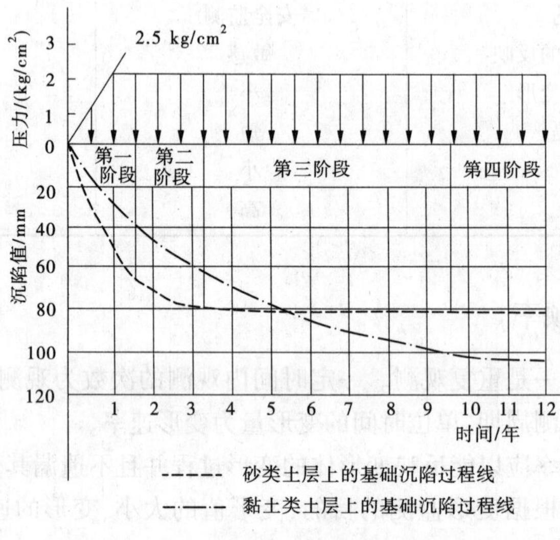

图 1-1　不同类土层上基础的沉陷过程

由图 1-1 可以看出，对于砂类土层上基础的沉陷过程可以分为四个阶段：第一阶段是在施工期间，随着基础上压力的增加，沉陷速度很大，年沉陷量达 20~70 mm。到第二阶段，沉陷速度就显著变慢，年沉陷量为 20 mm。第三阶段为平稳下沉阶段，其速度为每年 1~2 mm。第四阶段沉陷曲线几乎是水平的，也就是说到了沉陷停止的阶段。根据这种情况，在观测精度要求相同时，沉陷观测的频率是变化的。在施工过程中，频率应大一些，一般有 3 d、7 d、15 d 三种周期，到了竣工运营以后，频率可小一些，一般有 1 个月、2 个月、3 个月、半年及 1 年等不同的周期。在施工期间也可以按荷载增加的过程进行观测，即从观测点埋设稳定后进行第一次观测，当荷载增加到 25%时观测一次，以后每增加 15%观测一次。竣工后，一般第一年观测 4 次，第二年观测 2 次，以后每年观测 1 次。在掌握了一定规律或变形稳定后，可减少观测次数。这种根据日历计划或荷载增加量进行的变形监测，称为“正常情况下的系统观测”。

除上述系统观测外，有时还要进行紧急观测，这通常是在出现特殊情况（如台风、洪峰等）的前后进行的。

另外，还可以推导出观测周期与观测精度和变形速度之间的关系式。下面就以沉陷观测为例，推导出它们之间的关系。

设沉陷观测量的中误差（沉陷观测量中误差一般为沉陷点高程中误差的 $\sqrt{2}$ 倍）为 $M_{\Delta h}$，沉陷速度为 v，沉陷量 Δh 与测量误差之比的允许值为 K，则应有：

$$\Delta h \geqslant KM_{\Delta h}$$

又设观测周期为 T，则：

$$\Delta h = vT$$

于是，观测周期可由下式确定：

$$T \geqslant \frac{KM_{\Delta h}}{v} \tag{1-4}$$

在已知观测周期的情况下，也可由式(1-4)解出观测精度：

$$M_{\Delta h} \leqslant \frac{vT}{K} \tag{1-5}$$

对于水平位移，也可作类似的推导。关于 K 值，一般建议取10。

任务四　变形监测的基本内容

【任务导学】

变形监测涉及多种类工程建设项目，其监测内容也较多，如何分类？在后续学习中，应抓住常规的变形监测来学习，那么变形监测有几个步骤和过程？变形监测的方法主要有哪些？其发展方向是什么？

【任务要求】

掌握变形监测内容的分类方法及每类有哪些监测项目；了解常规变形监测有哪些？其监测内容是什么？

一、变形监测的基本内容

(一)变形监测内容分类

变形监测内容可按几何量和物理量的方法进行如下分类。

1. 有关几何量的变形监测

有关几何量的变形监测的主要内容包括水平位移监测、垂直位移监测(沉降监测)、倾斜监测、挠度监测、裂缝监测、扭转监测、震动监测等。

水平位移是监测点在平面上的移动，它可分解到某一个特定方向；垂直位移是监测点在铅垂线上的移动；而倾斜、挠度、裂缝等也可归结为沉降和水平位移监测。

2. 有关物理量的变形监测

有关物理量的变形监测的主要内容包括应力监测、应变监测、水位监测、温度监测、气压监测、渗流监测、渗压监测、扬压力监测等。总的来说，变形监测的内容应根据变形体的性质与地基情况来确定。

对于不同类型的建筑物，其监测的内容和方法有一定的差异。我们常接触到城市建设中的高楼变形监测及基坑变形监测项目，其内容各有不同，可参照《建筑变形测量规范》(JGJ 8—2016)、《建筑基坑工程监测技术标准》(GB 50497—2019)的技术要求进行。

(二)常规变形监测

工程建筑物常规变形监测的内容主要包括水平位移监测、沉降监测、倾斜监测、挠度监测和裂缝监测、日照与风振监测、应力监测、水位监测等。

1. 水平位移监测

建筑物平面位置随时间发生的移动称为水平位移,简称位移。水平位移监测就是测定变形体沿水平方向的位移变形值,并提供变形趋势与稳定预报而进行的测量工作。产生水平位移的原因主要是建筑物及其基础受到了水平应力的影响,如基坑侧向位移、堤坝水平位移、边坡滑坡监测等。常采用高精度的全站仪、GNSS设备进行观测,实时监测建筑物的水平位移量,能有效地监控建筑物的安全状况,并可根据实际情况采取适当的加固措施。

2. 沉降监测

建筑物在高程方向上的变形,本应称为垂直位移,但由于历史的沿袭和特定情况下的需要,以及考虑与建筑学、岩石力学、土力学等相关学科之间融会贯通,常称为沉降或沉陷。建(构)筑物垂直位移监测是测定基础和建(构)筑物本身在垂直方向上的位移。当前,在建筑物施工或使用阶段进行沉降监测,其首要目的仍是保证建筑物的安全,常采用精密水准仪进行观测,通过沉降监测发现沉降异常,分析原因并采取必要的防范措施。

3. 倾斜监测

建筑物在垂直度方面的变形。倾斜一般是不同侧变形量的大小不一样造成的,如基础的不均匀沉降等。如图1-2所示,当变形体发生倾斜时,顶点 O' 移至 O'',偏距为 e,则倾斜度 i 和倾斜角 α 存在下面关系式:

$$i = \tan\alpha = e/h$$

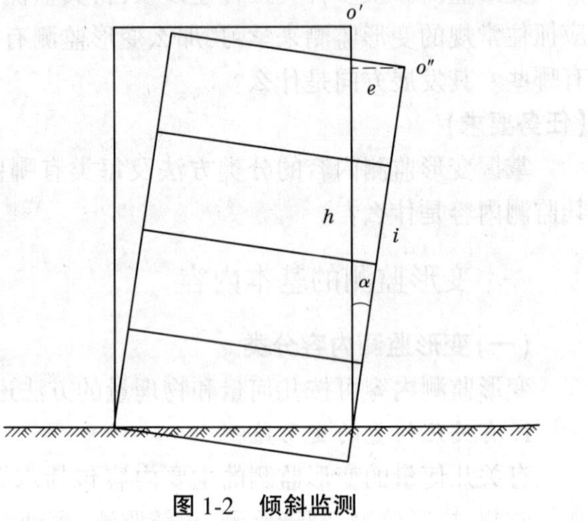

图1-2 倾斜监测

4. 挠度监测

当建筑基础、桥梁、大跨度构件、建筑物上部结构、墙、柱等发生弯曲变形时,应进行挠度监测。挠度即为建筑物的基础、构件或上部结构等在弯矩作用下因弯曲而产生的变形,是结构或构件的实际形状相对于初始形状的弯曲程度值,分为竖向挠度值与横向挠度值。

5. 裂缝监测

建筑物由于各部分变形不均匀产生裂缝,对建筑物的安全危害重大。为了了解其现状和掌握其发展情况,应立即进行裂缝变化的监测,裂缝监测应测定裂缝的位置分布走向、长度、宽度、深度及其变化情况。裂缝监测一般采用卷尺、游标卡尺和裂缝计进行。

6. 日照与风振监测

日照变形指建筑受阳光照射受热不均而产生的变形,从而影响其安全性。日照变形监测的主要内容是获取建筑物变形与时间、温度变化的关系。

高层、超高层建筑或其他建(构)筑物上部结构在风的作用下会产生位移或偏移。风振监测的目的是测定水平位移、风速和风向,为风振影响分析和计算风振参数等提供基础资料。选在受强风影响的时间段内进行观测,可以获得更有价值的成果。风荷载作用下超高层建筑或高耸结构将发生频率较高的位置振动,卫星导航定位动态测量模式可以实时地测定监测点的坐标时间序列,是目前风振观测最合适的方法。

7. 应力监测

应力监测一般是指在建(构)筑物施工过程中(如钢结构安装、卸载、改造、加固,混凝土浇筑等过程),采用监测仪器对受力结构的应力变化进行监测,在监测值接近控制值时发出报警,用来保证施工的安全性,也可用于检查施工过程是否合理。对钢结构、基坑、轨道、码头等常要进行应力监测。应力监测采用应力监测仪,该仪器是一种操作方便、精度高、实时监测岩体内部应力、远距离自动监测的仪器,可广泛应用于煤矿开采、土木、水利、道路、隧道、地下工程等。

8. 水位监测

水位是水体在某一地点的水面离标准基面的高度。水位资料与人类社会生活和生产关系密切,水利、桥梁、港口、航道、给水排水、基坑等工程建设都需水位资料。水位监测的主要内容是获取水面涨落变化信息,为各种工程项目的规划、设计、施工和管理提供水位资料,为决策提供依据。

(三)不同工程建筑物的变形监测内容

各种建筑物变形监测内容应根据建筑物的性质与地基情况来确定,要有明确的针对性,既要有重点,又要做全面考虑,以便能正确反映出建筑物的变形情况,达到监视建筑物的安全、了解其变形规律的目的。

(1)工业与民用建筑物变形监测内容。对于基础而言,主要观测内容是均匀沉陷与不均匀沉陷,从而测量绝对沉陷值、平均沉陷值、相对弯曲、相对倾斜、平均沉陷速度以及绘制沉陷分布图。对于建筑物本身来说,则主要是倾斜与裂缝监测。对于工业企业、科学试验设施与军事设施中的各种工艺设备、导轨等,其主要观测内容是水平位移和垂直位移。对于高大的塔式建筑物和高层房屋,还应观测其瞬时变形、可逆变形和扭转(动态变形)。

(2)土木建筑物变形监测内容。以土坝为例,其观测内容主要为水平位移、垂直位移、渗透(浸润线)以及裂缝监测。

(3)钢筋混凝土建筑物变形监测内容。以混凝土重力坝为例,其主要观测内容为垂直位移和水平位移,从而可以分别求得基础与坝体的转动、坝体的挠曲以及伸缩缝的变形值。以上内容通常称为外部变形监测。此外,由于混凝土坝是一种大型水工建筑物,其安危影响很大,设计理论也比较复杂,除观测其外形的变化外,还要了解其结构内部的情况,如混凝土应力、钢筋应力、温度等,这些内容通常称为内部观测。外部观测与内部观测之间有着密切的联系,应该同时进行,以便在资料分析时可以互相补充、互相验证。然而,内部观测一般不是由测绘工作者完成的。

(4)地面沉降变形监测内容。对于建立在江河下游冲击层上的城市,工业用水需要大量地抽取地下水,从而影响地下土层的结构,使地面发生沉降现象。例如,我国某城市地表沉降监测的成果表明地表有时沉降,有时回升,这与季节性地抽取地下水有关。在地下采矿地区,在地下大量的采掘也会使地表发生沉降现象。因此,必须定期地进行观测,掌握其沉降与回升的规律,以便采取防护措施。

为了更全面地了解影响工程建筑物变形的原因及其规律以及有些特种工程建筑物的要求，有时在其勘测阶段就要进行地表形变观测，以研究地层的稳定性。

二、变形监测的基本方法

变形监测是为了查明建筑物随时间变化的微小量而进行的监测，因此对观测方法和精度要求是相当高的。变形监测方法与测量仪器的发展密切相关，大体上可分为如下四类。

（一）常规大地测量方法

常规大地测量方法通常指的是利用常规的大地测量仪器测量方向、角度、边长、高差等技术来测定变形的方法，包括布设成边角网、各种交会法、极坐标法、几何水准测量法以及三角高程测量法等。常规的大地测量仪器有光学经纬仪、光学水准仪、电磁波测量仪、电子经纬仪、电子全站仪以及测量机器人等。这类方法测量精度高，应用灵活，适用于不同变形体和不同的工作环境，但是野外工作量大。

（二）数字摄影测量方法

数字摄影测量方法包括近景摄影测量和地面立体摄影测量等，它可以同时测量许多观测点，尤其适用于动态时的变形体观测。采用无人机技术对变形体进行摄影测量，然后通过数字摄影测量处理获得变形信息。与其他方法相比较，数字摄影测量方法具有以下显著特点：信息量丰富，可以同时获得变形体上大批目标点的变形信息；摄影影像完整记录了变形体各时期的状态，便于后续处理；外业工作量小，效率高但劳动强度低；可用于监测不同形式的变形，如缓慢、快速或动态的变形；观测时不需要接触被监测物体。

（三）空间测量技术

空间测量技术包括甚长基线干涉测量（VLBI）、卫星激光测距、GNSS 技术、TCA 测量机器人、3D 扫描等。空间测量技术先进，可以提供大范围变形信息，是研究地壳形变及地表下沉等全球性变形的主要手段。

（1）GNSS 技术在测量的连续性、实时性、自动化及受外界干扰小等方面表现出越来越多的优越性。GNSS 方法可以用于测定场地滑坡的三维变形、大坝和桥梁水平位移、地面沉降以及各种工程的动态变形等（如风振、日照及其他动荷载作用下的变形）。

（2）地面三维激光扫描，应用于变形监测的特点：一是信息丰富，地面三维激光扫描系统以一定间隔地点对变形体表面进行扫描，形成大量点的三维坐标数据。二是与单纯依靠少量监测点对变形体进行变形监测研究相比，具有信息全面和丰富的特点。三是实现对变形体的非直接测量。地面三维激光扫描系统采集点云的过程中完全不需要接触变形体，仅需要站与站之间拼接时，在变形体周围布置少量的标靶。四是便于对变形体进行整体变形的研究，地面三维激光扫描系统通过多站的拼接可以获取变形体多角度、全方位、高精度的点云数据，通过去噪、拟合和建模，可以方便地获取变形体的整体变形信息。

（3）合成孔径雷达干涉测量（InSAR）技术，使用微波雷达成像传感器对地面进行主动遥感成像，采用一系列数据处理方法，从雷达影像的相位信号中提取地面的形变信息。用 InSAR 进行地面形变监测的主要优点在于：覆盖范围大，方便迅速；成本低，不需要建立监测网；空间分辨率高，可以获得某一地区连续的地表形变信息；全天候，不受云层及昼夜影响。

(四)专门测量方法

专门测量方法又称物理仪器法,包括各种准直测量(激光准直系统具有代表性)、倾斜仪观测、流体静力水准测量系统及应变测量等。专门测量手段的最大优点是容易实现连续自动监测及遥测,而且相对精度高,但测量范围不大,提供的是局部变形的信息。

1. 应变测量

应变测量是通过测量被监测物体的应变,来评估它们所受的内力和外力对其产生的变形程度。应变测量常用的仪器设备包括应变计,用于直接测量材料表面或内部的应变变化;应变靶片,通过靶片的形变和图像识别的方式来直接测量表面应变的变化;误差补偿式加速计,利用加速计中的测量误差进行变形量的计算。

2. 液体静力水准测量

液体静力水准测量是利用静止液面原理传递高程的方法,即利用连通管原理测量各点处容器内液面高差的变化,以测定垂直位移的观测方法,可以测出两点间或多点间的高差。适用于建筑物基础、混凝土坝基础、廊道和土石坝表面的垂直位移观测。一般将其中一个观测头安置在基准点,其他各观测头安置在目标点上,通过它们之间的差值就可以得出监测点相对基准点的高差。该方法无须点与点之间的通视,容易克服障碍物之间的阻挡。另外,还可以将液面的高程变化转化成电感输出,有利于实现监测的自动化。

工程建筑物变形监测的具体方法,要根据建筑物的性质、使用情况、观测精度、周围的环境以及对观测的要求来选定。在实际工作中,设计变形工作方案时应综合考虑各种测量方法的应用,互相取长补短。常用监测方法、仪器比较见表1-5。

表1-5 常用监测方法、仪器比较

方法	仪器	精度	适用性评价
常规大地测量方法	全站仪、水准仪、经纬仪、测距仪	可满足不同的精度要求	优点是灵活性大,适用于不同结构形式的建筑物;缺点是受地形通视和气候的影响,难以实现自动化监测
特殊测量手段	机械位移计	百分表的精度为0.01 mm,千分表的精度0.001 mm	优点是精度较高,测量过程简单,容易实现连续监测和自动化观测,能提供局部的观测信息;缺点是不如常规测量仪器灵活
	位移传感器	可以达到0.01 mm	
	测角仪	精度与距离有关,最高可达1 mm	可以测量建筑物的挠度、高层建筑物的倾斜、基础的沉降
	准直测量	一般精度$10^{-5}\sim10^{-6}$	可以测量建筑物的横向位移,精度较高,且易实现自动化,但不如常规测量仪器灵活

续表 1-5

方法	仪器	精度	适用性评价
摄影测量方法	摄影经纬仪	精度可达毫米级	观测精度低，有时不能满足要求，各监测点不同步，精度与建筑物的形状、大小有关，受自然地理条件限制
	数码相机		
TAC 测量机器人		1 mm+1×10⁻⁶	能够观测建筑物的沉降、位移、倾斜量等，易于实现自动化。但测点不同步，且受气候条件影响，不能全天候监测
3D 扫描		1~5 mm	优点是精度较高，测量过程迅速、全面，不需要大量监测点的布置，易于实现动态和自动化监测；缺点是难以获得内部结构隐蔽点的信息
GNSS-RTK 方式		平面精度 10 mm+1×10⁻⁶，垂直精度可达 20 mm+1×10⁻⁶	优点是全天候监测、操作简单、自动化程度高、定位速度快；缺点是平面精度高、高程精度低

一般来说，垂直位移多采用精密水准测量、液体静力水准测量、微水准测量的方法进行观测。而水平位移的观测情况就比较复杂，对于直线形建筑物，如直线形混凝土坝和土坝，常根据布设在坝顶上、廊道内、土坝的迎水坡正常高水位以上与背水坡面上的观测点，采用基准线法观测。对于混凝土坝下游面上的观测点，常采用前方交会法。对于曲线形建筑物（如拱坝），可在廊道内布设观测点，采用导线测量的方法；对于拱坝顶部和下游坝面上的观测点，也可采用前方交会的方法。混凝土坝挠度的观测，一般都是采用“正锤”（通过竖井或竖管悬挂的不锈钢丝垂线，这种垂线通常称为“正锤”或“正垂线”）的方法进行观测。坝体和基础的倾斜或转动，可在横向廊道内以倾斜仪观测，或采用液体静力水准测量，也可用精密水准测量的方法测定。裂缝（或伸缩缝）观测则使用测缝计或根据其他的观测结果进行计算。对于工业与民用建筑物、地表形变测量，也可采用地面摄影测量的方法测定其变形值。以上这些方法所使用的仪器设备与操作方法，将在以后各项目作详细的叙述。这些方法不仅用于前面所列举的工程建筑物，同时也用于其他建筑物的变形监测，如桥梁、船闸、船坞等。而这些方法本身，随着电子及计算机技术的飞速发展，也在不断地改进和完善，目前正在向着半自动化和自动化的方向发展。

任务五　变形监测网的布设

【任务导学】

建筑变形测量的技术设计与实施应能反映建筑场地、地基、基础、上部结构及周边环境在荷载和环境等因素影响下的变形程度或变形趋势，并应满足建筑设计、施工和管理对变形信息的使用要求。

【任务要求】

变形监测网是由变形监测基准点、工作基点和观测点按一定的控制网形式组成的。这些点在具体的变形监测网实施中,应该如何布设呢?

一、变形监测的基本原理

变形监测是指定期地对变形体的有关几何量进行测量,并从测量结果中整理、分析出变形规律的过程。其基本原理是在变形体上选择一定数量的有代表性的点,通过对这些点的重复观测来求出几何量的变化。

变形监测的测量点,一般分为基准点、工作基点和监测点三类。

基准点,为进行变形测量而布设的稳定的、长期保持的测量点。由于测点的位置是变化的,为了求出这种变化,从理论上讲,还必须有一定数量的位置固定或变化甚小的点,我们称之为基准点或简称为基点。基准点必须稳固,对平面来说,基准点不能水平移动;对高程来说,基准点不能升降,通常埋设在比较稳固的基岩上或变形区以外,尽可能长期保存和稳固。

布设基准点的原则:

(1)远设——在水平方向上将基准点设在变形体外;

(2)深埋——在垂直方向上将基准点设在变形体之外。

工作基点,为便于现场变形监测作业而布设的相对稳定的测量点。由于实际工作的原因,直接利用基点,因观测路线较远,误差容易积累等,此时就要利用一些介于测点和基点之间的过渡点,即所谓的"工作基点",它一般埋设在被观测对象附近,要求在观测期间内保持稳定。

监测点,布设在建筑场地、地基、基础、上部结构或周边环境的敏感位置上,能反映其变形特征的测量点,位于变形体上的具有代表性的点,也称之为观测点或简称为测点。

一般地,我们把由基准点、工作基点、监测点构成的观测系统叫作变形监测系统。工程建筑物变形监测工作的成败,受到诸多因素的影响,其中最基本的因素是变形监测方案的设计与布设。

变形测量的基本方法是在变形体的变形特征处设置一些点(称为目标点或变形点、监测点),重复测算这些点的坐标,从点的坐标变化中获取变形信息,如图 1-3 所示。

如图 1-3(a)所示,由两期高差 $h^{[1]}$、$h^{[2]}$ 观测:$H_1^{[1]}=H_A+h^{[1]}$,$H_1^{[2]}=H_A+h^{[2]}$,可得目标点 1 沉降量:

$$s_1=H_1^{[1]}-H_1^{[2]}=h^{[1]}-h^{[2]}$$

精度为

$$m_{s_1}=\pm\sqrt{m_{h^{[1]}}^2+m_{h^{[2]}}^2}=\sqrt{2}m_h$$

多个参考点形成参考网,如图 1-3(b)所示,并进行重复观测,确定参考网的稳定性。

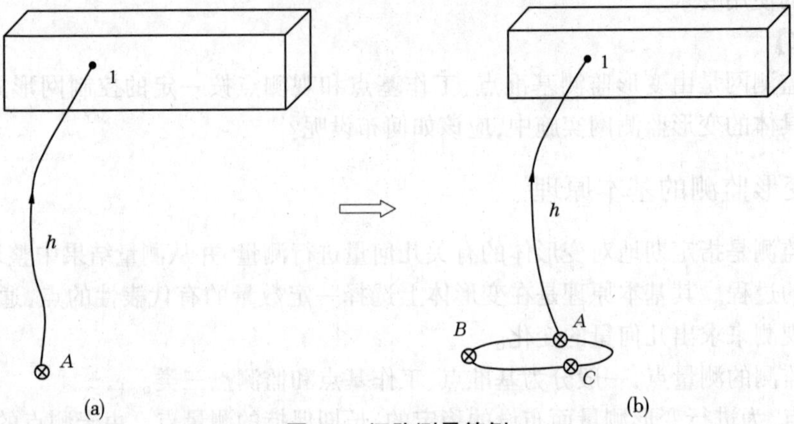

图 1-3 沉降测量简例

二、变形监测网的布设

(一)变形监测点布设原则

变形监测点是直接布设在变形体上,用以测定变形体变形值的点。在整个观测与分析过程中,测点的位置变化被看成变形体形变的理所当然的反应,特别是在分析过程中,我们将从测点的变化来归纳出变形体整体形变的规律。因此,可以说测点与变形体的关系如同样本与母体的关系。对测点的观测实质上是对变形体(母体)的一次抽样。在统计理论中,对于样本的最基本的要求是它应具有充分的代表性。具体到测点布设,这种代表性体现在以下3个方面,这3个方面也正是测点布设时应遵循的最基本的原则:

(1)有足够的点数;

(2)应考虑特征点,即能控制整个建筑物变化的点和关键部位上的点;

(3)应与变形体紧密结合在一起。

以这些原则为基础,再结合不同建筑物的具体情况进行具体分析,并与工程设计人员密切配合,即可设计出合理的布点方案。

(二)工业与民用建筑物变形监测点的布设

工业与民用建筑物变形监测的主要内容是基础的沉陷观测。对于高层建筑物则辅以倾斜监测与风振观测。对于重要的工业设备,有时也要求进行垂直位移和水平位移监测。

关于基础沉陷观测点的布设方案,通常由设计部门提出要求,由设计人员和测量人员共同研究后确定。布设时,一方面要有足够的密度,以便反映出整个基础的沉陷情况,并绘出等沉陷曲线图;另一方面,也应尽量减少不必要的测点,以避免不必要的人力、物力的浪费。在确定沉陷点的布设方案时,还应考虑建筑物的规模、形式、结构特征以及建筑场地的工程地质、水文地质等条件,分析可能引起沉陷的因素及沉陷关键部位,在相应部位上布设测点。另外,还应注意,测点应在施工过程中埋设,且应牢固地与建筑物结合在一起。埋设时,还应考虑点的安全性,尽量保证在整个观测过程中不受损坏。某展览馆沉降点布置见图1-4。

民用建筑物变形监测点一般可根据下列几个方面布置:

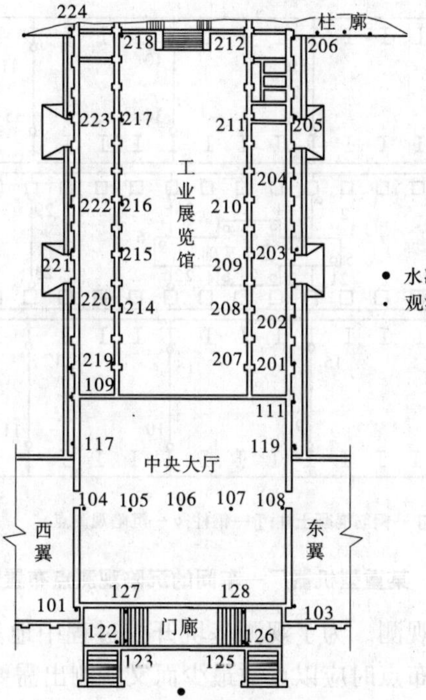

图 1-4 某展览馆沉降点布置

(1)观测点应布设在建筑物沉降变化较显著的地方,并应考虑到在施工期间和投产后能顺利进行观测。

(2)在建筑物四周角点、中心点及内部承重墙(柱)上均需埋设观测点,并应沿房屋周长每隔 10~20 m 设置一个观测点;工业厂房的每根柱子均应埋设观测点。

(3)由于相邻建筑物会产生相互的影响,因此在高层和低层建筑物、新老建筑物的连接处,以及在相接处的两边都应布设观测点。

(4)在人工加固地基与天然地基交接处和基础砌深悬殊的地方,以及相接处的两边都应布设观测点。

(5)当基础形式不同时,需在变化处埋设观测点。在地基土质不均匀、可压缩性土层的厚度变化不一的情况下,需适当埋设观测点。

(6)在振动中心基础上也要布设观测点,对于烟囱、水塔等刚性整体基础,应布设不少于 3 个点。

(7)对于宽度大于 15 m 的建筑物,内墙体的观测点应设在承重墙上,并且要尽可能布置在建筑物的纵(横)轴线上。观测标志上方应有一定的空间,以保证测尺直立。

对于一般的工业建筑物来说,除在柱子基础上布设观测点外,在主要设备基础的四周,以及动荷载四周和地质条件不良处也要布置观测点。图 1-5 为某重型机器厂一车间的沉陷观测点布置图。

对于高层建筑物而言,由于它层次多、荷载大、重心高、基础深,因此变形监测的作用特别显著。由于高层建筑物的上述特点,在观测过程中,除进行基础沉降监测外,还要进

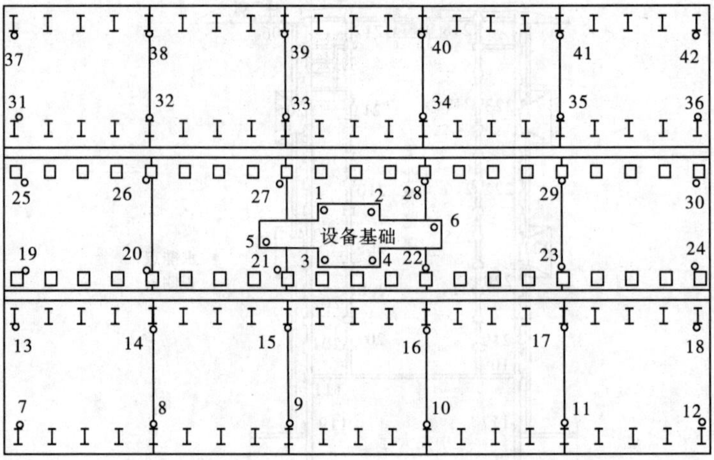

□—钢筋混凝土柱；I—钢柱；o—沉陷观测点。

图 1-5　某重型机器厂一车间的沉陷观测点布置图

行建筑物上部的倾斜与风振观测。为了观测基坑开挖过程中地基的回弹现象，在施工之前还应设地基回弹观测点。布点时应以点数最少而又能测出需要的地基纵横断面的回弹量为原则，一般是在建筑物的纵横轴线上布设观测点。

为了研究上层压实的情况，应布设分层沉降监测点，布点时，最好是布设在基础中心线上，条件不允许时，也可以布设在基坑边缘。分层沉降监测点埋设的最大深度应达到理论计算的受压层的底部，其余各层观测点的深度和数量应根据土层和应力大小而定。建筑物的动态变形监测点的布设可以用高地塔式建筑物作为例子。

图 1-6 为 533 m 高度的某电视塔，它由钢筋混凝土塔身 1 和钢架天线 2 组成，塔身包括下部的支柱截头锥体 A、中部截头锥体 B 和上部圆柱体 C，塔重 5. 5 万 t。为了测定电视塔在风力和日照作用下的动态变形，在天线和塔身的 237 m、300 m、385 m、420 m、520 m 等不同高度处，在其表面沿着两坐标轴的方向上各布置了 5 个观测点（见图 1-6），测定其相对于 20 m 高度的底点处的摆动幅度。

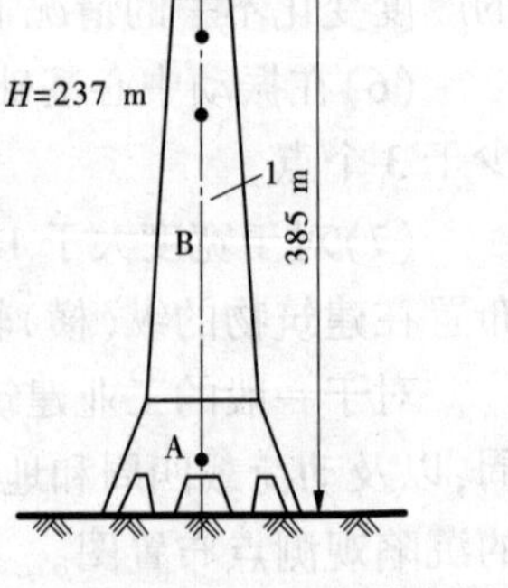

图 1-6　动态变形监测点的布设

（三）混凝土大坝观测点的布设

混凝土大坝变形监测的内容较多。它包括基础沉陷与坝体在垂直方向上的伸缩等垂直位移观测、水平位移监测、坝体倾斜监测及挠度监测等，如图 1-7 所示。

大坝变形监测点的布设应根据具体情况做具体分析。在坝体垂直位移观测中，主要是基础沉陷观测。根据大坝基础的地质条件、坝体结构、内部应力的分布情况以及观测便利等因素来考虑，将基础沉陷观测点布设在基础廊道的中心线与每个坝段中心线的交点处，原则上每坝段布设一

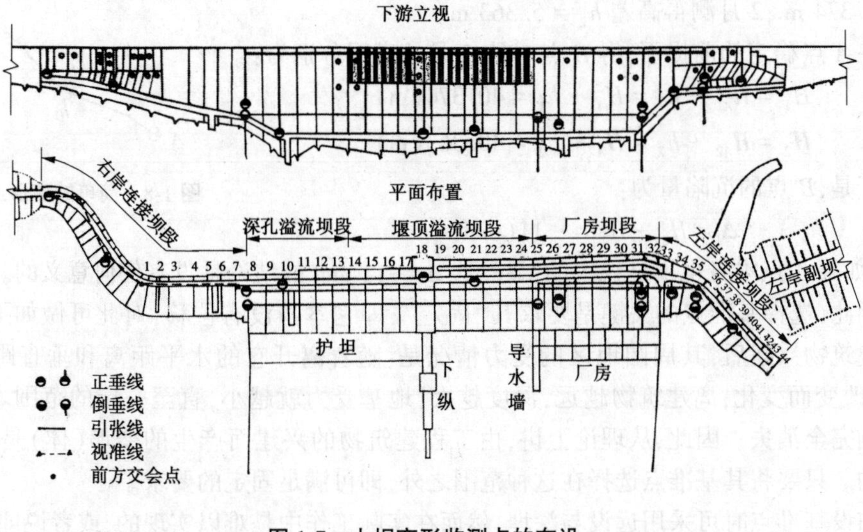

图 1-7　大坝变形监测点的布设

点。对于坝体较高、地质条件不良等重点坝段，除在基础廊道内每坝段增设一个观测点外，还应在横向廊道内增设一些观测点。这些观测点一方面用于测量基础的沉陷，另一方面还可用于计算基础的倾斜或转动。为了测定坝体本身在垂直方向的伸缩，还应平行于坝轴方向在坝顶下游坝肩及坝址处布设若干观测点。此外，根据需要，还可在电厂、消力池及溢洪道等建筑物上或其周围布设一定数量的沉陷观测点。

混凝土坝的水平位移监测包括如下内容：

(1)大致在同一高程面上的不同点位在垂直于坝的纵轴线方向的水平位移；

(2)在同一铅垂线上不同高程处的水平位移；

(3)任一点在任一方向上的水平位移。

对于上述第(1)项观测内容，一般用基准线法进行观测。此时可在坝顶或纵向廊道内布设一定数量的基准线，基准线具体布设方法将在项目二详细介绍。

对于第(2)项内容，一般是在大坝的垂直廊道内布设正垂线用坐标仪进行测量。关于正垂线的具体布设方法也将在项目二中详细介绍。

上述第(3)项内容可用导线法或前方交会法测定。此时可将观测点布设在基础较差、构造单薄的坝段，通常将其埋设在坝下游背水面的不同高程处。所有的水平位移监测点均可同时作为垂直位移观测点。

(四)基准点及工作基点的布设

1. 基准点的布设

上面讨论了观测点布设的方法。如果测出了这些观测点的坐标变化，就可求得所需要的变形值，以进一步分析建筑物的变形状况。然而，要求得上述观测点的坐标变化，必须有一些固(稳)定或相对固定的基准点，也必须有一些固定的点来作为测量分析的依据。否则，若没有足够的固定点作为基准，测出的位移将只是相对的，有时甚至是没有意义的。

如图 1-8 所示的简单的变形监测问题，设 A 点的高程 $H_A = 35.000$ m，1 月测得高差

$h_1 = 5.374$ m；2 月测得高差 $h_2 = 5.363$ m。

在 A 点稳定的前提下，得 B 点 1 月、2 月的高程分别为：

$$H_1 = H_{A1} + h_1 = H_A + h_1 = 40.374(\text{m})$$

$$H_2 = H_{A2} + h_2 = H_A + h_2 = 40.363(\text{m})$$

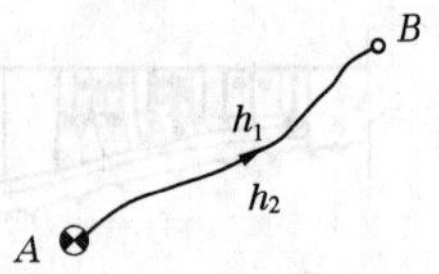

图 1-8　简单的变形监测

于是，B 点的沉陷量为：

$$\Delta = H_2 - H_1 = -11(\text{mm})$$

然而，如果 A 点本身也不是稳定的，显然这 $\Delta=-11$ mm 的结论是没有任何意义的。

因此，选择基准点的关键是要求其“固定”，即它本身没有位移，对此可做如下分析。工程建筑物兴建后，其周围地区的受力情况是：随着离开它的水平距离和垂直距离（深度）的改变而变化；离建筑物越远，深度越大，地基受力就越小，直至一定的范围之外，这种影响完全消失。因此，从理论上讲，由工程建筑物的兴建而产生的变形（体）是有一定范围的。只要将其基准点选择在这种范围之外，即可满足固定的要求。

布设基准点时可采用远设与深埋，然而在实际工作中是难以实现的，或者说即使能实现也是不尽合理的。因为如果采用远设的方法，会使得观测路线增长或网的规模加大，这样起码会带来两个方面的不利影响：一是加大了每期观测的工作量；二是扩大了误差的累积效应。这两个方面的不利影响对于变形监测来说都是致命的，因为变形监测的基本特点是重复观测和精度要求高。因此，不考虑具体的工作情况，片面地追求远设和深埋是不现实的。

在变形监测的实践中，对于一般的工业和民用建筑物等变形范围不大的场合，采用远设和深埋的方法是可行的，因为此时的远设也不是很远，深埋也不至于太深；而对于大型水利工程等变形体范围很大的情况，采用远设深埋就不太合适了，此时应采用变通的方法，在观测点与基准点之间增加工作基点作为一种过渡来解决上述问题。

2. 工作基点的布设

工作基点的布设要求是变形速度小，且与观测点之间的距离较近。

在实际工作时，可以用工作基点作为过渡性的基点来测定观测点相对于工作基点的位移，称之为“测点观测”；再利用固定基点来测定工作基点相对于固定基点的位移，称之为“基点观测”。在计算时，则利用基点观测的成果对测点观测的成果加以改正，最终就能求出观测点相对于固定基点的位移。

采用增设工作基点的方法可以克服深埋和远设所带来的不利影响。这是因为，一方面由于它的变形速度小，则基点观测的间隔可以相对地拉长，减少了工作量，从而可以对基点观测施以较高的精度；另一方面，由于它离观测点近，测点观测的工作量和误差累积都不会很大。

一般来说，我们把固定基点和工作基点纳入同一个控制网形之内，并要求网形具有一定的图形强度以保证基点观测的精度和可靠性。这种由固定基点和工作基点构成的控制网通常称为变形控制网或简称为变形网；另外，我们把测点观测布设成独立的控制网形（如交会、导线、基准线等），以便于观测和计算。

如上所述，对于工作基点的要求是变形小且离观测点近。这就是布设工作基点应遵循的基本原则，然而还应顾及便于观测及与固定基点的联测，即工作基点的承上启下作用。

例如，在大坝垂直位移观测中，工作基点一般布设在坝体两端的不同高程处。布设时应选择地质条件较好的地方，并在下游较远处的稳定地点布设固定基点，如图1-9所示。

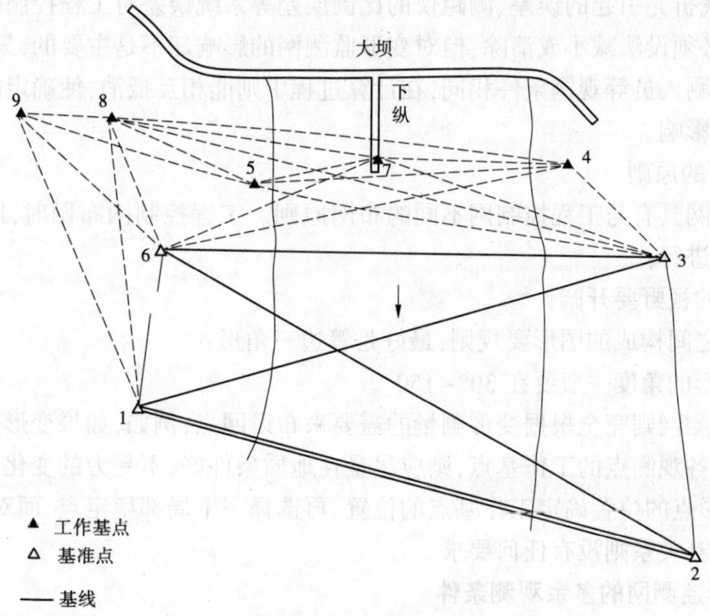

图1-9　大坝基准点布设略图

对于一般的工业和民用建筑物，由于其变形范围不大，可用埋设或远设的方法一次性地布设固定基点。

总之，变形监测网的布设是很复杂也很庞大的，然而，为了了解变形监测的全貌，现将其概括为表1-6。

表1-6　变形监测点布设方法一览

测点类型	固定基点	工作基点	观测点
布点要求	稳定	形变小、离测点近	有代表性
布设方法	深埋，远设	变形体边缘	变形体上
观测方法	变形网	基点观测	测点观测

三、变形监测网的特点

与工程控制网相比，变形监测网有自己的特点，这些特点决定了变形监测网平差与工程控制网平差方法的差别。

(一)布网的目的

变形监测网具有与工程控制网不同的布网目的。工程控制网布网的目的是保证工程的各个部位能处在一定的相互关系之中。例如，测图控制网必须保证在同一坐标系、同精度和接图；矿区控制网要能保证地面、地下的各种工程设施处在一定的相互关系之中。

因此,对于工程控制网,保证网点之间的相对精度是至关重要的。衡量控制网等级的一个重要指标就是网的最弱边。但变形监测网则不同,变形监测网布网的目的是测定网点的变形,而网点之间的相对精度则不是主要的。由于布网的目的不同,影响网的质量因素也就不同,如大气折光引起的误差、测距仪的比例误差等系统误差对工程控制网的精度影响很重要,因而必须设法减小或消除,但对变形监测网的影响却不是主要的,只要观测仪器、环境条件及观测人员等观测条件相同,在计算过程中则能相互抵消,使确定的变形不受这些系统误差的影响。

(二)布网的原则

变形监测网具有与工程控制网不同的布网原则。工程控制网布网时,网点的选择一般按如下原则进行:

(1)网点的视野要开阔;

(2)网点之间构成的图形要规则,最好是等边三角形;

(3)三角形的角度一般要在30°~150°。

而变形监测网则完全根据变形测量的需要来布设网点,例如,如果变形监测网网点是作为变形测量各观测点的工作基点,则应尽量在地质条件好、不受力的变化干扰的地方布点,或根据变形点的位置确定工作基点的位置,再选择一个局部稳定点,而对网点的视野、网点之间的相互关系则没有任何要求。

(三)变形监测网的多余观测条件

变形监测网图形复杂,多余观测条件多。工程控制网的观测以构成简单的三角形、大地四边形或中点多边形为宜,平差时既可以按条件平差,也可以采用间接平差。而变形监测网的观测则以能通视观测为原则,不去追求图形如何构成,且多余观测越多越好。由于图形复杂,变形监测网一般采用间接平差。

(四)变形监测网边短,精度高

变形监测网边短,但精度高,并且在很多情况下采用强制归心。观测往往是按国家一、二等精度要求进行的,采用高精度仪器观测。

(五)变形监测网可以没有已知数据

在工程控制网中,控制网必须具有2个已知点的坐标或一个已知方向、一个已知点的坐标,而变形监测网则可以不要这些数据,作为相对网,按自由网平差。尽管工程控制网中已知点、已知方向可以假定,但变形监测网可以是纯测角网,不需要任何观测边或已知边。

任务六　变形监测的技术设计与实施

【任务导学】

变形监测工作通常由监测技术方案制订、监测工作实施、观测数据处理、分析预报变形趋势四部分组成。要求掌握技术方案的编制,根据技术方案如何实地进行监测,观测数据如何处理以及分析预报变形趋势。

【任务要求】

变形监测的技术设计与实施涉及多个方面,需要有一定的专业技术背景、管理经验和沟通协调能力,并能够在现场环境下快速响应和处理相关问题,保证工程的质量和安全。

一、变形监测的技术设计与实施

(一)监测技术方案的制订

根据《建筑变形测量规范》(JGJ 8—2016),建筑变形测量的技术设计与实施应能反映建筑场地地基、基础、上部结构及周边环境在荷载和环境等因素影响下的变形程度或变形趋势,并应满足建筑设计、施工和管理对变形信息的使用要求。

对建筑变形测量项目,应根据项目委托方要求、建筑类型、岩土工程勘察报告、地基基础和建筑结构设计资料、施工计划以及测区条件等编写技术设计。技术设计应包括下列主要内容:

(1)待测建筑概况,包括建筑及其结构类型、岩土工程条件任务要求。

(2)建筑规模、所在位置、所处工程阶段等。

(3)已有变形测量成果资料及其分析。

(4)依据的技术标准名称及编号。

(5)变形测量的类型和精度等级。

(6)采用的平面坐标系统、高程基准。

(7)基准点、工作基点和监测点布设方案,包括标石与标志形式、埋设方式、点位分布及数量等。

(8)观测频率及观测周期。

(9)变形预警值及预警方式。

(10)仪器设备及其检校要求。

(11)观测作业及数据处理方法要求。

(12)提交成果的内容、形式和时间要求。

(13)成果质量检验方式。

(14)相关附图、附表等。

(二)监测工作实施

根据技术方案实地进行监测,首先对基准网进行控制测量,再对监测点进行周期性地重复观测,记录观测数据,并填写各种数据成果表。

(1)建筑变形测量基准点和工作基点的布设及观测应符合规定。变形监测点的布设应根据建筑结构、形状和场地工程地质条件等确定,点位应便于观测、易于保护,标志应稳固。

(2)建筑变形测量的仪器设备。水准仪及配套水准尺、全站仪、卫星导航定位测量系统等仪器设备,应经法定计量检定机构检定合格,并应在检定有效期内使用;作业前和作业过程中,应根据现场作业条件的变化情况,对所用仪器设备进行检查校正;作业时,仪器设备应避免安置在有空压机、搅拌机、卷扬机、起重机等振动影响的范围内;仪器设备应在其说明书给出的作业条件下使用,有关安装、操作及设备维护等应符合其说明书的规定。

(3)建筑变形测量应根据确定的观测频率和观测周期进行。变形监测频率和观测周期应根据建筑的工程安全等级、变形类型、变形特征、变形量、变形速率、施工进度计划以及外界因素影响等情况确定。

(4)对建筑变形测量项目的基准点、工作基点和监测点,首期(零期)应连续进行两次独立测量。当相应两次观测数据的较差不大于极限误差时,应取其算术平均值作为该项目变形测量的初始值,否则应立即进行重测。

(5)各期变形测量应在短时间内完成。对不同期测量,宜采用相同的观测网形、观测路线和观测方法,并宜使用相同的测量仪器设备。对于特等和一等变形监测,尚宜固定观测人员、选择最佳观测时段并在相近的环境条件下观测。

(6)各期变形测量作业过程中,应进行观测数据的记录存储;同时应进行现场巡视,并应记录建筑状态、施工进度、气象和周边环境状况以及作业中出现的有关情况。

(7)当某期变形测量作业中出现监测点被破坏或不能被观测时,应在备注中说明,并应及时通报项目委托方。

(8)当按任务要求或项目技术设计变形测量作业将要终止时,若变形尚未达到稳定状态,应及时与项目委托方沟通,并应在项目技术报告中明确说明。

(9)各期变形测量应进行数据整理和成果质量检查。最终项目综合成果应进行质量验收。

(三)变形监测数据处理与分析

1. 变形监测数据处理

对观测数据进行平差和质量评定,计算得到监测点准确的几何、物理数据。详细介绍请学习项目四中的变形监测数据处理。

2. 变形监测数据分析

分析归纳建筑物变形过程、变形规律、变形幅度、变形原因、变形值与引起变形因素之间的关系,找出它们之间的函数关系表达式,进而判断建筑物的工作情况是否正常。在积累大量观测数据后,可以进一步找出建筑物变形的内在原因和规律,从而修正设计的理论以及所采用的各类经验公式等。数据分析具体内容如下。

1)成因分析(定性分析)

成因分析是对结构本身(内因)与作用在结构物上的荷载(外因)加以分析、研究,确定变形值变化的原因和规律。

2)统计分析(定量分析)

根据成因分析的结果和其他相关影响,对实测数据进行统计分析,剔除粗差和系统误差的影响,找出分布规律,从而导出变形值与引起变形的有关因素之间的函数关系。

3)变形预报和安全判断

在变形分析的基础上,根据求得的变形值与引起变形因素之间的函数关系,预报未来变形值的范围、判断建筑物的变形趋势以及建筑物的安全程度,对超出变形允许范围的建筑物及时地分析原因,为项目管理单位提供加固措施的信息。

二、制约变形监测质量的主要因素

工程建筑物的变形监测应能确切反映建筑物、构筑物及其场地的实际变形程度或变形趋势，并以此作为确定作业方法和检验测量成果质量的基本要求。

变形监测的结果能否达到预定的目的，受很多因素的影响，涉及变形监测工作的各个环节，如施测方案的确定、变形监测控制网的设计、测量标志的稳定以及观测方法和测量仪器工具的选择等。其中，最基本的因素是观测点的布置、观测的精度与频率、观测所进行的时间。

【项目总结】

变形监测的目的为安全监测积累材料、为科学实验服务。工程变形监测的主要任务是周期性地对监测目标进行监测，从监测点的位置变化中了解建筑物变形的空间分布，通过对各次监测成果分析比较，了解其随时间的变化特征，从而判断建筑物的质量、变形的过程及变形的趋势，对超出变形允许范围的建筑物、构筑物及时地分析原因，采取加固措施，防止变形的发展，避免事故的发生。变形监测的特点有重复性观测、监测精度高、综合应用多种测量方法、数据处理过程的严密性、多学科综合分析。变形监测内容有关几何量的变形监测，包括水平位移监测，垂直位移监测（沉降）、倾斜、挠度、裂缝、扭转、震动等监测，有关物理量的变形监测，包括应力、应变、水位、温度、气压、渗流、渗压、扬压力等监测。变形监测的基本方法有常规大地测量方法、数字摄影测量方法、空间测量技术、专门测量方法。

【学习重点和难点】

重点：

1. 变形监测的目的与主要任务；
2. 变形监测的特点、分类；
3. 变形监测的内容与方法。

难点：

1. 变形监测的精度及分析变形监测的必要精度；
2. 分析变形监测的频率；
3. 变形监测网的布设，变形监测的技术设计与实施。

听习近平总书记讲工匠精神

时代发展，需要大国工匠；迈向新征程，需要大力弘扬工匠精神。2022 年 4 月 27 日，首届大国工匠创新交流大会举办之际，让我们一起聆听习近平总书记对工匠精神的生动阐释，对大国工匠的殷殷嘱托。

技术工人队伍是支撑中国制造、中国创造的重要力量。我国工人阶级和广大劳动群众要大力弘扬劳模精神、劳动精神、工匠精神，适应当今世界科技革命和产业变革的需要，勤学苦练、深入钻研，勇于创新、敢为人先，不断提高技术技能水平，为推动高质量发展、实施制造强国战略、全面建设社会主义现代化国家贡献智慧和力量。

——2022 年 4 月 27 日习近平致首届大国工匠创新交流大会的贺信

劳动创造幸福，实干成就伟业。希望广大劳动群众大力弘扬劳模精神、劳动精神、工匠精神，勤于创造、勇于奋斗，更好发挥主力军作用，满怀信心投身全面建设社会主义现代化国家、实现中华民族伟大复兴中国梦的伟大事业。

——2021年4月30日在“五一”国际劳动节到来之际习近平总书记向全国广大劳动群众致以节日的祝贺和诚挚的慰问

各级党委和政府要高度重视技能人才工作，大力弘扬劳模精神、劳动精神、工匠精神，激励更多劳动者特别是青年一代走技能成才、技能报国之路，培养更多高技能人才和大国工匠，为全面建设社会主义现代化国家提供有力人才保障。

——2020年12月10日习近平致首届全国职业技能大赛的贺信

在长期实践中，我们培育形成了爱岗敬业、争创一流、艰苦奋斗、勇于创新、淡泊名利、甘于奉献的劳模精神，崇尚劳动、热爱劳动、辛勤劳动、诚实劳动的劳动精神，执着专注、精益求精、一丝不苟、追求卓越的工匠精神。劳模精神、劳动精神、工匠精神是以爱国主义为核心的民族精神和以改革创新为核心的时代精神的生动体现，是鼓舞全党全国各族人民风雨无阻、勇敢前进的强大精神动力。

——2020年11月24日习近平在全国劳动模范和先进工作者表彰大会上的讲话

实体经济是我国经济的重要支撑，做强实体经济需要大量技能型人才，需要大力弘扬工匠精神，发展职业教育前景广阔、大有可为。

——2019年8月20日习近平在甘肃省张掖市山丹县考察山丹培黎学校时的讲话

建设知识型、技能型、创新型劳动者大军，弘扬劳模精神和工匠精神，营造劳动光荣的社会风尚和精益求精的敬业风气。

——2017年10月18日习近平在中国共产党第十九次全国代表大会上的报告

广大劳动群众要立足本职岗位诚实劳动。无论从事什么劳动，都要干一行、爱一行、钻一行。在工厂车间，就要弘扬“工匠精神”，精心打磨每一个零部件，生产优质的产品。在田间地头，就要精心耕作，努力赢得丰收。在商场店铺，就要笑迎天下客，童叟无欺，提供优质的服务。只要踏实劳动、勤勉劳动，在平凡岗位上也能干出不平凡的业绩。

——2016年4月26日习近平在知识分子、劳动模范、青年代表座谈会上的讲话

在改革开放历史新时期，“蓝领专家”孔祥瑞、“金牌工人”窦铁成、“新时期铁人”王启明、“新时代雷锋”徐虎、“知识工人”邓建军、“马班邮路”王顺友、“白衣圣人”吴登云、“中国航空发动机之父”吴大观等一大批劳动模范和先进工作者，干一行、爱一行，专一行、精一行，带动群众锐意进取、积极投身改革开放和社会主义现代化建设，为国家和人民建立了杰出功勋。

——2013年4月28日习近平在同全国劳动模范代表座谈时的讲话

【项目知识检测】

一、单选题

1. 为了使用的目的，观测值中误差应不超过变形允许值的(　　)。

A. 1/10~1/5　　B. 1/20~1/10　　C. 1/30~1/20　　D. 1/50~1/10

2. 为便于现场变形监测作业而布设的相对稳定的测量点称为(　　)。

A. 基准点　　B. 监测点　　C. 工作基点　　D. 导线点

3. 以下哪个不是按照变形监测的目的分类的。(　　)

A. 施工变形监测　　B. 监视变形监测

C. 内部变形监测　　　　　　　　D. 科研变形监测

4. 以下哪个监测不属于物理量变形监测。(　　)

A. 渗流监测　　B. 温度监测　　C. 裂缝监测　　D. 应变监测

5. 静力水准仪是一种精密液位测量系统,该系统用于测量多个测点的(　　)。

A. 裂缝　　B. 水平位移　　C. 应变　　D. 相对沉降

二、简答题

1. 何谓测点、工作基点、基点?
2. 如何确定变形监测的必要精度?
3. 变形监测的频率如何确定?
4. 变形监测点布设的基本原则是什么?
5. 什么是测点观测和基点观测?
6. 简述变形监测系统内容(包括要求、布设方法及点类)。
7. 简述变形网的特点。

项目二　变形监测中使用的仪器与方法概述

【项目概述】

在实际变形监测工作中,变形监测方法分为人工变形监测和自动化变形监测两大类。

由人工进行各项观测的仪器操作、数据读取、数据记录并将数据录入计算机软件,从而进行变形监测数据处理、图形绘制,再完成变形分析的过程,称为人工变形监测。通常由观测仪器设备、读数及记录设备、计算机等几部分组成。

利用一些特定的测量技术和仪器设备来完成某些变形体变形监测项目,实现全天候无人值守变形监测,具有实时性、精确性、自动化等特征的系统,称为自动化变形监测。通常由测量机器人、传感器、遥测采集器、自动化测读仪表、计算机及软件等组成。

变形监测方法的选用应具有明确的针对性,变形监测方案的设计应具有完整性,所选用的仪器设备应具有可靠性,所采用的变形监测方法应具有先进性,数据处理及成果分析方法应具有科学性等。

本项目主要介绍工程变形监测方案设计、技术总结报告的编写;变形监测中常用的仪器及使用方法。通过学习,掌握各种仪器的原理与使用方法。激发学生投身于祖国工程建设的热情,养成良好的自主学习习惯;培养学生的标准规范意识,树立精益求精、质量第一的工匠精神;提高学生“有备无患”“一丝不苟”的技术工作方法。

【学习目标】

[知识目标]

1. 掌握工程变形监测方案设计及技术总结报告的格式;

2. 熟悉工程变形监测常用的仪器设备及使用方法。

[技能目标]

1. 会编写工程变形监测方案;

2. 会编写技术总结报告;

3. 掌握常用的仪器设备及使用方法。

[思政目标]

1. 养成良好的自主学习习惯;

2. 培养学生的标准规范意识和精益求精的工匠精神;

3. 培养学生爱国主义精神,传承测绘精神。

【考核内容】

1. 工程变形监测方案设计及技术总结报告的编写;

2. 会使用工程变形监测常用的仪器设备。

【规范】

1.《建筑变形测量规范》(JGJ 8—2016);

2.《工程测量标准》(GB 50026—2020);

3.《测绘技术总结编写规定》(CH/T 1001—2005)。

任务一　变形监测方案设计与编制

【任务导学】

变形监测方案是指导变形监测实施的主要技术文件。主要包括变形监测目的和变形监测项目、变形监测仪器及安装、数据采集方法、数据分析及信息反馈。在工程施工前,应组织专业技术人员在认真研究工程项目的规模,工程的技术重点、难点及周边环境条件的基础上进行编制。

【任务要求】

1. 弄清方案设计的要素;

2. 掌握方案设计的内容与原则。

一、变形监测方案编制原则

变形监测方案的编写应符合国家、行业现行的有关规范、规定。变形监测方案应遵循的原则如下:

(1)变形监测方案应以安全变形监测为目的,根据不同的工程项目和不同的施工方法确定变形监测对象(基坑、建筑物、管线和地下工程结构等),针对变形监测对象安全稳定的主要指标进行方案设计;

(2)根据变形监测对象的重要性确定变形监测规模和内容,变形监测项目和测点的布置应能够比较全面地反映变形监测对象的工作状态;

(3)应尽量采用先进的变形监测技术,如自动化技术、遥测技术,积极选用效率高、可靠性强的先进仪器和设备,以确保变形监测效率与精度;

(4)为确保提供可靠、连续的变形监测资料,各变形监测项目应能相互校验;

(5)方案在满足变形监测性能和精度要求的前提下,力求减少变形监测仪器的数量和电缆长度,降低变形监测频率,以降低变形监测费用;

(6)方案中临时变形监测项目和永久变形监测项目应对应衔接;

(7)在满足工程安全的前提下,确定仪器的布设位置和测量时间,尽量减少与工程施工的交叉影响;

(8)根据设计要求及周边环境条件,确定各变形监测项目的控制基准;

(9)按照国家现行的有关规定、规范编制变形监测方案。

二、变形监测项目的确定

变形监测项目的选择应考虑的因素如下:

(1)工程地质条件与水文地质条件;

(2)工程规模与施工技术难点,包括设计结构形式、施工方法和埋深等;

(3)工程周边的环境条件,主要是所处位置及周围建(构)筑物的结构形式、形状、尺寸及与地下工程之间的关系。

三、变形监测方案的编制步骤

变形监测方案的编制步骤如下：

(1)收集编制变形监测方案所需的基础资料；

(2)现场踏勘，了解周围环境；

(3)编制变形监测方案初稿；

(4)会同有关部门确定各类变形监测项目的控制基准值；

(5)完善变形监测方案；

(6)变形监测方案报批。

四、变形监测方案的主要内容

变形监测方案是指导变形监测工作的主要技术文件，主要内容如下：

(1)工程概况；

(2)变形监测的目的与意义；

(3)变形监测项目和测点的数量；

(4)测点布置平面图；

(5)测点布置剖面图；

(6)各变形监测项目的变形监测周期和频率；

(7)变形监测仪器设备及选型；

(8)变形监测人员的配置；

(9)变形监测项目控制基准；

(10)变形监测资料的整理与分析；

(11)变形监测报告送达的对象和时限；

(12)变形监测的注意事项。

五、编制变形监测方案的基础资料

基础资料是进行施工条件分析、编制变形监测方案的主要依据。为了选择最优的技术方案，采用科学的变形监测方法，必须对基础资料进行详细的综合分析和处理。在编制变形监测方案前，应熟悉的基础资料主要包括以下内容：

(1)设计图；

(2)地质勘察报告；

(3)地表建筑物平面图；

(4)管线平面图；

(5)保护对象的建筑结构图；

(6)地下主体结构图；

(7)围护结构和主体结构的施工方案；

(8)最新变形监测仪器信息；

(9)类型相似或相近工程的经验资料；

(10)国家现行的有关规定、规范和合同协议等。

任务二　变形监测项目技术设计

【任务导学】

变形监测项目技术设计的目的是制订切实可行的技术方案,保证观测成果(或产品)符合技术标准和满足委托方要求,并获得最佳的社会效益和经济效益。技术设计按照策划、设计输入、设计输出、评审、验证(必要时)、审批的程序进行。变形监测项目技术设计文件为变形监测成果(或产品)的固有特性、生产过程或体系提供规范性依据的文件,主要包括项目设计书、专业技术设计书以及相关的技术设计更改文件。技术设计更改文件是设计更改过程中由设计人员提出并经过评审、验证(必要时)和审批的技术设计文件。变形监测方案是指导变形监测实施的主要技术文件。主要包括变形监测目的和变形监测项目、变形监测仪器及安装、数据采集方法、数据分析及信息反馈。在工程施工前,应组织专业技术人员在认真研究工程项目的规模,工程的技术重点、难点及周边环境条件的基础上进行编制。

【任务要求】

1. 掌握技术设计书的内容与编制;
2. 掌握技术设计书的格式。

一、技术设计书的主要内容

变形监测项目技术设计分为项目设计和专业技术设计两个部分。项目设计是对变形监测项目进行综合性整体设计,一般由承担项目的法人单位负责编写。专业技术设计是对变形监测专业活动的技术要求进行设计,它是在项目设计的基础上,按照测绘活动内容进行的具体设计,是指导测绘生产的主要技术依据。专业技术设计一般由具体承担相应变形监测专业任务的法人单位负责编写。

(一)技术设计的依据

技术设计依据设计输入内容,充分考虑委托方的要求,引用相关国家、行业或地方的标准或规范。相关标准或规范一经引用,便构成技术设计内容的一部分。

技术设计方案要考虑"先整体后局部"的原则和未来发展,根据变形监测区域的实际情况,考虑测绘单位的资源条件,对已有的成果(或产品)和资料进行认真分析和充分利用,最终选择最适合的方案。对于外业观测,必要时,应进行实地勘察,并编写踏勘报告。技术设计的方案确定应积极采用新技术、新方法和新工艺。

(二)精度指标设计

技术设计书要明确测绘成果所采用的坐标系、高程基准、时间系统、投影方法和技术等级或精度指标。在精度设计时,应综合考虑采用仪器的精度、观测构件制造误差及环境干扰等影响。

(三)工艺技术流程设计

工艺技术流程设计应说明变形监测项目实施的主要生产过程和过程之间的输入、输出的接口关系。必要时,用流程图或其他形式,清晰、准确地规定出观测工作的主要过程和接口关系。

(四)工程进度设计

工程进度设计应对以下内容做出规定:①划分变形监测区域的困难类别;②根据设计方案,分别计算统计各工序的工作量;③根据统计的工作量和计划投入的生成实力,参照有关生成定额,分别列出年度进度计划和各工序的衔接计划。工程进度设计可以用工程进度图或工程进度表表达。

(五)质量控制设计

工程质量控制设计内容主要包括如下几点:

(1)组织管理措施。规定项目实施的组织管理和主要人员的职责和权限。

(2)资源保证措施。对人员的技术能力或培训的要求,对软、硬件装备的需求等。

(3)质量控制措施。规定生成过程中的质量控制环节和产品质量检查、验收的主要要求。

(4)数据安全措施。规定数据安全和备份方面的要求等。

(六)提交成果设计

变形监测项目的提交成果应符合相关的技术标准,满足委托方要求。根据具体测绘成果(或产品),规定其主要技术指标和规格,一般包括测绘成果(或产品)的类型及形式、坐标系统、高程基准、重力基准、时间系统,数据基本内容、数据格式、数据精度以及其他技术指标等。

二、技术设计书的编写要求

在编写技术设计书之前,承担设计任务的单位或部门的总工程师或技术负责人对变形监测技术设计进行详细的策划,并对整个设计过程进行控制。

(一)收集资料

变形监测项目的技术设计前,应尽可能地收集测区的自然地理概况和已有资料。根据观测项目的具体内容和特点,说明与作业区有关的自然地理概况,如作业区的地形特征、海拔、相对高差等。对于收集到的资料,需说明其数量、形式、主要质量情况(包括已有资料的主要技术指标和规格等)和评价,说明已有资料利用的可能性和方案等。

(二)总体设计

项目设计书的编写应包含以下内容:

(1)概述。包括项目来源、内容和目标、作业区范围,以及行政隶属、任务量、完成期限、项目承担单位和成果(或产品)接收单位等。

(2)作业区自然地理概况和已有资料情况。根据项目的具体内容和特点,说明与观测作业有关的作业区自然地理概况,说明已有资料的数量、形式、主要质量情况(包括已有资料的主要技术指标和规格等)和评价,以及已有资料利用的可能性和利用方案等。

(3)引用文件。说明项目设计书编写过程中所引用的标准、规范或其他技术文件。

(4)成果(或产品)主要技术指标和规格。说明成果(或产品)的种类及形式、坐标系统、高程基准,比例尺、分带、投影方法,分幅编号及其空间单元,数据基本内容、数据格式、数据精度以及其他技术指标等。

(5)硬件和软件配置要求。硬件部分规定对生产过程所需的主要测绘仪器的类型、数量、精度指标,以及对仪器校准或检定的要求、数据处理设备、数据存储设备、数据传输网络等设备的要求。软件部分规定作业所需的专业应用软件及其他配置。

(6)技术路线及工艺流程。说明项目实施的主要生产过程和这些过程之间输入、输出的接口关系。必要时,应用流程图或其他形式清晰、准确地规定出生产作业的主要过程和接口关系。

(7)技术规定。①基准点和观测点的标志设计、点位布设方案、标石埋设规格、施测方法及其精度要求;②规定变形监测周期和观测要求;③规定数据处理方法、技术公式和统计检验方法等;④规定手簿、记录和计算的要求;⑤其他有关要求(特殊技术要求)和规定,如所采用新技术、新方法、新工艺的依据和技术要求。

(8)上交和归档成果(或产品)及其资料内容和要求。分别规定上交和归档的成果(或产品)内容、要求和数量,以及有关文档资料的类型、数量等,主要包括:①成果数据,规定数据内容、组织、格式、存储介质、包装形式和标识及其上交和归档的数量等;②文档资料,规定须上交及归档的文档资料的类型(包括技术设计文件、技术总结、质量检查验收报告、必要的文档簿、作业过程中形成的重要记录等)和数量等。

(9)质量保证措施和要求。

(10)进度安排和经费预算。

(11)附录。需进一步说明的技术要求和有关设计附图、附表。

(三)技术设计评审、验证和审批

1. 技术设计评审

在变形监测项目技术设计的适当阶段,应对技术设计文件进行评审,以确保达到规定的设计目标。设计评审应确定评审依据、评审目的、评审内容、评审方式以及评审人员等。

2. 技术设计验证

为确保技术设计文件满足输入的要求,必要时,应对技术设计文件进行验证。根据技术设计文件的具体内容,设计验证的方法可选用:①将设计输入要求和相应的评审报告与对应的输出进行比较验证;②试验、模型或使用,根据其结果验证输出符合其输入的要求;③对照类似的变形监测成果(或产品)进行验证;④变换方法进行验证,如采用可替换的计算方法等;⑤其他适用的验证方法。技术设计方案采用新技术、新方法和新工艺时,应对技术设计文件进行验证。验证采用试验、模拟或使用等方法,根据其结果验证技术设计文件是否符合规定要求。

3. 技术设计审批

为确保变形监测成果(或产品)满足规定的使用要求或已知的预期用途的要求,应对技术设计文件进行审批。设计审批的依据主要包括设计输入内容、设计评审和验证报告等。技术设计的审批程序为:①技术设计文件报批之前,承担观测任务的法人单位必须对其进行全面审核,并在技术设计文件和产品样品上签署意见并签名(或章);②技术设计文件经审核签字后,一式二至四份报观测任务的委托单位审批。

三、变形监测项目组织

项目组织在变形监测项目的整个过程中具有十分重要的作用。组织工作的好坏直接影响项目成本、工期以及质量。在项目组织过程中,首先要对项目的目标进行分解,然后对项目的作业工序进行进一步的分解,在此基础上进行人员和设备的配备。

项目目标与工序分解是将项目合同中所要完成的任务进行细化,达到可操作的程度。变形监测项目目标是在规定工期内完成项目所下达的测绘任务,并保证质量和尽可能地降低成本,这是总体目标。项目目标可以分为工期目标、成本目标和质量目标。项目工序是按照时间序列和工作性质,将项目分解为若干工序,也称子项目。不同的工序可由不同的人员来完成。例如,收集资料一般由项目负责人和前期工作人员来完成;项目技术设计一般由项目技术负责人来完成;观测由专业测量队负责;检查验收工作由专门队伍负责。

人员和设备是完成变形监测项目的两个主要条件,项目要求每个工序都要配备合适的人员和设备。在变形监测项目中,根据配备人员的性质,分为技术人员、管理人员、后勤人员、质量控制人员等,其中技术人员是项目的主要人员。

四、编制变形监测技术设计方案的步骤

变形监测技术设计方案的编制,通常可按如下步骤进行:

(1)明确工程的性质和特点、变形监测对象及变形监测目的;

(2)收集编制技术设计方案需要的各种资料;

(3)现场踏勘,了解工程项目及周围环境情况;

(4)确定各类变形监测项目使用的变形监测仪器及方法;

(5)确定各类变形监测项目所采用的数据处理方法;

(6)会同有关人员确定各类变形监测项目的变形警戒值;

(7)编制变形监测方案初稿,提交委托单位审阅;

(8)依据修改意见形成最终的变形监测方案。

五、变形监测项目技术设计的基本格式

封面:

××× (工程名)变形监测技术设计方案

单位:××××

时间:××××

扉页:

项目名称:××××

变形监测单位:××××

编写:××××

审查:××××

审核:××××

批准:××××

目录：

1　工程概况
2　变形监测目的和依据
　2.1　变形监测目的
　2.2　变形监测依据
3　变形监测项目及要求
　3.1　变形监测项目
　3.2　变形监测要求
4　坐标系统
　4.1　平面坐标系统
　4.2　高程系统
5　变形监测控制网的布设及保护
　5.1　变形监测控制网的布设
　5.2　变形监测网的保护
6　变形监测仪器设备及检定要求
　6.1　变形监测所用的仪器设备
　6.2　仪器设备的检验鉴定
7　变形监测方法及精度
　7.1　变形监测方法
　7.2　变形监测精度
8　变形监测频率
9　变形监测报警及异常情况下的变形监测措施
10　变形监测数据处理及信息反馈
11　变形监测人员的配备
12　作业安全及其他管理制度
　12.1　作业安全
　12.2　质量保证措施
　12.3　注意事项及应急制度

任务三　变形监测项目技术总结

【任务导学】

变形监测项目的技术总结是在完成变形监测任务后，对变形监测项目技术设计文件和技术标准、规范等的执行情况，技术设计方案中出现的主要技术问题和处理方法，成果（或产品）质量、新技术的应用等进行分析研究、认真总结，并做出的客观描述和评价。变形监测技术总结为用户（或下一工序）对成果（或产品）的合理使用提供方便，为测绘单位持续质量改进提供依据，同时为变形监测技术设计及有关技术标准、规范的制定提供资料。变形监测项技术总结是与观测成果（或产品）有直接及关系的技术性文件，是长期保存的重要技术档案。

变形监测项目技术总结分为项目总结和专业技术总结。其中,项目总结是变形监测项目在其最终成果(或产品)检查合格后,在各专业技术总结的基础上,对整个项目所做的技术总结。专业技术总结是变形监测项目中所包含的各测绘专业活动在其成果(或产品)检查合格后,分别总结撰写的技术文档。

对于工作量较小的项目,可根据需要,将项目总结和专业技术总结合并为项目总结。测绘技术总结编写的主要依据包括:①变形监测任务书或合同的有关要求,项目委托方书面或口头要求的记录,市场的需求或期望;②变形监测技术设计文件,相关的法律、法规、技术标准和规范;③变形监测成果(或产品)的质量检查报告;④以往变形监测技术设计、变形监测技术总结提供的信息以及现有生产过程和产品的质量记录和有关数据;⑤其他有关文件和资料。

【任务要求】

1. 掌握技术总结的内容与编制;
2. 掌握技术总结的格式要求。

一、变形监测项目技术总结编写的要求

变形监测项目技术总结编写的要求主要有以下几个方面:

(1)变形监测项目的技术总结由承担项目的法人单位负责编写或组织编写,专业技术总结由具体承担相应观测任务的法人单位负责编写。

(2)编写内容要真实、全面,突出重点。说明和评价技术要求的执行情况时,不应简单抄录设计书的有关技术要求,应重点说明作业过程中出现的主要技术问题和处理方法、特殊情况的处理及其达到的效果、经验、教训和遗留问题等。

(3)文字应简明扼要,公式、数据和图表应准确,名词、术语、符号和记录单位等均应与有关法规和标准一致。

(4)变形监测项目技术总结的幅面、封面格式、字体与字号应符合相关要求。

(5)技术总结编写完成后,单位总工程师或技术负责人应对技术总结编写的客观性、完整性等进行审查并签字,并对技术总结编写的质量负责。技术总结经审核、签字后,随观测成果(或产品)、变形监测技术设计文件和成果(或产品)检查报告一并上交和归档。

二、变形监测项目技术总结的主要内容

变形监测项目的技术总结是在变形监测项目通过最终成果(或产品)的检查合格后,在各专业技术总结的基础上,对整个项目所做的技术总结,由概述、技术设计执行情况、观测成果(或产品)质量说明和评价、上交和归档测绘成果(或产品)及资料清单 4 个部分组成。

(一)概述

变形监测项目技术总结的概述部分需概要说明以下几项内容:

(1)项目的来源、内容、目标、工作量和测区地点、范围,建(构)筑物分布情况及观测条件,标志的特征,项目的组织和实施,专业观测任务的划分、内容和相应任务的承担单

位,产品交付与接收情况等。

(2)项目执行情况。说明生成任务安排、作业技术依据与完成情况,统计有关的作业定额和作业率,经费执行情况等。

(3)作业区概况和已有资料的利用情况。包括测量资料的分析与利用、起算数据的名称、等级及其来源等。

(4)资料中存在的主要问题和处理方法。

(二)技术设计执行情况

技术设计执行情况的主要内容包括:

(1)说明生成所依据的技术文件,内容包括:①项目设计书、项目所包括的全部专业技术设计书、技术设计更改文件;②有关的技术标准和规范。

(2)说明项目总结所依据的各专业技术总结。

(3)说明和评价项目实施过程中,项目设计书和有关的技术标准、规范的执行情况,并说明项目设计书的技术更改情况(包括技术设计更改内容、原因的说明等)。

(4)重点描述项目实施过程中出现的主要技术问题和处理方法、特殊情况的处理及其达到的效果等。

(5)说明项目实施中质量保障措施(包括组织管理措施、资源保证措施和质量控制措施以及数据安全措施)的执行情况。

(6)当观测过程中采用新技术、新方法、新材料时,应详细描述和总结其应用情况。

(7)总结项目实施中的经验、教训(包括重大的缺陷和失败)和遗留问题,并对今后生产提出改进意见和建议。

(三)观测成果(或产品)质量说明和评价

说明和评价项目最终观测成果(或产品)的质量情况(包括必要的进度统计)、产品达到的技术指标,并说明最终观测成果(或产品)的质量检查报告的名称和编号。具体包括:仪器的名称、型号和检校情况;标志的分布和密度,标志或观测墩的规格及其埋设质量,变形控制网(点)的建立、施测及其稳定性的分析,变形监测点的实测情况,观测周期,计算方式和方法等;重复观测结果的分析比较和数据处理方法;各项限差与实际测量结果的比较等。

(四)上交和归档测绘成果(或产品)及资料清单

分别说明上交和归档成果(或产品)的形式、数量等,以及一并上交和归档的资料文档清单。主要包括以下内容:

(1)测绘成果(或产品)。说明其名称、数量、类型等,包括变形控制网布设略图、利用已有资料清单、变形监测质量的归纳与分析报告、上交测绘成果清单等。

(2)文档资料。包括项目设计书及其有关的设计更改文件、项目总结、质量检查报告,必要时也包括项目包含的专业技术设计书及其有关的专业设计更改文件和专业技术总结,文档簿(图例簿)以及其他作业过程中形成的重要记录。

(3)其他需上交和归档的资料。

三、变形监测项目技术总结的格式

封面:

××××(工程名)变形监测技术总结报告

工程名称:××××

工程地点:××××

委托单位:××××

检测日期:××××

报告编号:××××

扉页:

项目名称:××××

施测单位:××××

变形监测人员:××××

编写:××××

审查:××××

审核:××××

批准:××××

目录:

任务四　工程变形监测常用仪器简介

【任务导学】

工程变形监测仪器可分为外部观测仪器、内部观测仪器、应力测量仪器三大类。

(1)外部观测法是以被观测物体的外部表面变形为观测对象的方法,其特点是观测点布设在被观测物体的表面,测点和仪器具有可接触、可更换、非完全埋入的特点。外部观测仪器分为通用仪器和专业仪器两类。

通用仪器主要包括光学经纬仪、光学水准仪、电磁波测距仪、电子经纬仪、电子水准仪、电子全站仪、GNSS 接收机等。通用仪器主要是常规工程测量类仪器。

专用仪器主要包括机械式、光电式及光电结合式,如液体静力水准测量系统、正倒垂线、活动觇牌、引张线、激光准直仪、铅垂仪、测量机器人、GNSS 一机多天线系统、三维激光扫描仪等。专用仪器主要是精密工程测量类仪器,其特点是高精度、自动化、遥测和持续观测。

(2)内部观测法是将仪器埋入变形体内部,监测变形体在施工过程中的各种物理量的变化的方法。内部观测法仍以位移作为最主要的观测对象。内部观测仪器主要包括位移计、收敛计、测缝计、测斜仪、沉降仪、应变计等。

(3)建筑物的应力(压力)观测主要包括混凝土应力观测、土压力观测、孔隙水压力观测、渗透压力观测、钢筋应力观测、岩(土)体应力观测、岩(土)体载荷力观测等。应力测量仪器主要有混凝土应力计、土压力计、孔隙水压力计(渗压计)、钢筋应力计(钢筋计)、测力计等。

【任务要求】

学习各种仪器的原理与使用方法。

一、外部观测仪器

(一)精密电子水准仪

1. 电子水准仪的工作原理

电子水准仪是利用电子工程学原理,采用条形码标尺和电子影像处理方法,用 CCD 行阵代替人的肉眼,由传感器识别水准标尺上的条形码分划,经信息转换处理获得观测值,并以数字形式显示或存储在仪器内。电子水准仪基本原理如图 2-1 所示。

电子水准仪区别于光学水准仪的主要不同在于望远镜中装置了一个由光敏二极管构成的行阵探测器,采用数字图像识别处理系统,并配有条码水准尺,如图 2-2 所示。水准尺的分划用条纹代替厘米间隔分划。行阵探测器将水准尺的条码图像用电信号传送给信息处理器,信息经过处理即可求得水平视线的水准尺读数和视距值。

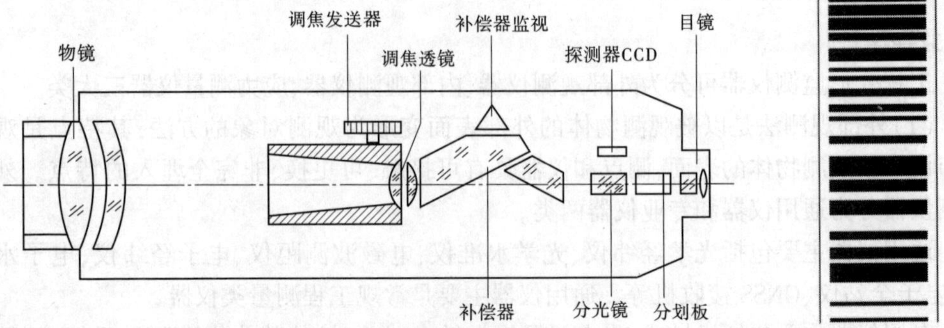

图 2-1 电子水准仪基本原理　　图 2-2 条码水准尺

当前电子水准仪采用了原理上相差较大的 3 种自动电子读数方法，即相关法（如徕卡 NA3002/3003）、几何法（如蔡司 DiNi10/20）、相位法（如拓普康 DL101C/102C）。

2. 电子水准仪的基本结构

电子水准仪的主要部件包括机械部分和电子部分，下面以科力达 DL07 电子水准仪为例，说明其基本结构，如图 2-3 所示。

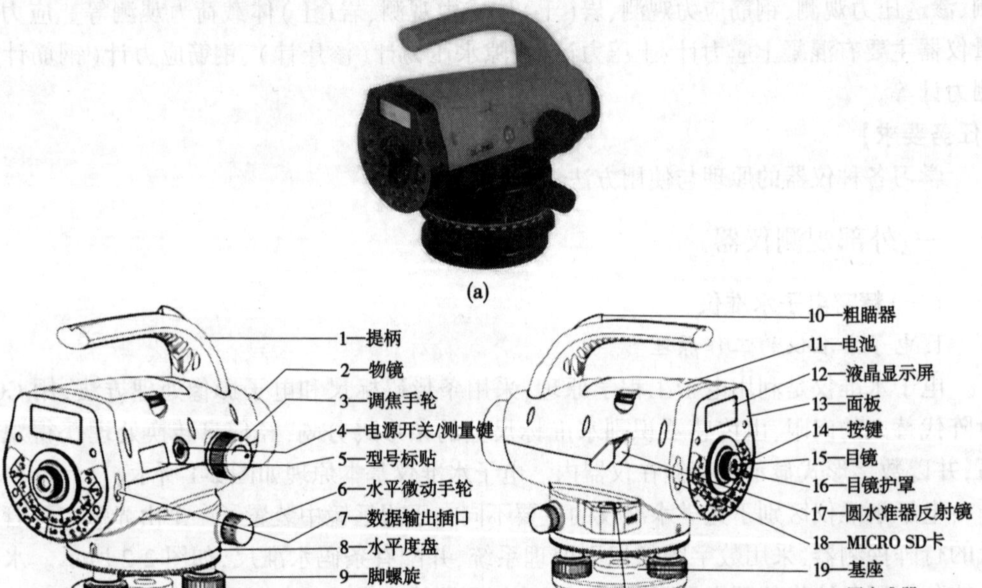

图 2-3 科力达 DL07 电子水准仪

3. 精密电子水准仪的参数设置

在使用精密电子水准仪进行作业之前，通常要进行如下设置：路线名、起点点名、起点高程、终点点名、终点高程、往返测设置、测量等级、读数次数、观测顺序、高程显示位数、距离显示位数、视距长上限值、视距长下限值、视线高上限值、视线高下限值、前后视距差限值、视距差累积限值、两次读数差限值、两次所测高差之差限值等。

4. 电子水准仪的优点

(1)速度快。水准仪自动探测读数、记录和检核,不用观测员人工读数,作业速度快慢取决于仪器整置速度和跑尺人员的速度。

(2)精度高。图像处理技术自动判别读数,免除了观测员人工夹准分划和读数误差的影响。对图形影像多个分划取平均值,有利于消除标尺分划误差。

(3)外业观测中,可在仪器中设置各项参数,仪器自动检查每测站的各项限差,超限时自动提示,方便观测。同时,仪器自动记录数据,减轻了作业员的劳动强度。

(4)易于实现内外业一体化。电子水准仪将数据直接记录在内存中,能自动检核,并按规定格式输出,便于在计算机上处理,提高了效率,避免了人工记录、计算出现的差错。

5. 电子水准仪的误差来源及使用注意事项

(1)补偿器误差。仪器经过长期使用后,补偿装置内应力会发生变化,补偿性能就会减弱,要求定期检测,超限时应及时调校,还应注意补偿器的稳定时间,置平后过几秒再测量。

(2)视准轴误差。视准轴误差即为水准管轴和视准轴的夹角在竖直面内的投影,也称 i 角,它对高差的影响与前后视距差成正比,测量过程中应保证前后视距差在限差范围内。

(3)亮度对测量的影响。电子水准仪的 CCD 图像传感器只能在有限的亮度范围内将图像转换为仪器能够识别的有效电信号,所以在使用过程中应随时调节尺身方位,以调节合适亮度。

(4)调焦对测量的影响。电子水准仪依据用于测量的所有间隔码元计算多次测量的平均值,因此调焦对测量精度的影响较小。但如果读数时焦距未调清晰,则易造成测量失败。

(5)标尺竖立垂直度对测量的影响。仪器在自动测量过程中标尺倾斜会给读数带来误差,精密因瓦条码水准标尺上都安置了圆水准器,观测时应用尺撑使标尺直立。

(6)磁致误差影响。水准路线通过大功率的发电厂、变电枢纽或测线沿高压输电线、电气化铁路时,会受到磁致误差影响,必须检测其磁致误差的影响幅度。

(7)仪器的晾置和预热。由于仪器参数(如 i 角)受环境温度影响易发生变化,作业前,仪器应充分晾置或预热,使仪器与外界气温趋于一致,避免仪器在初始阶段进行测量而影响精度。

(8)震动对测量的影响。由于交通、机械、风等产生的震动会影响补偿器,致使视准线不稳。在周围环境恶劣时,如明显的机械震动、载重运输车通过、风力过大等,应暂停测量。

(二)测量机器人

1. 测量机器人技术

测量机器人又称高精度伺服马达自动全站仪,是具有马达伺服驱动和机内程序控制的 TPS 系统，结合激光、通信及 CCD 技术，可以实现测量的全自动化，集自动目标识别、自动照准、自动测角、自动测距、自动跟踪目标、自动记录于一体的测量系统，被称为测量机器人。测量机器人可对多个目标进行持续和重复观测，可以实现变形监测的全自动化。

2. 测量机器人技术的基本原理

测量机器人的组成包括坐标系统、操纵器、换能器、计算机和控制器、闭路控制传感器、决定制作、目标获取和集成传感器八大部分。坐标系统为球面坐标系统，望远镜能绕仪器的纵轴和横轴旋转，在水平面 360°、竖直面 180°范围内寻找目标；操纵器的作用是控制机器人的转动；换能器可将电能转化为机械能以驱动步进马达运动；计算机和控制器的功能是从设计开始到终止操纵系统、存储观测数据并与其他系统接口，多采用连续路径或点到点的伺服控制系统；闭路控制传感器将反馈信号传送给操纵器和控制器，以进行跟踪测量或精密定位；决定制作主要用于发现目标，如采用模拟人识别图像的方法或对目标局部特征分析的方法进行影像匹配；目标获取用于精确地照准目标，常采用开窗法、阈值法、区域分割法、回光信号最强法以及方形螺旋式扫描法等；集成传感器包括采用距离、角度、温度、气压等传感器获取各种观测值。由影像传感器构成的视频成像系统通过影像生成、影像获取和影像处理，在计算机和控制器的操纵下实现自动跟踪和精确照准目标，从而获取物体的长度、宽度、方位、二维和三维坐标等信息，进而得到物体的形态及其随时间的变化。

3. 测量机器人技术的应用领域

测量机器人已被广泛地应用在水库大坝、滑坡体、露天矿等工程的变形监测中，其自动观测的优势非常适用于工程场地条件复杂、人工观测不易达到的点位等特殊情况。图 2-4 所示为南方 NS10 全自动全站仪，图 2-5 所示为徕卡 TCA2003 自动全站仪。

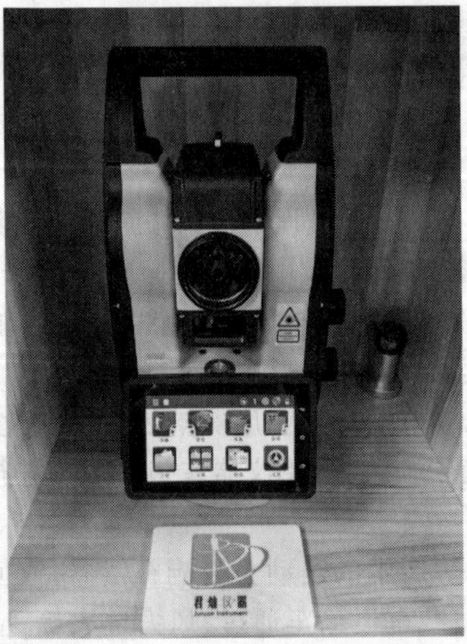

图 2-4　南方 NS10 全自动全站仪

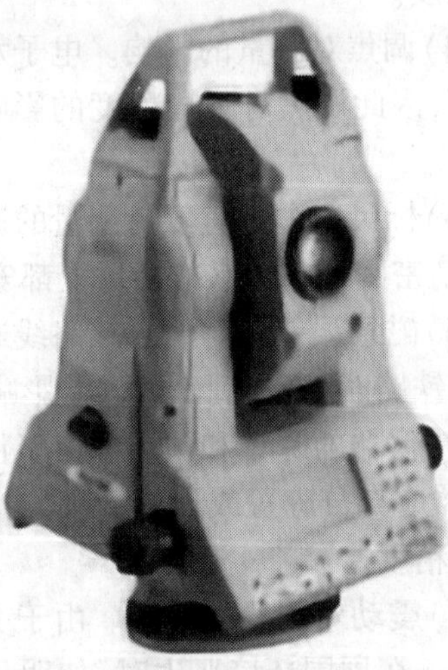

图 2-5　徕卡 TCA2003 自动全站仪

（三）三维激光扫描仪

1. 三维激光扫描技术

三维激光扫描技术是继 GNSS 技术之后测绘领域的又一次技术革命，是一种先进的全自动高精度立体扫描技术，又称为实景复制技术，它将使测绘数据的获取方法、服务能力与水平、数据处理方法等进入新的发展阶段。传统的大地测量方法，如三角测量方法、GNSS 测量等，都是基于点的测量，而三维激光扫描是基于面的数据采集方式。三维激光扫描获得的原始数据为点云数据，点云数据是大量扫描离散点的结合。三维激光扫描的主要特点是实时性、主动性、适应性好。三维激光扫描技术无需和被测物体直接接触，可以在很多复杂环境下应用；并且可以和 GNSS 等集成起来实现更强、更多的应用。对空间信息进行可视化表达，即进行三维建模，通常有两类方法：基于图像的方法和基于几何的方法。基于图像的方法是通过照片或图片来建立模型，其数据来源是数码相机；而基于几何的方法则是利用三维激光扫描仪获取深度数据来建立三维模型，这种方法含有被测场景比较精确的几何信息。

2. 三维激光扫描仪工作原理

地面三维激光扫描系统主要由三部分组成，扫描仪、控制器（计算机）和电源供应系统，如图 2-6 所示。三维激光扫描仪本身主要包括激光测距系统和激光扫描系统，同时也集成 CCD 和仪器内部控制与校正等系统。在仪器内，通过一个测量水平角的反射镜和一个测量天顶距的反射镜同步、快速而有序地旋转，将激光脉冲发射体发出的窄束激光脉冲依次扫过被测区域，测距模块测量每个激光脉冲的空间距离，同时扫描控制模块控制和测量每个脉冲激光的水平角和天顶距，最后按空间极坐标原理计算出扫描的激光点在被测物体上的三维坐标。

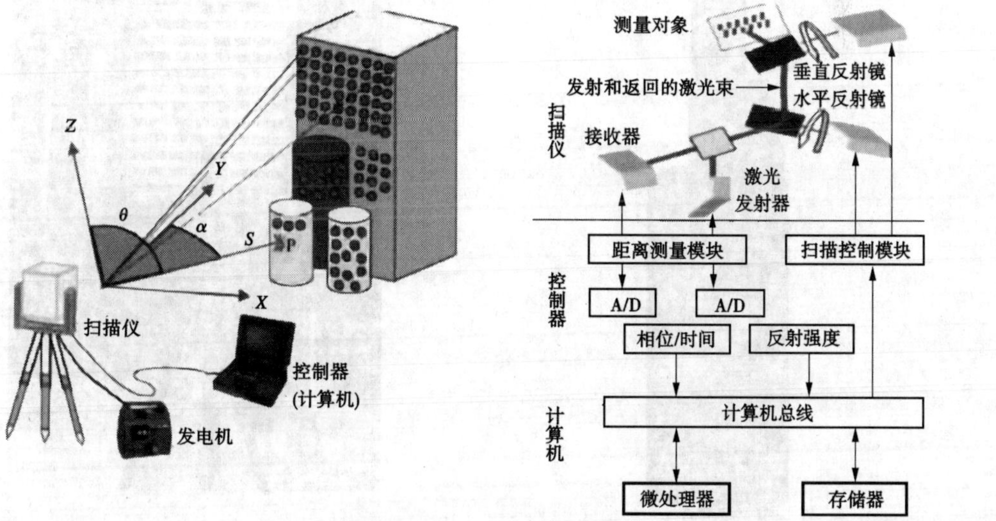

图 2-6　三维激光扫描仪系统

扫描仪的内部有一个固定的空间直角坐标系统。当在一个扫描站上不能测量物体全部而需要在不同位置进行测量时，或者需要将扫描数据转换到特定的工程坐标系中时，都要涉及坐标转换问题。为此，就需要测量一定数量的公共点来计算坐标变换参数。为了保证转换精度,公共点一般采用特制的球面标志和平面标志,如图 2-7 所示。

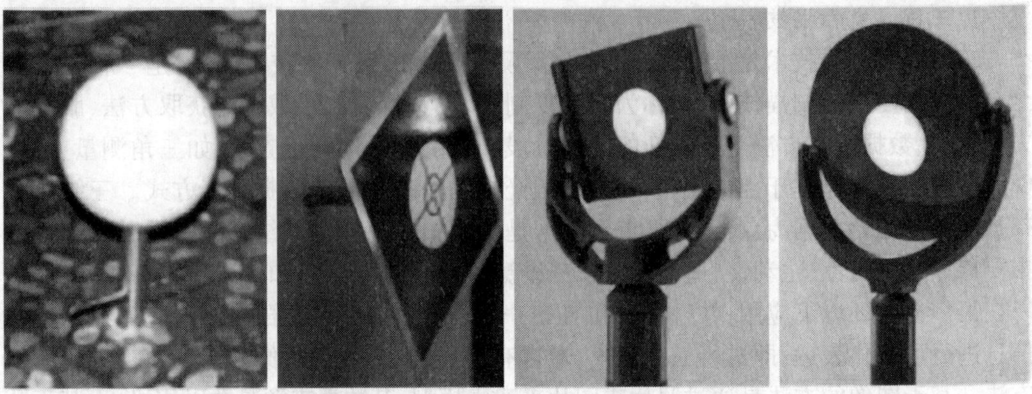

图 2-7　用于点云拼接的球面标志与平面标志

点云数据以某种内部格式存储,因此用户需要厂家专门的软件来读取和处理,OPTEC 的 ILRIS-3D,Cyrax2500 的 Cyclone、LMS-7420 的 3DRiSCAN 和 Zoller+Frohlich 的 LFM、MENSI 的 Rcalworks 等都是功能强大的点云数据处理软件,它们都具有三维影像点云数据编辑、扫描数据拼接与合并、影像数据点三维空间量测、点云影像可视化、空间数据三维建模、纹理分析处理和数据转换等功能。

3. 三维激光扫描仪的分类

三维激光扫描仪按照扫描平台的不同,可以分为机载(或星载)激光扫描系统、地面型激光扫描系统、便携式激光扫描系统。图 2-8 为三维激光扫描仪实物,图 2-9 为三维激光扫描仪在工程中的应用。

图 2-8　三维激光扫描仪实物

图 2-9　三维激光扫描仪在工程中的应用

三维激光扫描仪作为现今时效性最强的三维数据获取工具,可以划分为不同的类型。

通常情况下,按照三维激光扫描仪的有效扫描距离进行分类,可分为:

(1)短距离激光扫描仪。最长扫描距离不超过 3 m,一般最佳扫描距离为 0.6~1.2 m,通常这类扫描仪适用于小型模具的量测,不仅扫描速度快,而且精度较高,可以多达 30 万个点精度至±0.018 mm,如美能达公司出品的 VIVID910 高精度三维激光扫描仪、手持式三维数据扫描仪 FastScan 等,都属于这类扫描仪。

(2)中距离激光扫描仪。最长扫描距离小于 30 m,多用于大型模具或室内空间的测量。

(3)长距离激光扫描仪。扫描距离大于 30 m,主要用于建筑物、矿山、大坝、大型土木工程等的测量,如奥地利 Riegl 公司出品的 LMSZ420i 三维激光扫描仪和加拿大 Cyra 技术有限责任公司出品的 Cyrax2500 激光扫描仪等,都属于这类扫描仪。

(4)航空激光扫描仪。最长扫描距离通常大于 1 km,并且需要配备精确的导航定位系统,可用于大范围地形的扫描测量。

4. 三维激光扫描仪的数据处理

目前阶段,需要通过两种类型的软件才能使三维激光扫描仪发挥其功能:一类是扫描仪的控制软件;另一类是数据处理软件。前者通常是扫描仪随机附带的操作软件,既可以用于获取数据,也可以对数据进行相应处理,如 Riegi 扫描仪附带的软件 RiSCANPro;而后者多为第三方厂商提供,主要用于数据处理。Optech 三维激光扫描仪所用数据处理软件为 Polyworks10.0。

(四)GNSS 一机多天线技术

1. GNSS 一机多天线技术的意义

GNSS 因其观测精度高、全天候观测、通视要求低、实时性、自动化程度高等优点而被广泛应用在变形监测领域,如水库大坝、滑坡体等监测,然而如果布设的监测点很多,仅用少量的几台 GNSS 接收机组网观测,则工作量会非常大。目前,GNSS 接收机价格比较昂贵,在每个点上安置接收机进行观测,会使监测系统成本非常昂贵,所以很难实现,GNSS 一机多天线技术就是基于这一问题而设计的。

GNSS 一机多天线技术就是使用 GNSS 多天线控制器,仅用一部 GNSS 接收机互不干扰地接收到多个 GNSS 天线传输来的信号,实现用一个天线代替一台高精度 GNSS 接收机,这样监测系统的成本可大幅度下降。GNSS 一机多天线技术的实现为 GNSS 技术在大坝安全监测、山体滑坡监测等全自动变形监测系统的建立创造了极为有利的条件。

2. GNSS 一机多天线技术的基本原理

GNSS 一机多天线系统的基本原理如图 2-10 所示,是将计算机实时控制技术与无线电通信技术相结合,仅用一台 GNSS 接收机在同一时间段互不干扰地接收多个 GNSS 天线信号。其技术难点是 GNSS 一机多天线控制器的研发,需要解决的关键问题是如何确保多天线控制器微波开关中各通道的高隔离度和最大限度地减少 GNSS 信号衰减。

3. GNSS 一机多天线控制器组成

GNSS 一机多天线控制器由微处理机、微波开关阵列和控制电路等组成,包括硬件和软件两部分。硬件部分通常是由若干 GNSS 天线和具有 8 个通道的微波开关、相应的微波开关控制电路、微处理器和 1 台 GNSS 接收机组成。软件实时控制微波开关中信号通

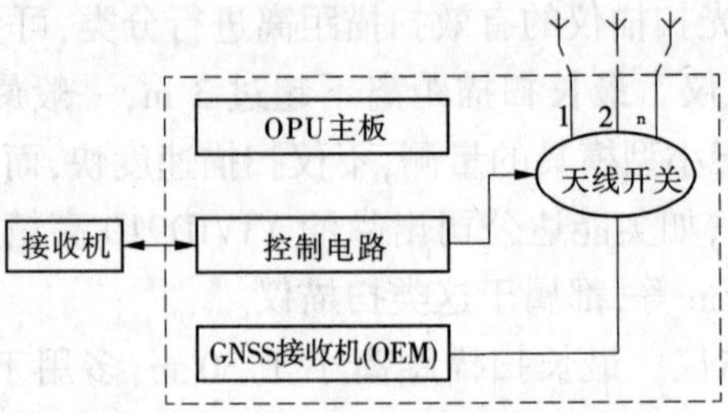

图 2-10 GNSS 一机多天线的系统原理

道的断通。

4. 数据传输方式

(1)采用 GPRS/CDMA 无线公网。这是在 GSM 系统上发展的一种新的承载业务,提供分组形式的数据业务,具有实时在线、按量计费、快捷登录、高速传输、不受距离限制等优点。

(2)采用光纤通信。这种传输方式具有损耗低、重量轻、不受电磁干扰等优点,但需要购置光纤通信设备,成本较高。

(3)采用电话线传输。利用电话线只需购置相关的 Modem 即可实现数据传输,这种方式的优点是方便、可靠,并且成本低。

(4)采用组网方式进行数据通信。

5. 基于 GNSS 一机多天线技术的变形监测系统

采用 GNSS 一机多天线控制器的变形监测系统结构如图 2-11 所示,它包括下面几个主要部分:数据处理中心、数据传输、GNSS 一机多天线控制器、天线阵列、基准站、野外供电系统,其中数据处理中心包括微机总控、数据处理、数据分析、数据管理四大部分。

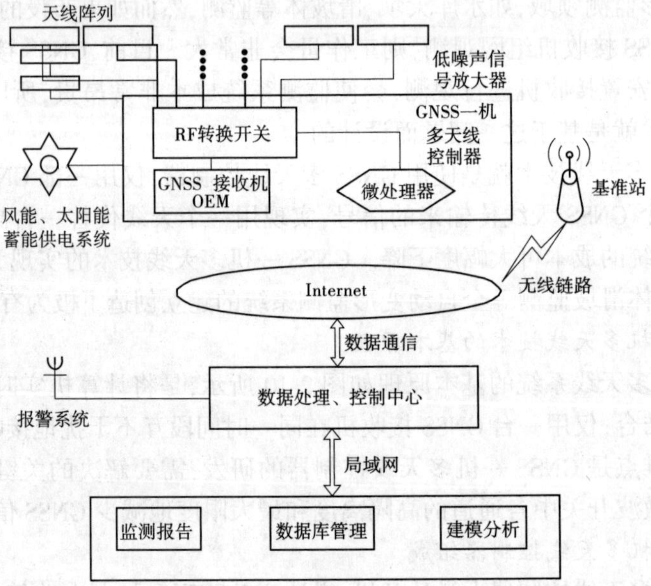

图 2-11 采用 GNSS 一机多天线控制器的变形监测系统结构

(五)液体静力水准仪

1. 液体静力水准仪的工作原理

如图 2-12 所示,液体静力水准仪的工作原理是利用相互连通的且静力平衡时的液面进行高程传递的测量方法,传感器容器采用通液管连接,每个传感器内设有一个自由的浮筒,当液位发生变化时,浮筒的位置将随液位变化而变化,而浮筒上的标志杆也会随之改变,通过 CCD 传感器来检测标志杆的位置并进行量化及输出,通过转换获得液位的变化量。

欲求两液体静力水准仪底面所处位置 A、B 间的高差,可依据传感器测量出各自液体的高度值 a 和 b,则高差 $h=a-b$。

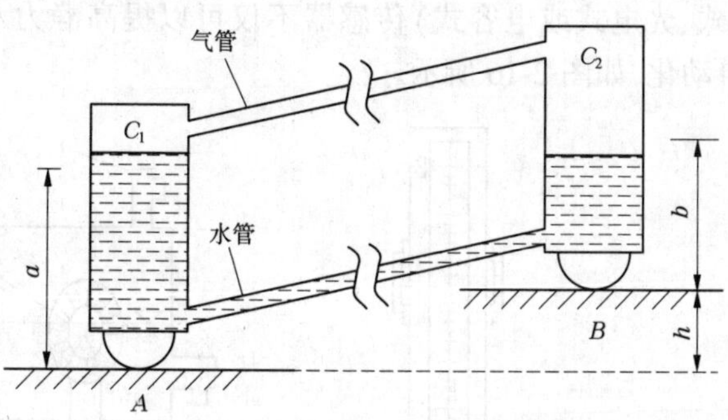

图 2-12　液体静力水准仪工作原理

2. 液体静力水准仪的基本构造

液体静力水准仪种类较多,但总体上由三部分组成,即液体容器及其外壳、液面高度量测设备和沟通容器的连通管。如图 2-13 所示为电感式液体静力水准仪的基本构造。如图 2-14 所示为液体静力水准仪在工程中的应用。

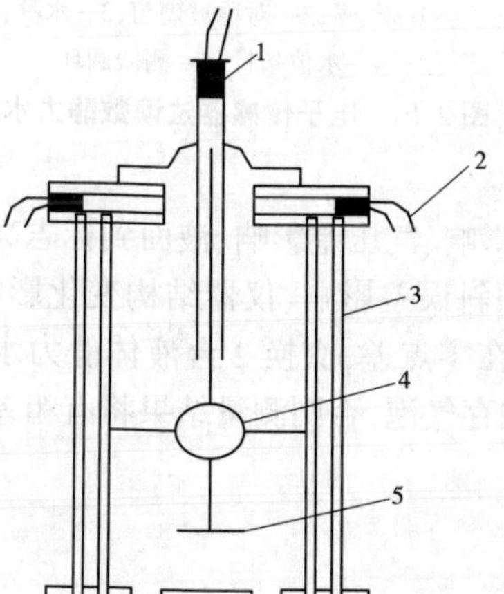

1—电感传感仪;2—通气胶皮管;3—有机玻璃容器;
4—装有传感器的浮子;5—稳定装置。

图 2-13　电感式液体静力水准仪的基本构造

图 2-14　液体静力水准仪在工程中的应用

3. 液体静力水准仪的读数方法

根据不同的仪器及其结构，液面高度测定方法有目视法、接触法、电子传感器法和光电机械法等，前两种方法精度较低，后两种方法精度较高且利于自动化测量。

1) 目视法

利用转动的测微圆环带动水中的触针上下运动，根据光学折射原理，在观测窗口可以观测到触针尖端的实像和虚像，当两像尖端接触时，在测微圆环上可读出触针接触水面时的高度，如图 2-15 所示。

2) 电子传感器法

通过电子(电感式、光电式或电容式)传感器不仅可以提高静力水准仪的读数精度，而且可实现测量的自动化，如图 2-16 所示。

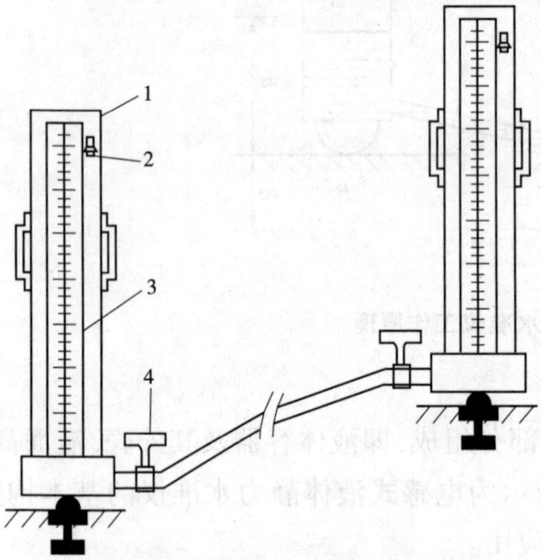

1—木夹板；2—圆水准器；3—玻璃管；4—水龙头。

图 2-15　目视法读数静力水准仪

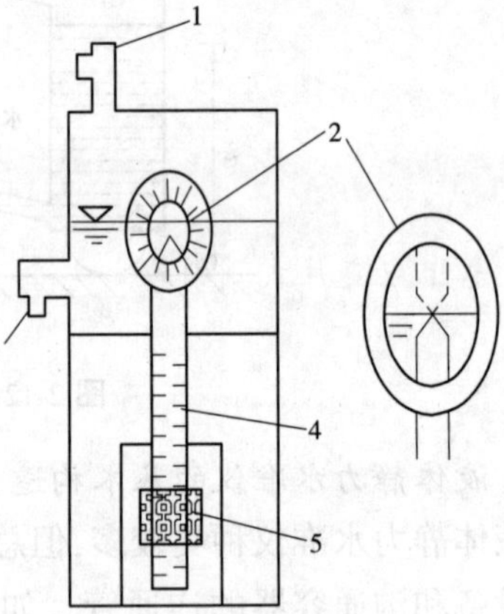

1—气嘴；2—对称玻璃窗；3—水嘴；
4—水位指针；5—测微圆环。

图 2-16　电子传感器法读数静力水准仪

4. 液体静力水准仪的误差来源

液体静力水准仪的测量误差主要包括温度差影响、气压差影响、液面到标志高度测量误差、液体蒸发影响、液体中进入污物影响、仪器倾斜误差影响、仪器结构变化影响等；同时，如同几何水准测量一样，液体静力水准仪也存在零点差，交换 2 台液体静力水准仪的位置可以消除其影响。另外，连通管中液体不能残存气泡，否则测量结果将有粗差。

二、内部测量仪器

(一) 测斜仪

测斜类仪器通常包括测斜仪和倾斜仪两类。测斜仪是用于钻孔中测斜管内的仪器。倾斜仪是设置在基岩或建筑物表面用来测定某一点转动或某一点相对于另一点垂直位移量的仪器。测斜仪包括伺服加速度计式、电阻应变片式、电位器式、振弦式、电感式等。倾斜仪包括梁式倾斜仪和倾角计等。

1. 伺服加速度计式测斜仪

伺服加速度计式测斜仪在建筑物及其基础侧向位移监测中应用较多,精度较高,稳定性较好,其装置包括测斜仪探头、测斜管和接收仪表。测斜仪探头由感应部件(伺服加速度计)、外壳、导向轮和电缆几部分组成,如图 2-17 所示。其工作原理是,基于伺服加速度计测量重力矢量 g 在传感器轴线垂直面上的分量大小,当加速度计感应轴与水平面存在一个夹角时,即可换算出加速度计输出电压值,从而求出倾斜角。

图 2-17　伺服加速度计式测斜仪

2. 电阻应变片式测斜仪

电阻应变片式测斜仪在外形上和伺服加速度计式测斜仪基本相同,大小也差不多。不同的是,其内置的感应部件是一个弹性摆。弹性摆由应变梁和重锤组成,在梁的两侧贴有组成全桥的电阻应变片,当测斜仪的弹性摆的梁平面与铅垂线倾斜一夹角时,应变梁产生弯曲,一组电阻应变片受拉,另一组电阻应变片受压,用电阻应变仪测出应变值,即可换算得相对水平位移量,从而求出倾斜角。

3. 振弦式固定测斜仪

振弦式固定测斜仪主要用在常规性测斜仪难以或无法测读的监测项目中,把测斜仪固定在测斜管内的某个位置,用遥测的方法来测定该位置倾角的连续变化。若要测得某个钻孔内各个高度处的倾斜情况,则需在测斜管中固定安置若干个传感器进行观测。其主要部件包括固定式传感器、连接电缆、遥测集线箱、测斜管和读数仪表,如图 2-18 所示。测斜管主要是用聚氯乙烯、塑料和铝合金等材料加工而成的,管内有 4 个互成 90°的导向槽,如图 2-19 所示。

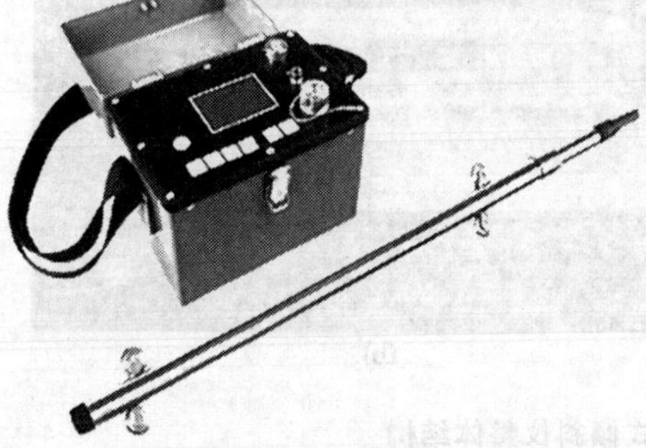

图 2-18　振弦式固定测斜仪

图 2-19　测斜管

(二)倾斜仪

倾斜仪一般能连续读数、记录和传输数据，精度较高，在倾斜监测领域应用较为广泛。常见的倾斜仪有梁式倾斜仪、水管式倾斜仪、气泡式倾斜仪、水平摆式倾斜仪及电子倾斜仪，可用来监测建筑物的位移及转动。水平式的倾斜仪用来进行变形体沉降和隆起的监测，垂直式倾斜仪用来进行变形体位移和收敛的监测。

1. 梁式倾斜仪

梁式倾斜仪可监测建筑物的位移和转动，主要用来监测建筑物受隧道等地下工程的影响、隧道本身的收敛和位移、滑坡区稳定性、桥梁稳定性等。梁式倾斜仪是在坚固金属梁上按照电解液测斜传感器，将 1 ~ 3 m 长的梁锚固在建筑物上，然后将传感器调零并固定位置，产生倾斜时便可测量出倾斜角，如图 2-20 所示。

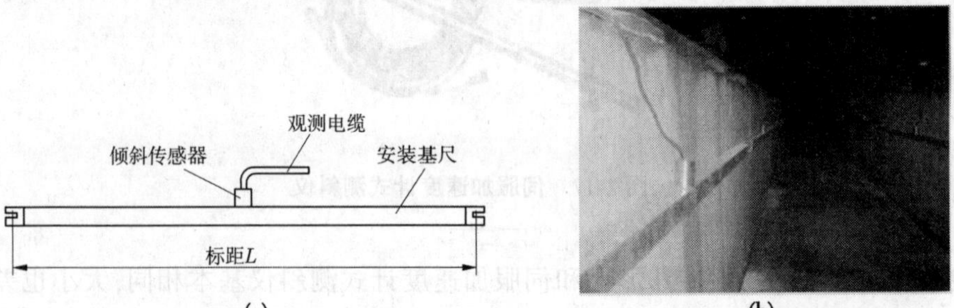

(a)　　(b)

图 2-20　梁式倾斜仪及其安装

2. 水管式倾斜仪

水管式倾斜仪是利用连通软管中的液体表面水平的原理，根据两端液面的高低变化，得出两点间的高差变化，进而计算倾斜角的仪器。以 DSQ 型水管式倾斜仪为例，该仪器采用差动变压器式位移传感器，并结合应用现代微电子技术的一些新成就设计而成，具有结构合理、性能稳定可靠、功能全、使用范围广等特点。

DSQ 型水管式倾斜仪仪器由主机和电子记录两大系统组成。主机系统由主体、标定装置、管路系统组成。电子记录系统由差动变压器式位移传感器、DSQ 型水管式倾斜仪电源主机、EP-Ⅳ型 IP 采集控制器组成。仪器整体结构见图 2-21。

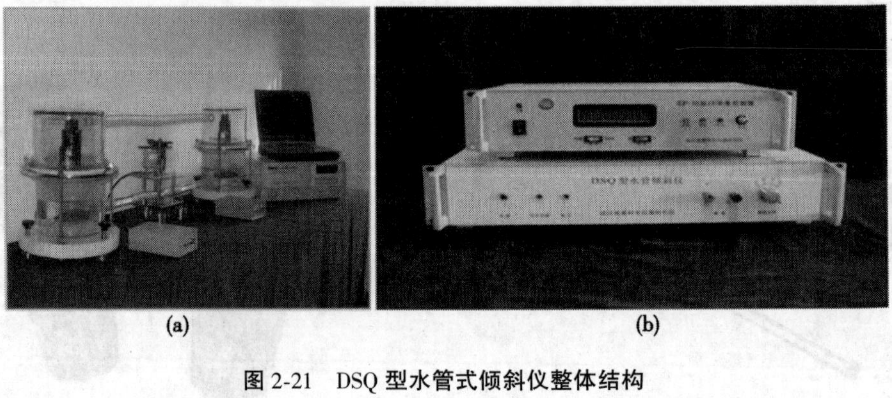

(a)　　(b)

图 2-21　DSQ 型水管式倾斜仪整体结构

DSQ 型水管式倾斜仪基本原理是连通管内水面保持自然水平(见图 2-22)。当连通管两端地基出现相对垂直位移时,两端液面便会相对于仪器钵体发生变化,这种变化通过浮子、位移传感器等变成电信号输出自动记录。根据液体的不可压缩性,液面的变化使固定在浮子上的差动变压器的铁芯相对于固定在盖板上的线圈做垂直移动,这个相对移动借助于位移换能器输出一个模拟电信号,这个电信号由电缆传输到一定距离的电源主机中,然后进入前兆数据采集器,这样将东、西、南、北四端的液面变化和"东—西""北—南"两分量的高差变化以数采记录出来。自动记录出来的两端相对高差变化量就可换算成相应的地倾斜角。图 2-23 是 DSQ 型水管式倾斜仪的现场安装。

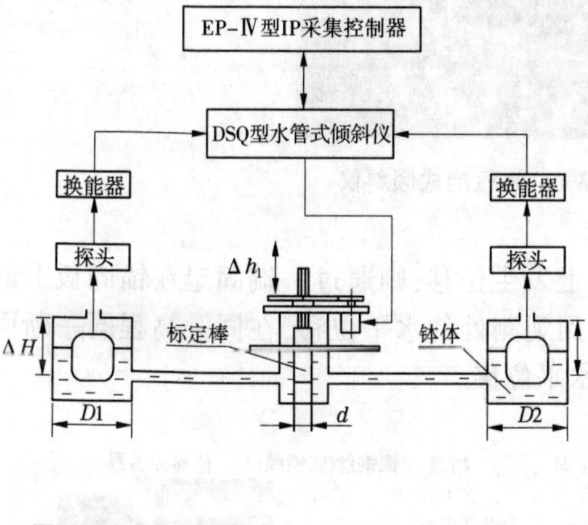

图 2-22　DSQ 型水管式倾斜仪基本工作原理示意

图 2-23　DSQ 型水管倾斜仪的现场安装

3. 气泡式倾斜仪

气泡式倾斜仪由一个高灵敏度的气泡水准管和一套精密的测微器组成,如图 2-24 所示为瑞士 WYLER 气泡式倾斜仪。气泡水准管固定在支架上,可绕旋转端点转动,下装一弹簧片,底板下为置放装置,测微器中包括测微杆、读数盘和指标。将倾斜仪安置在需要的位置上,转动读数盘,使测微杆向上或向下移动,直至水准管气泡居中,此时在读数盘上读数,即可得出该处的倾斜度。

(三)位移计

位移计是用于监测变形体的相对位移的传感器,主要用于测量水工结构物或其他混凝土结构物的内部变形,也可用于监测土坝、土堤、边坡等结构物的位移、沉陷、应变及滑移。

位移计主要包括钢丝式位移计、钢弦式位移计、差动电阻式位移计、滑线电阻式位移计、多点位移计、单双点锚固式变位计、滑动测微计等类型。

1. 钢丝式位移计

钢丝式位移计是由受张拉的因瓦合金钢丝构成的机械式水平位移测量装置,主要由锚固板、因瓦合金钢丝、分线盘、保护管、伸缩节、配重、固定标点台和游标卡尺(或位移传感器)等组成,适用于土石坝、边坡工程等的水平位移监测。选型前提是具备适合的安装空间。其特点是测量范围大,结构简单,耐久性好,观测数据直观可靠。以 BGK4427 铟钢

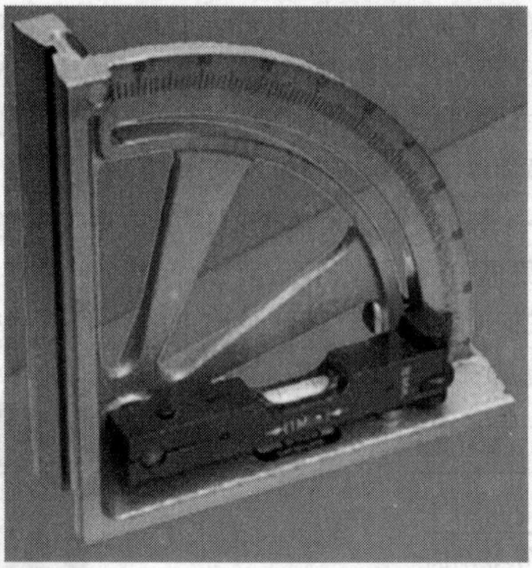

图 2-24　瑞士 WYLER 气泡式倾斜仪

丝式水平位移计为例。

如图 2-25 所示，若锚固点在水平方向上发生位移，则通过一端固定在锚固板上的铟钢丝（或钢缆）传递给位移传感器，从而得到观测处的水平位移，在同一高程同一断面处布置多个相同的测点，即可得到多个点的水平位移。

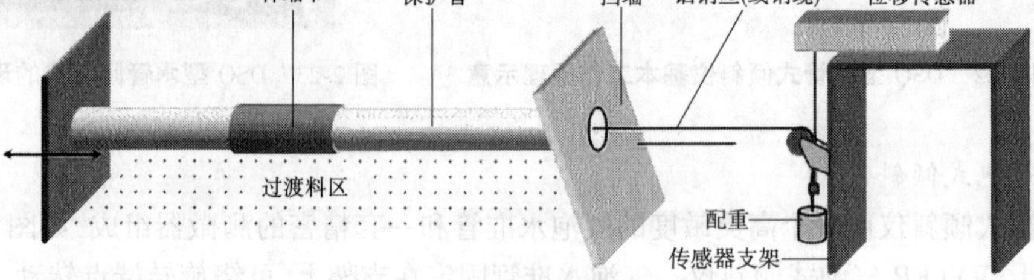

图 2-25　铟钢丝式水平位移计

2. 钢弦式位移计

钢弦式位移计由位移传动杆、传动弹簧、钢弦、电磁线圈、钢弦支架、防水波纹管、导向环、内外保护筒、两端连接拉杆和万向节等部件组成。钢弦式位移计采用振弦式传感器，工作于协振状态，温度适用范围宽，抗干扰能力强，能适应恶劣环境，广泛应用于地基基础、土坝及其他土工建筑物的位移监测中。当位移计两端拉伸或压缩时，传动弹簧使传感器钢弦处于拉紧或松弛状态，此时钢弦频率产生变化，受拉时频率增高，受压时频率降低，测出位移后的频率即可算出位移量，如图 2-26 所示。

3. 差动电阻式位移计

差动电阻式位移计由测杆、护管、滑动式电阻器、信号传输电缆等组成，具有智能式电阻位移识别功能。当被测结构物发生变形时，带动位移计测杆产生位移，通过转换机构传递给滑动式电阻器，滑动式电阻器将位移物理量转变为电信号量，经电缆传输至读数装置，即可测出被测结构物位移的变化量，如图 2-27 所示。

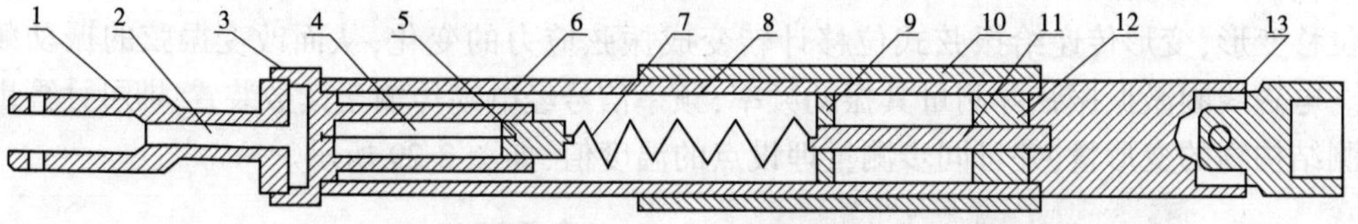

1—拉杆接头;2—电缆孔;3—钢弦支架;4—电磁线圈;5—钢弦;6—防水波纹管;7—传动钢簧;8—内保护筒;9—导向环;10—外保护筒;11—位移传动杆;12—密封圈;13—万向节(或钗)。

图 2-26　钢弦式位移计

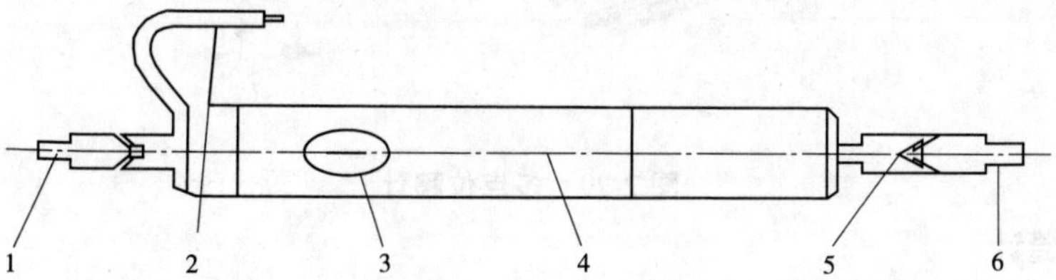

1—螺栓连接头;2—引出电缆;3—变形感应元件;4—密封壳;5—万向铰接件;6—柱销连接头。

图 2-27　差动电阻式位移计

4. 滑线电阻式位移计

滑线电阻式位移计可测量土体某部位任何一个方向的位移,适用于填土中埋设,它由传感元件、因瓦合金连接杆、钢管保护内管、塑料保护外壳、锚固盘和传输电缆组成。电位器内可自由伸缩的因瓦合金连接杆的一端固定在位移计的一端,电位器固定在位移计的另一端,伸缩管在电位器内滑动,不同的位移量产生不同电位器移动臂的分压,即把位移量转换成电压输出,用电压表测出电压变化值,换算出位移量,如图 2-28 所示。

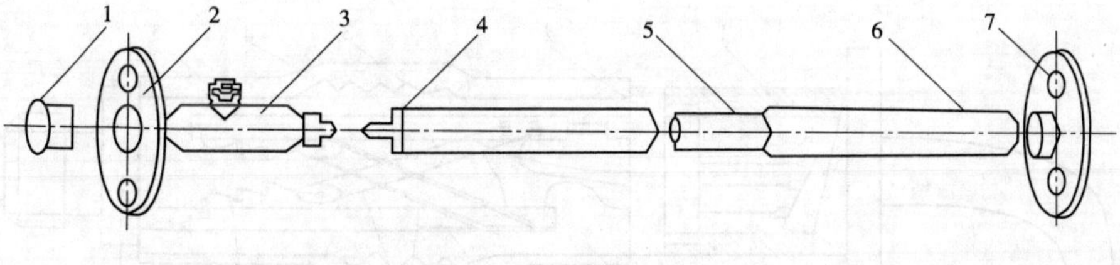

1—左端盖;2—左法兰;3—传感元件;4—连接杆;5—内护管;6—外护管;7—右法兰。

图 2-28　滑线电阻式位移计

5. 多点位移计

多点位移计是将 3~6 支测缝计组合在一起,按不同深度梯度埋设,用于测量同一测孔中不同深度裂缝的开合度。多点位移计由位移计组、位移传递杆及其保护管、减摩环、安装支座、锚固头等组成,适用于长期埋设在水工结构物或土坝、土堤、边坡、隧道等结构物内,测量结构物深层多部位的位移、沉降、应变、滑移等,可兼测钻孔位置的温度。

当被测结构物发生变形时，将会通过多点位移计的锚头带动测杆，测杆拉动位移计产生位移变形，变形传递给振弦式位移计转变成振弦应力的变化，从而改变振弦的振动频率。电磁线圈激振振弦并测量其振动频率，频率信号经电缆传输至读数装置，即可计算出被测结构物的变形量，并可同步测量埋设点的温度值，如图 2-29 所示。

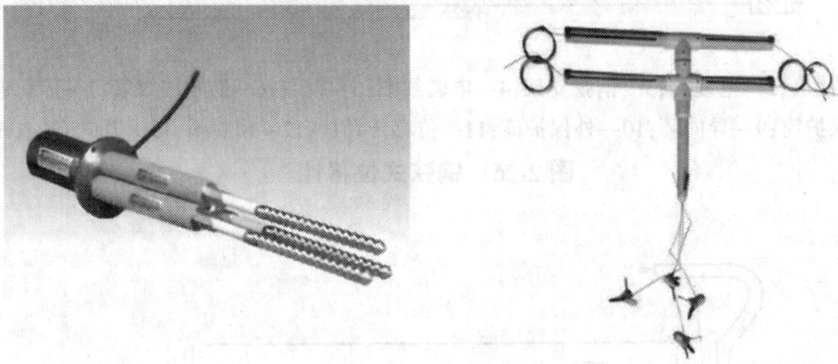

图 2-29　多点位移计

(四)测缝计

测缝计是适用于长期埋设在水工建筑物或其他混凝土建筑物内部或表面，测量结构物伸缩缝或周边缝的开合度(变形)以及裂缝两侧块体间相对移动的观测仪器。根据工作原理，测缝计可分为差动电阻式测缝计、振弦式测缝计、埋入式测缝计、钢弦式测缝计、电位器式测缝计、金属标点结构测缝计等。

1. 差动电阻式测缝计

差动电阻式测缝计用于埋设在混凝土内部，遥测建筑物结构伸缩缝的开合度，经适当改装，也可监测大体积混凝土表面裂缝的发展及基岩变形，如测量两坝段间接缝的相对位移等。

差动电阻式测缝计由上接座、钢管、波纹管、接线座和接座套筒等组成仪器外壳。电阻感应组件由 2 根方铁杆、弹簧、高频瓷绝缘子和弹性电阻钢丝组成，如图 2-30 所示。

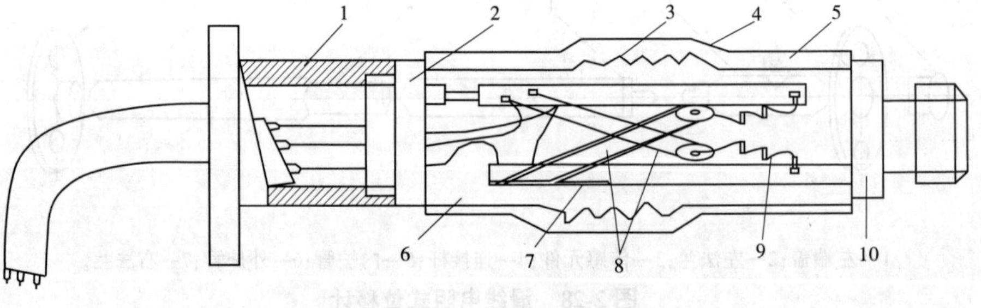

1—接座套筒；2—接线座；3—波纹管；4—塑料管；5—钢管；6—中性油；7—方铁杆；8—弹性电阻钢丝；9—上接座；10—弹簧。

图 2-30　差动电阻式测缝计

当测缝计产生外部变形时，由于外部波纹管及传感部件中的弹簧承担了大部分变形，小部分变形引起钢丝电阻的变化，2 组钢丝的电阻在变形时的变化是差动的，电阻的变化与变形成正比；由测出的电阻比即可算出测缝计承受的变形量。

2. 振弦式测缝计

振弦式裂缝计用于测量接缝的开合度，如建筑、桥梁、管道、大坝等混凝土的施工缝，土体内的张拉缝与岩石和混凝土内的接缝。仪器包括一个振弦式感应元件，该元件与一个经热处理、消除应力的弹簧相连，弹簧两端分别与钢弦、连接杆相连。仪器完全密封并可在高达 250 psi(1.72 MPa)的压力下操作。当连接杆从主体拉出时，弹簧被拉长导致张力增大并由振弦感应元件测量。钢弦上的张力与拉伸成比例。接缝的开合度通过振弦读数仪测出应力变化而精确地确定，如图 2-31 所示。

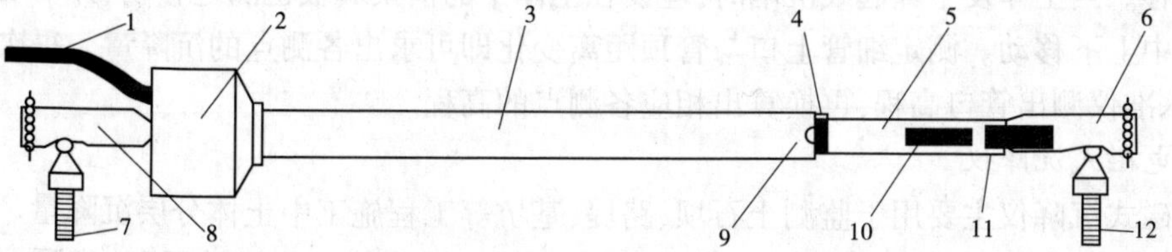

1—仪器电缆；2—线圈及温度计；3—套管（保护管）；4—尼龙扎带；5—传递杆；6，8—球形万向节；7—固定螺栓；9—定位槽；10—定位销；11—螺纹适配器；12—安装螺栓。

图 2-31　振弦式测缝计

3. 埋入式测缝计

埋入式测缝计主要用于测量混凝土块之间的升降或断面的接缝开度或边界位移。该仪器由一个经过一系列热处理的振弦感应元件构成，一端连接弦的应力释放弹簧，而另一端是连接杆。由于传递杆从传感器筒体拉出，弹簧拉伸导致应力增加，并由振弦元件感应。弹簧的应力与弦张力成正比，因而裂缝的开合度可以用弦式读数仪通过测量应变的变化很精确地确定。该单元是完全密封的并且可以在 250 psi(1.72 MPa)压力下正常工作。同时，在振弦传感器内装有热敏电阻，用以测量测缝计安装部位的温度。另外，在传感器筒内有一个三极等离子体浪涌脉冲放电器，用以保护瞬间由直接或间接雷电冲击电荷对传感器的破坏，如图 2-32 所示。

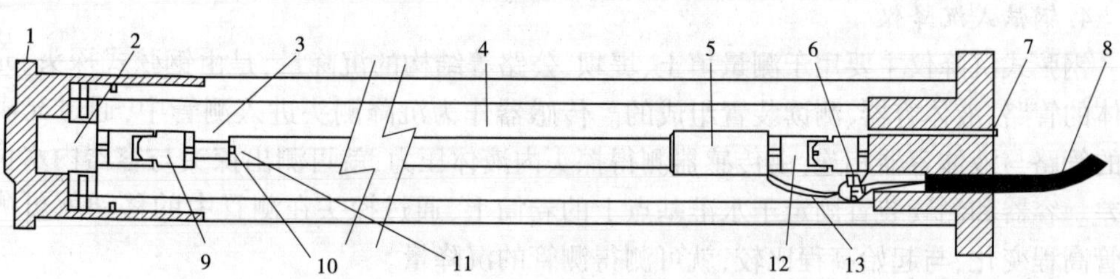

1—套筒底座；2—仪器连接器；3—传递杆；4—传感器外壳；5—线圈组件；6—雷击保护器；7—通气螺丝；8—仪器电缆；9，12—万向节；10—定位销；11—定位槽；13—导线。

图 2-32　埋入式测缝计

(五)沉降仪

沉降仪是埋设安装在建筑物及其基础内、外表面用来测其沉降量的仪器,主要应用在土坝、土石坝、边坡、开挖和填方等岩土工程的沉降监测中。沉降仪主要包括横梁管式沉降仪、电磁式沉降仪、水管式沉降仪、钢弦式沉降仪等。

1. 横梁管式沉降仪

横梁管式沉降仪主要用于监测土石坝坝体内部的沉降量,通常在坝体内逐层埋设。它由管座、带横梁的细管、中间套管三部分组成。利用细管在套管中的相对运动测定土体垂直位移。当土体发生隆起或沉陷时,埋设在土体中的横梁翼板也随之移动,并带动细管在套管中上下移动。测定细管上口与管顶距离变化即可求出各测点的沉降量。每次观测时,用水准仪测出管口高程,再换算出相应各测点的高程。

2. 电磁式沉降仪

电磁式沉降仪主要用于监测土石坝、路堤、基坑等工程施工中土体分层沉降量。它是由测头、三脚架、钢卷尺和沉降管组成的。埋入土体的沉降管要依设计需要,每隔一定距离设置一磁环,当土体发生沉降时,该磁环也同步沉降,利用电磁探头测出沉降后的磁环位置并与初始值相减,即可求出相应测点的沉降量。观测时,将三脚架安置于测孔上方,测头悬挂于钢卷尺端部。将测头缓慢放入管中,跟进电缆并接通电源。测头下降至磁环中间,音响立即发出声音并找准其确切位置,让钢卷尺与脚架中的基准尺对齐,即可读出该沉降环所处深度。每次观测时,用水准仪测出孔口高程,测得磁环深度,即可换算出该点的高程。

3. 水管式沉降仪

水管式沉降仪可直接测读各点沉降量,适用于土石坝等结构物内部沉降监测。它由沉降测头、管路和量测板等组成。采用连通管原理监测测头的沉降,即用水管将坝体内的测头连通管的水杯与坝体外量测板上的测量管相连接,使两端处于同一气压中,水杯充满水后,观测房中玻璃管中液面高程即为坝内水杯杯口高程。水杯杯口高程变化即为该测点的相对垂直位移量。每次读数前,用水准仪测出量测板上各标点的高程,读出各测点玻璃管上的水位,即可得到各测点沉降量。

4. 钢弦式沉降仪

钢弦式沉降仪主要用于测量填土、堤坝、公路等结构的沉降量,是由钢弦式探头、充满液体的管路、液体容器、测读装置组成的。传感器作为沉降测头进入测管中,通过充满液体的管路与液体容器相连,由传感器测得探头内液体压力,就可测出探头与容器内水位的高差。容器和测读装置固定于水准基点上的卷筒上,通过探头在测管中的移动就可测出测管高程变化,与起始高程比较,就可测得测管的沉降量。

三、应力测量仪器

(一)应变计

观测应力、应变的目的在于了解建筑物及基岩内部应力的实际分布,求得最大拉应力、压应力和剪应力的位置、大小和方向。常用的应变计主要有埋入式应变计、无应力式应变计和表面应变计,从工作原理上分,有差动电阻式应变计、钢弦式应变计、差动电感式应变计、差动电容式应变计、电阻应变片式应变计等。

1. 差动电阻式应变计

差动电阻式应变计主要埋设在混凝土中观测其应变，也可用来测量浆砌石或基岩内的应变。这种应变计由电阻传感器部件、外壳和电缆组成。当仪器轴向受到变形时，电阻比产生变化，从而计算应变量。

2. 钢弦式应变计

钢弦式应变计主要用来测量建筑物基础、桩体、桥梁、坝体、隧道衬砌等混凝土的应变值。这种应变计由端头、应变管、钢弦、电磁线圈和导线组成。当混凝土产生应变时，端头带动应变管产生变形，使钢弦应力发生变化，用频率测定仪测量钢弦变形后的频率值，即可求得混凝土应变值。

3. 无应力式应变计

无应力式应变计主要用来测量混凝土由于温度、湿度及水化作用产生的自由体积变形。这种应变计使用锥形双层套筒，埋设在内筒中的混凝土内的应变计不受筒外大体积混凝土荷载变形影响，而筒口和大体积混凝土连成一体，使筒内外保持相同湿度和温度，这样筒内混凝土产生的变形只是由温度、湿度和自身原因引起的，而非应力作用的结果。

4. 表面应变计

表面应变计主要用于测量混凝土、钢筋混凝土及钢结构的桥梁、墩台、桩体、隧道及坝体表面的应变。其传感器有钢弦式和电阻应变片式等，通常将后者直接粘贴在结构物表面设计规定位置，经防水防潮处理后进行量测。

（二）应力计

1. 钢筋应力计

钢筋应力计又称钢筋计，是埋设在水工结构物或其他混凝土结构物内，测量结构物内部的钢筋应力的仪器，常用的有差动电阻式和钢弦式两种。如图 2-33 所示为钢筋应力计，图 2-34 所示为安装在基坑支护结构上的钢筋应力计。

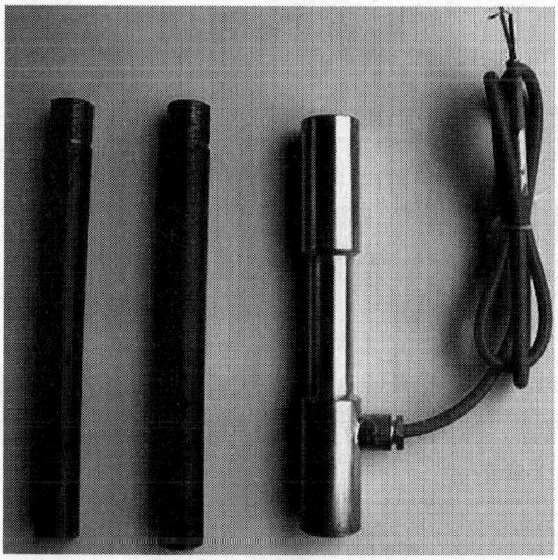

图 2-33　钢筋应力计

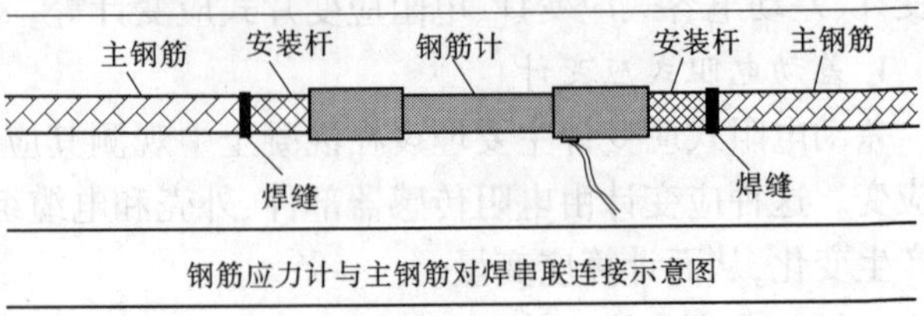

图 2-34 安装在基坑支护结构上的钢筋应力计

2. 孔隙水压力计

孔隙水压力计也称为渗压计(见图 2-35),是指用于测量构筑物内部孔隙水压力或渗透压力的传感器,按仪器类型可以分为差动电阻式孔隙水压力计、钢弦式孔隙水压力计及电阻应变片式孔隙水压力计等。孔隙水压力计可用来测量孔隙水或其他流体压力。所测得的数据可评估地下水流的情况,并用于设计和监测水工建筑物、基础与挡土墙、大坝与堤防、边坡与开挖工程、隧洞与地下工程、废料堆积场等项目。

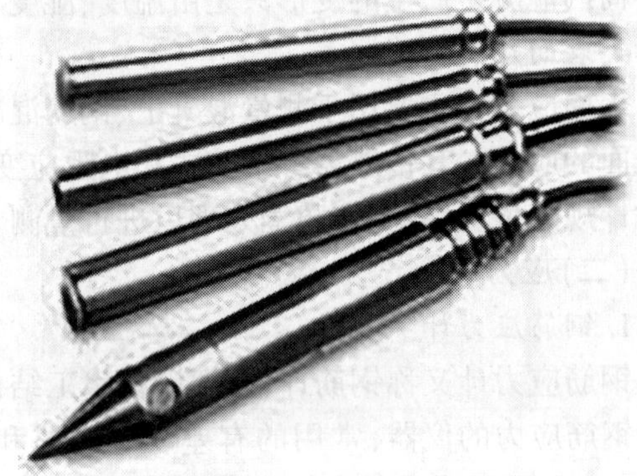

图 2-35 孔隙水压力计

3. 混凝土应力计

混凝土应力计是埋设在混凝土建筑物内部,直接测量混凝土内部压应力,同时兼测埋设点的温度的仪器,如图 2-36 所示。它是由感应板组件和差动电阻式传感器组成的。传压液体将受压面板上感受到的混凝土压应力传递到感应背板上,感应背板组件将位移转换成钢丝电阻值差动变化,用测读仪表接收电阻比变化量和电阻值,就可计算出混凝土的压应力和温度。

4. 土压力计

土压力计(见图 2-37)是用来测量土石坝、大堤、桥墩、隧道、地铁、高层建筑基础等结构内部土体压应力的仪器。按其埋设方法可分为埋入式和边界式两种,按结构形式可分为立式、卧式和分离式 3 种形式。

图 2-36　混凝土应力计

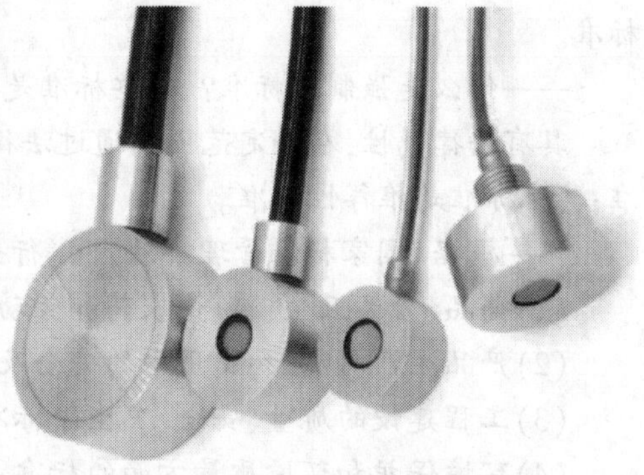

图 2-37　土压力计

【项目总结】

本项目系统介绍了变形监测方案设计、编写；项目技术报告与总结报告的编写方法及各种观测仪器的原理与使用方法；通过本项目的学习，为之后各项目的学习奠定坚实的基础。

【学习重点和难点】

1. 技术报告与总结报告的编写；

2. 各种仪器的原理与使用方法。

提高测绘规范意识

——国家标准是在全国范围内统一的技术要求。国家标准的年限一般为 5 年，过了年限后，国家标准就要被修订或重新制定。此外，随着社会的发展，国家需要制定新的标准来满足人们生产、生活的需要。因此，标准是种动态信息。

强制性国家标准是保障人体健康、人身财产安全的标准和法律及行政法规规定强制执行的国家标准。

行业标准是指没有国家标准而又需要在全国某个行业范围内统一的技术要求。行业标准应用范围广、数量多，收集较为不易。

——我国的标准如何分级？

《中华人民共和国标准化法》将我国标准分为国家标准、行业标准、地方标准、企业标准四级。《中国国家标准总库》中收集了比较齐全的国家标准和行业标准，并逐月累增。

——什么是中国标准文献分类法？

中国标准文献分类法其类目的设置以专业划分为主，适当结合科学分类。序列采取从总到分、从一般到具体的逻辑系统。类目结构采用二级编制形式。一级主类的设置主要以专业划分为主，二级类目设置采用非严格等级制的列类方法。

在《中国国家标准总库》中，点击导航条中的“中标分类”按钮，即可打开“中国标准文献分类表”，并可以按照此分类进行检索。

——标准编号中的“T”是什么意思?

国家标准(GB)编号中的“T”是推荐的意思。例如,《硅及其他电子材料晶片参考面长度测量方法》(GB/T 13387—2009)指该标准为推荐性标准。此含义同样适用于行业标准。

——什么是强制性标准? 哪些标准是强制性标准?

具有法律属性,在一定范围内通过法律、行政法规等手段强制执行的标准是强制性标准;其他标准是推荐性标准。

——根据《国家标准管理办法》和《行业标准管理办法》,下列标准属于强制性标准:

(1)药品、食品卫生、兽药、农药和劳动卫生标准;

(2)产品生产、储运和使用中的安全及劳动安全标准;

(3)工程建设的质量、安全、卫生等标准;

(4)环境保护和环境质量方面的标准;

(5)有关国计民生方面的重要产品标准等。

——什么是“推荐性标准”?

推荐性标准是指生产、交换、使用等方面,通过经济手段或市场调节而自愿采用的一类标准,又称非强制性标准或自愿性标准。这类标准不具有强制性,任何单位均有权决定是否采用,违反这类标准,不构成经济或法律方面的责任。应当指出的是,推荐性标准一经接受并采用,或各方商定同意纳入经济合同中,就成为各方必须共同遵守的技术依据,具有法律上的约束性。

测绘标准规范的重要性:它是各种测绘规范的组合,内容涉及招标投标、保密、各部门和人员的义务和权利、各个不同的测绘产品或者工程的质量要求、标准的文档格式是什么、各种测绘产品的规格的详细说明、如何保护测绘相关的标志、如何汇交相应测绘成果等。

【项目知识检测】

1. 变形监测系统设计的基本原则是什么?
2. 变形监测中常用的仪器有哪些?
3. 变形监测项目技术设计分为哪几个部分?
4. 变形监测项目的技术设计书的主要内容有哪些?
5. 变形监测项目的技术总结包括哪些主要内容?

项目三　变形监测的基本方法

【项目概述】

变形是自然界普遍存在的现象,各种荷载作用于变形体,使其形体、大小及位置在时间域或空间域发生的变化均为变形。变形体的变形在一定范围内被认为是允许的,如果超出允许值,则可能引发灾难。因此,一些大型工程建(构)筑物项目的变形监测在设计阶段就开始考虑,设计单位在进行工程设计的同时对建(构)筑物做出相应的变形设计,然后在其施工及运营期间进行定期观测。工程建(构)筑物变形监测的内容主要包括沉降监测、水平位移监测、倾斜监测、挠度监测和裂缝监测等。

本项目主要学习基本的监测方法,通过学习,掌握各种变形监测的原理与方法的同时,增强学生的大局意识,培养学生爱岗敬业、艰苦奋斗、精益求精、一丝不苟的工作方法,让"新一代测绘人"担负起无私奉献、永葆初心、传承测绘精神的责任。

【学习目标】

[知识目标]

1. 领会变形监测工作的意义;
2. 掌握变形监测的基本原理;
3. 掌握基准点与工作基点、变形监测点的含义,布设要求与埋设方法;
4. 掌握变形监测的实施方法。

[技能目标]

1. 能按规范进行沉降监测、水平位移监测、倾斜监测、挠度监测和裂缝监测等;
2. 能够做简单的监测计算;
3. 会进行观测数据处理。

[思政目标]

1. 使学生养成良好的自主学习习惯和认真严谨的工作态度;
2. 提高质量意识、责任意识;
3. 培养学生爱国主义精神,进一步理解和传承测绘精神。

【考核内容】

1. 沉降监测、水平位移监测、倾斜监测、挠度监测和裂缝监测的原理、步骤及布点方法;
2. 变形监测的数据计算与处理。

【规范】

1.《建筑变形测量规范》(JGJ 8—2016);
2.《工程测量标准》(GB 50026—2020)。

任务一　沉降监测

【任务导学】

意大利比萨斜塔和我国西安大雁塔,由于地面沉降变形而发生倾斜,还有很多建筑物由于地基倾斜导致建筑物发生倒塌事故。在工程中,要如何预防和观测建筑物发生的沉降变形,又如何对建筑物进行沉降监测?通过本任务的学习,大家会找到答案。

所谓沉降,就是工程建筑物及其基础在垂直方向的变形,其表现形式为在不同时期高程(H)的变化。

当建筑物或基础各部位沉降不均匀时,则会发生倾斜或扭曲。沉降会造成地面塌陷,给建筑物的使用和安全带来不利影响;特别是严重的不均匀沉降则会给建筑物的安全带来毁灭性的后果。所以,沉降监测是工程建筑物变形监测中的一个重要内容。

在建筑物施工初期,基坑开挖时表面荷重卸除,使基底产生回弹现象。随着建筑物施工展开,荷重不断增加,又使基础产生下沉;由于外界气温变化,建筑物本身在垂直方向上亦有伸缩。可见,沉降监测应该在基坑开挖之前进行,而贯穿于整个施工过程中,并继续到建成后若干年,直至沉降现象基本停止。

【任务要求】

1. 掌握基准点与工作基点的含义,布设要求与埋设方法;
2. 掌握沉降监测点的含义,布设要求与埋设方法(重点)。

一、观测系统的布设与标志

(一)基点布设与检测

由于沉降监测的方法一般为水准测量,所以其基准点也常称为水准基点。在工业场地上,水准基点的布设一般采用深埋法。这是因为:

(1)工业场地一般位于平坦地区,覆盖土层较厚,便于开挖深埋孔;

(2)建筑物本身压荷有限,深埋孔无需挖得很深;

(3)工业场地建筑物稠密,采用远设的方法(增设工作基点),会给观测带来不便。

对于大型的水利枢纽工程,水准基点的布设可采用远设与工作基点相结合的方法。将固定基点远设在河流两岸大坝的下游方向,且确保其位于沉降范围之外。工作基点则布置在坝的两端的不同高程处。

水准基点的埋设位置应位于拟测建筑物范围外20~25 m处,并应避开日后欲建管线、道路等地区。对于有震动的建筑物,基点埋设距建筑物应更远一些。如果拟测建筑物的规模较大,基点要统一布设在建筑物周围,以便于沉降水准网的联测,缩短水准线路以提高成果的精度。

大坝沉降监测水准基点应避开岩石断裂带,也应避免埋设在大型建筑物及水利设施附近,以免震动及影响地下水。根据地质条件的不同,水准基点可埋设在基岩上或深埋于原状土内。对于重要的电站和水利工程,水准基点应力求埋设于基岩之上。

为了检查水准基点的稳定性,可将其成组地埋设,通常由间距约100 m的每3个点为一组,由此可以经常观测三点间的高差,这样便可判断出水准基点的高程有无变动。

(二)基点标志与埋设

1. 地表岩石标

水准基点应尽可能埋设在基岩上,如果地表覆盖层很浅,可先除掉风化层后把水准标志用水泥砂浆埋设在新鲜基岩上,但要注意别把孤石当成基岩,否则若孤石有所移动,水准头的标高也会随之变动。地表岩石标如图 3-1 所示。

2. 混凝土水准标石

这种水准基点适用于一般覆盖层较厚的工业场地,其埋设形式与高程控制测量相同,在此不再重复。

3. 深埋钢管标

当地表覆盖层很厚或温度对测量标志有明显影响时,一般采用钻孔后灌注混凝土钢管标志。如图 3-2 所示,钻孔应深达基岩或较密实的土层内。水准基点顶部要砌成保护井,以保护标志不被破坏。

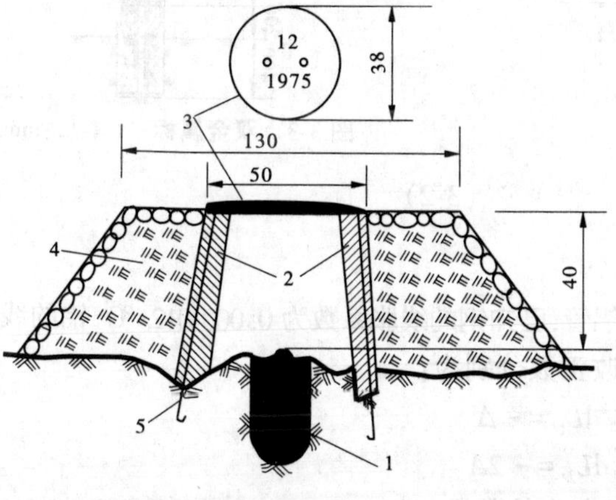

1—抗蚀金属制造的标志;2—钢筋混凝土井圈;
3—井盖;4—土丘;5—井圈保护层。

图 3-1　地表岩石标　(单位:cm)

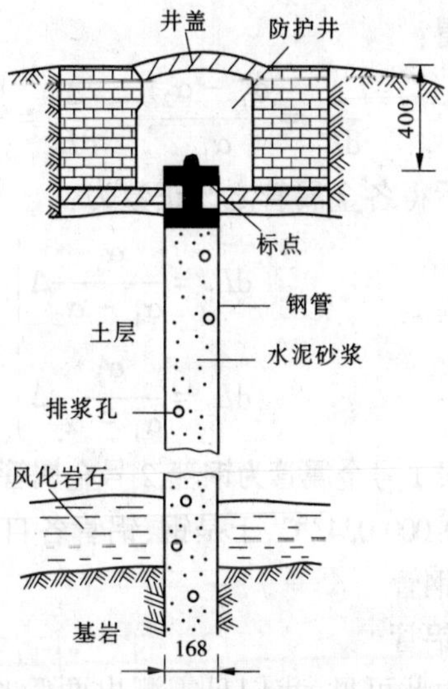

图 3-2　深埋钢管标　(单位:mm)

此种基点施工时,先用钻机钻到新鲜岩层以内 2 m 以上,以直径 50~70 mm 的钢管埋入基岩内。内管外再套一个直径 110~130 mm 的外钢管并缠以黄油麻布,内外管间设有橡皮圈,内管顶端焊以不锈钢水准标志,并在内管的不同高程处设若干个电阻温度计(见图 3-3),以便测定内管的温度。

4. 双金属标

在全年温度变化幅度较大的地方,当岩石上部土层较深时,为避免温度变化对标志高程的影响,可采用深埋双金属标,如图 3-3 所示。

深埋双金属标的特点是：深埋两根具有不同膨胀系数的金属管，并由标志顶部的读数设备测定温度变化对标志所引起的两管长度变化的差数 Δ，由此差数即可计算出金属管本身长度的变化。以改正温度变化对标志高程的影响。改正的原理如下：

设有两根分别为钢、铝材料的金属管 1 号和 2 号，原长均为 L_0，受热后各自伸长分别为：

$$L_1 = L_0 + L_0\alpha_1 t = L_0 + dL_1$$

$$L_2 = L_0 + L_0\alpha_2 t = L_0 + dL_2$$

式中　t——标志各层高程处温度改变的平均值，其数值未知；

α_1、α_2——两金属管线胀系数。

两金属管之长度差值为：

$$\Delta = L_1 - L_2 = L_0(\alpha_1 - \alpha_2)t \tag{3-1}$$

因此得：

$$\frac{\Delta}{dL_1} = \frac{\alpha_1 - \alpha_2}{\alpha_1},\quad \frac{\Delta}{dL_2} = \frac{\alpha_1 - \alpha_2}{\alpha_2}$$

移项后得各金属管之改正数为：

$$\left.\begin{aligned} dL_1 &= \frac{\alpha_1}{\alpha_1 - \alpha_2}\Delta \\ dL_2 &= \frac{\alpha_2}{\alpha_1 - \alpha_2}\Delta \end{aligned}\right\} \tag{3-2}$$

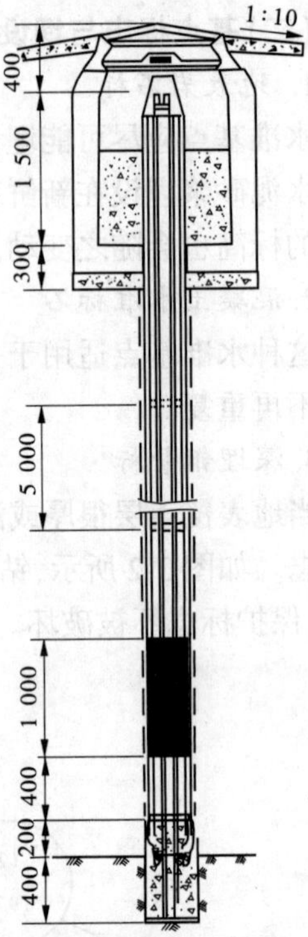

图 3-3　双金属标　（单位：mm）

设 1 号金属管为钢管，2 号金属管为铝管，已知钢的线胀系数为 0.000 012/℃，铝的线胀系数为 0.000 024/℃，于是钢、铝管各自的改正数分别为：

钢管　　$dL_1 = -\Delta$

铝管　　$dL_2 = -2\Delta$

由此可见，我们只需测出两管长度变化的差数，即可求出它们各自的改正数。两管长度变化的差数通过如图 3-4 所示的标志上的读数装置来实现。

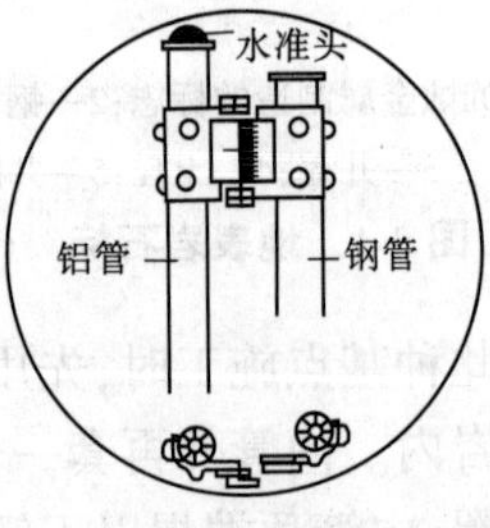

图 3-4　双金属标温差读数装置

但是也应该指出，设置深埋双金属标的过程是相当复杂的。首先，必须具有处理得很好的金属管；其次，当埋设深度很深时，金属管很长，往往容易产生挠曲，这样一来，得到的改正数可能含有较大的误差。

深埋双金属标在施工埋设时先钻孔穿过地层或风化岩层，达到坚硬的新鲜岩石，用水泥砂浆固定套管，然后在套管内装置直径各为 30 mm 的钢管、铝管各一根。以钢管标点高程为基准，并借铝管标点高程提供温度改正资料。

5. 平硐标

为避免标志及视线受温度变化的影响，采用平硐标是一种有效的方法。它需选择较大完整的岩石凿进标石室，其结构见图 3-5。平硐出口处建一过渡室。该室有内、外两门，内门通平硐，外门通硐外。平硐内设有标点，过渡室设外标点，工作时先将水准仪置于过渡室内，关闭外门，待过渡室室温与平硐内一致时，将内标点高程传到外标点，此后关闭内门，开启外门，并将仪器置于硐外，待过渡室室内温度与外界温度一致后，再将高程传递到硐外。这样可避免因视线在不同介质中而产生折光影响，同时避免温度对内标点的影响(当精密水准仪出入廊道时，也应设类似上述的过渡室)。

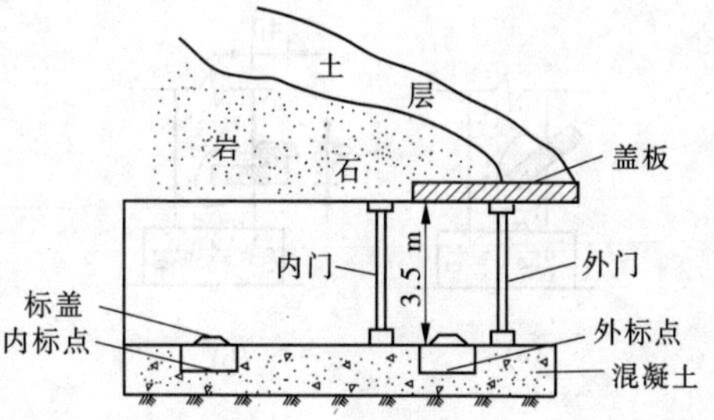

图 3-5　平硐标

需要指出的是，标志点的形式是多种多样的，但无论何种标志，水准基点的底盘均应埋于最大冻土层以下 0.5 m。还应注意不要埋在建筑废弃土或地表土等人工土内。

(三)工作基点的标志与布设

关于工作基点，一般采用地表岩石标。当覆盖土层较厚时，可采用水准标石。

(四)测点标志与埋设

沉降监测点是测量沉降量的依据，应布设在最有代表性的地点，即要埋设在真正能反映建筑物发生沉降变形的位置。观测点是固定在房屋结构基础、柱、墙上的测量标志。

1. 工业与民用建筑物观测标志

工业与民用建筑物的沉降监测点应选择在真正能反映建筑物发生变形的地方，根据不同的对象(基础、柱子等)埋设相应形式的标志。

(1)设备基础上的标志。各种基础观测点标志多用铆钉或钢筋制作，如图 3-6 所示。

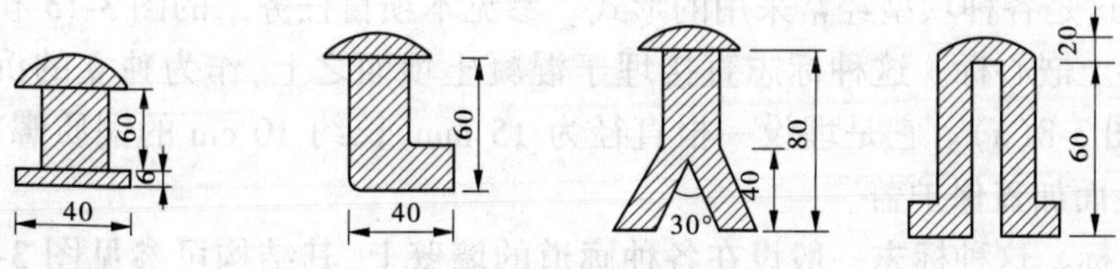

(a)垫板式　(b)弯钩式　(c)燕尾式　(d)U形式

图 3-6　设备基础上的标志　(单位:mm)

(2)墙柱上的标志。如图 3-7 所示的是一组柱基础上的沉降监测标志，一般是将弯钩形的观测标志平向插入，或用角钢等成 60°角插入柱基础内，再用 1:2的水泥砂浆填充即可。

(3)隐藏式标志。如图 3-8 所示：(a)为检查井式，埋设在室内地坪以下约 10 cm 处，砌一保护井；(b)为基础上的隐蔽式标志；(c)为螺旋式，用铜或铝合金加工成带丝口的活动标志，将螺母嵌入墙内，同时将标心旋进，测量之后再旋下标心，拧上保护盖。

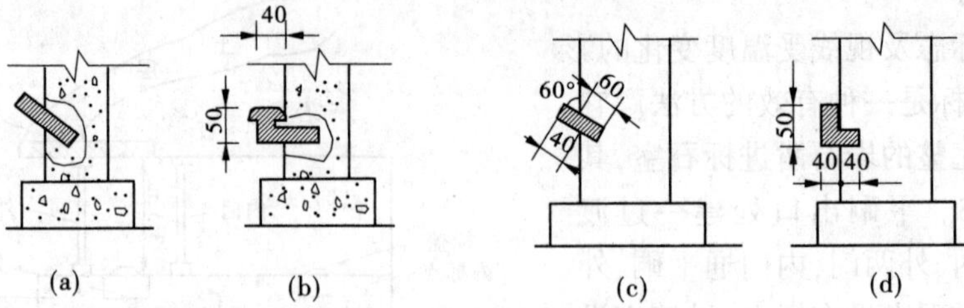

图 3-7　墙柱上的标志　（单位:mm）

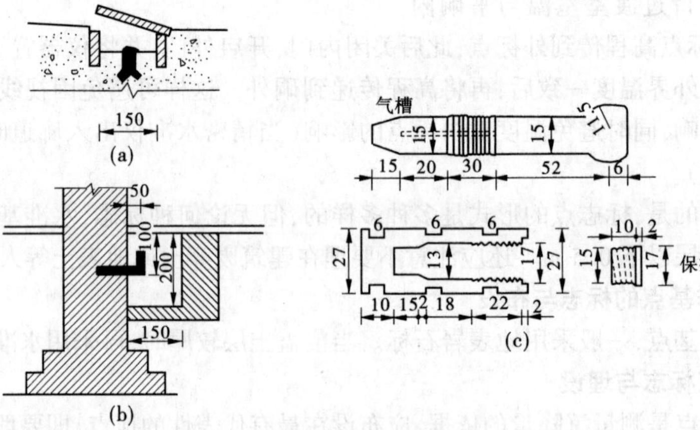

图 3-8　隐藏式标志　（单位:mm）

2. 大坝观测点标志

混凝土大坝的沉降监测点，按其设备可分为 4 种：坝面测点、廊道测点、基础测点及其他工程（如电厂厂房）测点。它们采用如下几种形式：

（1）综合标。对于这种标型，沉降监测标志是附设在水平位移监测墩上或其强制对中设备上的，这是各种坝型经常采用的形式。参见本项目任务二的图 3-13 和图 3-14。

（2）混凝土嵌心标。这种标志直接埋于混凝土坝面之上，作为独立的沉降标志。其结构可参见图 3-8（a）。它是埋设一根直径为 15 mm、长约 10 cm 的铜质螺栓，头部露出 0.5~1 cm，上面加盖保护盖。

（3）墙上标。这种标志一般设在各种廊道的墙壁上，其结构可参见图 3-8（b）。该标志墙外设有钢质保护箱，距地面的距离要适中。

对于土坝上的沉降监测点，可采用水准点埋石标志，或在现场浇筑混凝土墩，混凝土顶部埋一钢质标志，标头露出 0.5~1 cm，标点四周用混凝土浇筑标盒顶面加一保护盖。

3. 沉降监测点的埋设

工业与民用建筑物沉降监测点的埋设，一般在室内地坪+0.5 m 较为适宜。但在布置时应根据建筑物层高、管道标高、室内走廊、平顶标高等情况来确定观测点的埋设标高。一般要求观测点以上的净空高度不应少于 3.2 m，以保证观测工作的进行。同时还应注意所埋设的观测点要避开柱间的横隔墙及外墙上的雨水管道等，以免所埋设的观测点在施工时无法观测而影响观测资料的完整性。

在浇灌基础时,应根据沉降监测点的相邻位置,埋设临时的基础观测点。若基础本身荷载很大,可能在基础施工时就产生一定的沉降,这时应埋设临时的垫层观测点,或基础口上的临时观测点,待永久观测点埋设完毕,立即将高程引到永久观测点上。在观测期间如发现观测点被破坏,应立即处理。

二、沉降监测的基本方法

沉降监测是指定期测量观测点相对于水准基点的高差,从而求得观测点的高程,并将不同时期所得到的高程加以比较,得出建筑物的沉降数据等资料。

(一)水准测量法

水准测量法不是直接测定地面点的高程,而是测出两点间的高差,即在两个点上分别竖立水准尺,利用水准测量的仪器提供的一条水平视线,瞄准并在水准尺上读数,求得两点间的高差,从而由已知点高程推求未知点高程。

如图 3-9 所示,已知 A 点高程为 H_A,用水准测量方法求未知点 B 的高程。在两点中间安置水准仪,并在 A、B 两点上分别竖立水准尺,根据水准仪提供的水平视线在 A 点水准尺上读数为 a,在 B 点的水准尺上读数为 b,则 A、B 两点间的高差为

$$h_{AB} = a - b \tag{3-3}$$

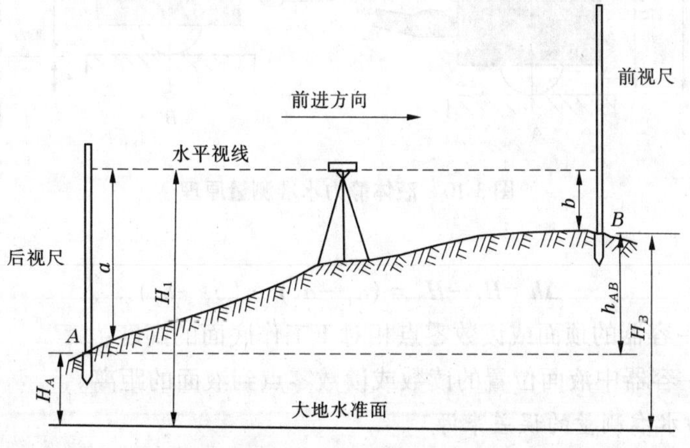

图 3-9 水准测量原理

设水准测量是由 A 点向 B 点进行的,如图 3-9 中箭头所示,则规定 A 点为后视点,其水准尺读数 a 为后视读数,B 点为前视点,其水准尺读数 b 为前视读数。由此可见,两点之间的高差=后视读数-前视读数。如果 $a>b$,则高差 h_{AB} 为正,表示 A 点比 B 点低;如果 $a<b$,则高差 h_{AB} 为负,表示 A 点比 B 点高。

在计算高差 h_{AB} 时,一定要注意 h_{AB} 的下标,下标不同,高差值不同,$h_{AB}=-h_{BA}$。测得 A、B 两点间高差 h_{AB} 后,则未知点 B 的高程为

$$H_B = H_A + h_{AB} \tag{3-4}$$

精密水准测量精度高,方法简便,是沉降监测最常用的方法。采用该方法进行沉降监测,沉降监测的测量点分为水准基准点、工作点和监测点 3 种。

水准基准点是沉降监测的基准点,一般由 3~4 个点构成一组,形成近似正三角形或

正方形。为保证其坚固与稳定，应选埋在变形区以外的岩石上或深埋于原状土上，也可以选埋在稳固的建（构）筑物上。为了检查水准基准点自身的高程是否有变动，可在每组水准基准点的中心位置设置固定测站，定期观测水准基准点之间的高差，判断水准基准点高程的变动情况。也可以将水准基准点构成闭合水准路线，通过重复观测的平差结果和统计检验的方法分析水准基准点的稳定性。

（二）液体静力水准测量

1. 液体静力水准测量原理

如图 3-10 所示，液体静力水准测量也称为连通管测量，是利用相互连通且静力平衡时的液面进行高程传递的测量方法。为了测量 A、B 两点的高差 h，将容器 1 和 2 用连通管连接，其静力水准测头分别安置在 A、B 两点上。由于两测头内的液体是相互连通的，当静力平衡时，两液面将处于同一高程面上，因此 A、B 两点的高差可用下式计算：

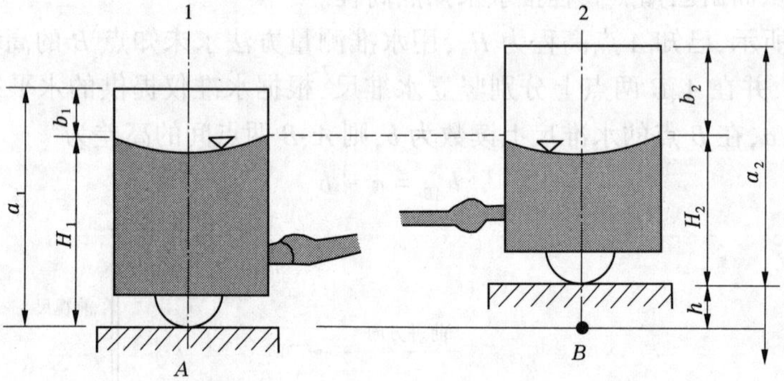

图 3-10　液体静力水准测量原理

$$\Delta h = H_1 - H_2 = (a_1 - a_2) - (b_1 - b_2) \tag{3-5}$$

式中　a_1、a_2——容器的顶面或读数零点相对于工作底面的高度；

b_1、b_2——容器中液面位置的读数或读数零点到液面的距离。

2. 液体静力水准测量的误差来源

虽然液体静力水准测量的原理非常简单，但是要在实际使用过程中满足变形监测精度需要，则必须注意以下因素的影响：

（1）仪器误差。这项误差属于系统误差，包括观测头的倾斜、量测设备的误差和液体的漏损等，通过仪器在出厂时的严格检验调试，或者在仪器上附加圆水准器等方法，可以将这个误差限制在很小的范围内。

（2）温度和气压。温度不均匀会导致两个液体柱的高度出现误差。研究表明，当水温在 20 ℃时，温度的变化对于水柱高度的影响最大可达 0. 07 mm。为了降低温度的影响，又由于气压的影响会使水柱高度最大出现 0. 013 6 mm 的误差，因此必须保证各个区域的气压相等。

（3）液体柱。液体柱一般采用玻璃容器，液体对玻璃的湿润作用会让液面中央形成下凹的曲面，同时液体自动升高。为此，液体柱的半径误差不能超过 0. 002 mm，同时内壁必须做严格的抛光处理。

3. 技术要求及注意事项

液体静力水准测量的优点是精度高、可遥测实现自动化、在危险之处仍可测量等；缺点是仪器须固定、操作不灵活、作业效率低。《建筑变形测量规范》(JGJ 8—2016)技术要求见表3-1。

表3-1　静力水准观测技术要求

等级	特级	一级	二级	三级
仪器类型	封闭式	封闭式、敞口式	敞口式	敞口式
读数方式	接触式	接触式	目视式	目视式
两次观测高差较差/mm	±0.1	±0.3	±1.0	±3.0
环线及符合路线闭合差/mm	$\pm0.1\sqrt{n}$	$\pm0.3\sqrt{n}$	$\pm1.0\sqrt{n}$	$\pm3.0\sqrt{n}$

注：表中 n 为测站数。

为了提高仪器的作业效率，作业过程中，需要符合以下要求：

(1)观测前，向连通管内充水时，不得将空气带入，可采用自然压力排气充水法或人工排气充水法进行充水。

(2)连通管应平放在地面上，当通过障碍物时，应防止连通管在垂直方向出现Ω形，防止形成滞气“死角”，连通管任何一段的高度都应低于蓄水罐底部，但最低不宜低于20 cm。

(3)观测时间应选在气温最稳定的时段，观测读数应在液体完全呈静态时进行。

(4)测站上安置仪器的接触面应清洁、无灰尘杂物。仪器对中误差不应超过±2 mm，倾斜面不应大于10°。使用固定式仪器时，应有校验安装面的装置，校验误差不应超过±0.05 mm。

(5)宜采用2台仪器对向观测，当条件不具备时，也可采用1台仪器往返观测。每次观测，可取2～3个读数的中数作为一次观测值，读数限值视读数设备精度而定，一般为0.02～0.04 mm。

(三)精密三角高程测量

精密水准测量受观测环境影响小、观测精度高，仍然是沉降监测的主要方法。但如果水准路线线况差，水准测量实施将很困难。高精度全站仪的发展，使得电磁波测距三角高程测量在工程测量中的应用更加广泛，若能用短程电磁波测距三角高程测量代替水准测量进行沉降监测，将极大地降低劳动强度，提高工作效率。

1. 单向观测法

单向观测法即将仪器安置在一个已知高程点(一般为工作点)上，观测工作点到沉降监测点的水平距离 D、垂直角 α、仪器高 i 和目标高 v，计算两点之间的高差。考虑大气折光系数 K 和垂线偏差的影响，单向观测计算高差的公式为

$$h = D\tan\alpha + \frac{1-K}{2R}D^2 + i - v + (u_1 - u_m)D \tag{3-6}$$

式中 u_1——测站在观测方向上的垂线偏差;

u_m——观测方向上各点的平均垂线偏差;

R——地球平均曲率半径,m。

因垂线偏差对高差的影响随距离的增大而增大,但在平原地区边长较短时,垂线偏差的影响极小,且在各期沉降量的相对变化量中得到抵消,通常可忽略不计。因此,式(3-6)可写为

$$h = D\tan\alpha + \frac{1-K}{2R}D^2 + i - v \tag{3-7}$$

2. 中间法

中间法是将仪器安置于已知高程测点1和测点2之间,通过观测站点到1、2两点的距离 D_1 和 D_2,垂直角 α_1 和 α_2,目标1、2的高度 v_1 和 v_2,计算1、2两点之间的高差。中间法距离较短,若不考虑垂线偏差的影响,其计算公式为

$$h = (D_2\tan\alpha_2 - D_1\tan\alpha_1) + \left(\frac{D_2^2 - D_1^2}{2R}\right) - \left(\frac{D_2^2}{2R}K_2 - \frac{D_1^2}{2R}K_1\right) - (v_2 - v_1) \tag{3-8}$$

若设 $D_1 \approx D_2 = D$, $\Delta K = K_1 - K_2$,则有

$$h = D(\tan\alpha_2 - \tan\alpha_1) + \frac{D^2}{2R}\Delta K - (v_2 - v_1) \tag{3-9}$$

目前,沉降监测中用得最多的是几何水准测量方法。对于中、小型厂房和土工建筑物的沉降监测一般可采用普通水准测量的方法,而对于大型厂房、高层建筑物及混凝土坝等高大重要的混凝土建筑物,则一般采用精密水准测量的方法。

考虑到沉降监测本身的特点,为了保证其质量和观测的方便,无论建筑物是何种类型,工作在何种场合,除了遵循一般水准测量的有关规定,还应该注意如下事项:

(1)水准路线应尽量构成闭合环的形式,以便为每期观测提供必要的检核,并通过平差提高精度。

(2)应采用"三固定"的方法来提高沉降监测的精度。所谓"三固定",就是各期观测中固定观测员、固定仪器、固定施测线路。采用"三固定"的方法之所以能提高精度,是因为它在整个变形监测过程中把偶然误差加以系统化,使其在各期观测的差值中自动消除的缘故。

(3)在固定线路上的固定测站、转点位置上设置临时标志和尺桩,以加快观测速度。

(4)施工阶段的沉降监测,应利用建筑物平面图分段记录观测时的施工进度,以便绘制沉降量与荷载的关系曲线图。

三、沉降监测在工程中的实施

(一)工业与民用建筑物沉降监测

对于工业与民用建筑物,沉降监测的主要内容是基础沉降监测。其基点一般为深埋标志,对于中、小型厂房可采用三等水准测量;而对于大型厂房、连续生产的设备基础和动力基础、高层的混凝土建筑物,则一般采用二等水准测量。关于二、三等水准作业的方法可参考有关规范,但沉降监测的水准视线较短,一般不超过25 m。

在软土上挖掘深基础(8~10 m 以上)时,随着基坑的开挖,其底部会逐渐隆起。当建筑物荷载加上去以后,这部分隆起(回弹量)多半会重新沉下去。如果不知基坑隆起了多高,就会把坑底“超挖”。这样,或者要消耗大量的建筑材料去抵偿该超挖量,或者建筑物将低于设计标高。通常会误认为它是施工建筑物的沉降量。因此,在软土上挖掘深基础时应进行基坑回弹观测。

基坑回弹观测的要点是在基坑开挖之前先测得坑底土层的高程,待基坑挖到一定的深度以后,复测土层的高程,其与初始高程之差即为基坑回弹量。为此,在基坑开挖前就要在该土层中将观测时所用的标志埋设在基础各部分所钻的钻孔中,标志顶部高程应低于基坑底面 0.5 m 左右。标志的形式一般为一节钢管,管顶焊一半圆形端头,管壁钻有孔眼,如图 3-11 所示。埋设时,先将标志吊入钻孔底部,浇筑水泥砂浆,使标志与土层或岩层固结。

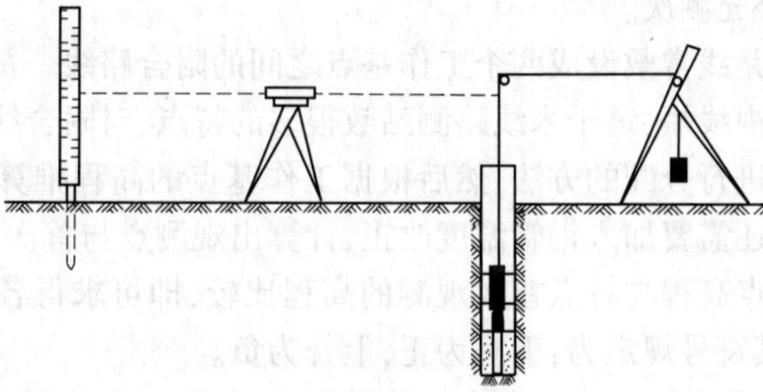

图 3-11　深式回弹高程变化观测

对于这类深式高程变化的观测,一般采用一种特制的钢线尺或钢尺悬吊重锤与标顶接触的办法,如图 3-11 所示。测量时必须使重锤与水准标点很好地接触,因此需要多次将重锤拉上放下,进行检查。

对于埋设在基础上的观测点,在砌筑墙壁或安装设备后、机器开始运转之前,一旦埋设工作完成,就需开始第一次观测,往后随着荷重的逐步增加而重复进行观测。在运行期间,根据沉降的快慢再确定重复观测的周期,每月、每季、每半年或每年观测一次,一直到沉降完全停止。

由于在观测各个基础时水准路线往往不是很长,并且其闭合差一般不会超过 1~2 mm,因此闭合差可按测站平均分配。如果观测点之间的距离相差很大,则闭合差可以按距离成比例地分配。

(二)大坝沉降监测

混凝土坝的沉降监测包括两个内容:基础沉降监测和坝体在垂直方向上的伸缩观测。由于其沉降范围大,故设置了坝端上的工作基点和位于坝体下游且远离坝体的固定基点。其观测一般分为两级进行:一级是从固定基点到工作基点的基点观测,另一级是从工作基点到观测点的测点观测。

基点观测原则上按一等水准测量的要求实施,要求每千米水准测量高差中数的中误差不大于 0.5 mm。此项工作一般每年进行一次,且应尽可能固定月份。

测点观测基本上按二等水准测量的操作规程实施。由于沉降监测在施工过程中就开始,因此受施工干扰大,而且大部分观测工作是在廊道内进行的,从而增加了观测的难度。这主要是因为有的廊道高度较低,有的廊道底面呈阶梯形状等,使用立尺、架设仪器和观测都受到一定的限制;尤其是基础廊道,高低不平,起伏坡度变化大,使得视线很短,有的甚至短至 3 m,使每千米的测站数增加很多。为了顺利地按要求完成测点观测,根据生产单位的经验,可作如下补充规定:

(1)仪器至标尺的距离,最长不得超过 40 m,每站的前、后视距差不得大于 0.3 m,前后视距差累积不得大于 1 m,基辅差不得超过 0.25 mm;

(2)每次观测进出廊道前后,仪器、标尺均需晾置半小时后才能进行观测;

(3)在廊道内观测采用手电筒照明。

大坝沉降监测的周期,在施工期间和运转初期的观测次数较多,而运转后期,当已掌握其变形规律后,观测次数可适当减少,但在出现暴雨、洪峰、地震等特殊情况下,除规定的周期观测外,尚应补充测次。

测点观测的水准路线常敷设成两个工作基点之间的附合路线。每次观测值均要加入标尺长度改正。根据视线短、每千米线路测站数很多的特点,对附合线路闭合差一般采用按测段的测站数多少进行分配的方法,然后根据工作基点的高程推算各沉降监测点的高程;而对于钢管标点,还需要加入钢管温度改正,计算出观测点与首次观测时的同温高程。将本次计算的各观测点高程与各点首次观测的高程比较,即可求得各观测点相对于本点首次观测的沉降量,其符号规定为:下沉为正,上升为负。

还需指出的是,工作基点本身逐年会有些下沉,但各次沉降监测点高程仍以工作基点的首次高程作为起算高程,而将工作基点各年的下沉量视为一常数,在分析资料时一并考虑。

各期水准测量成果的计算与一般控制测量水准测量平差计算的方法相同。在求出每期观测时各测点的高程后,即可比较不同时间各相同测点的高程以求出沉降量。

任务二　水平位移监测

【任务导学】

所谓水平位移是指工程建筑物在水平面内的变形。其表现形式为在不同时期平面坐标或距离的变化。

水平位移监测是水坝变形监测的一项重要内容。对于工业企业、科学试验与军事设施中的各种工艺设备、导轨等一般也要求作水平位移监测。

水平位移监测的方法较多,有常规的地面控制测量方法,如导线法、前方交会法等;也有各种专用方法,如基准线法、正垂线法、倒垂线法等。对于各种不同的方法,其测点与工作基点及其标志的布设都有专门的要求。因此,这些内容将在介绍各种方法时一起讨论。

【任务分析】

1. 理解水平位移监测的主要原理和方法;

2. 掌握水平位移监测中点的布设方法与技术要领。

一、基准线法测定水平位移

(一)基准线法的基本原理

对于直线型水坝,广泛地采用基准线法测定坝体垂直于坝轴线方向的水平位移。基准线法的形式颇多,有测小角法、活动觇牌法、激光准直法及引张线法等,其基本原理是相同的。

基准线法测定水平位移的基本原理是:以通过建筑物轴线或平行于建筑物轴线的竖直平面为基准面,在不同时期分别测定大致位于轴线上的观测点相对于此基准面的偏离值。比较同一点在不同时期的偏离值,即可求出观测点在垂直于轴线方向的水平位移。

如图 3-12 所示,A、B 分别为轴线的端点。它们作为工作基点埋标后便固定了该轴线。C 为大致位于该轴线所确定的竖直面内的观测点。由于垂直轴线方向的水平位移,使它们移到了 C 的位置。显然此种位移量可由通过 A、B 两点的竖直面来测定。例如,对于 C 点,1 月测得偏离值为 1.7 mm,2 月测得偏离值为 3.6 mm。由此得到,C 点 1~2 月在垂直于轴线方向上的位移为:3.6−1.7=1.9(mm)。

图 3-12　基准线法原理

由此可见,利用基准线法测定水平位移的关键是:测定上述偏离值 l。基准线法的各种形式的差别也正是在于测定 l 所用的方法和仪器的不同。

水坝变形监测的精度一般要求很高,但边长相对于大地测量却又很短,且变化又大。因此,采用基准线法进行观测时,对于观测系统的布设、工作基点上的观测墩或观测点上标志的设计是十分讲究的。

(二)基准线观测系统的布设

基准线观测系统一般布设三级点位,即检核基点、工作基点和观测点。其中,检核基点用控制工作基点。

工作基点应布设在不会受任何破坏,又便于观测的岩石或坚实的土基上。通常是在建筑物两岸各纵排观测点的延长线上各布设一个。若地形许可,应设在稍高的位置,以使基准线高出坝面 5~10 m,并使其附近无金属或其他结构物,以减少视线受旁折光及坝面热辐射的影响。工作基点点位选择的优劣,将涉及日后的观测精度及资料的连续性,故对于点位方案应谨慎考虑。

当坝长在 500 m 以上时,为减少观测误差,也可在坝上增设若干兼作测点的工作基点进行分段观测。其分段间距的大小,可根据所用仪器的性能而定,当望远镜放大倍率为 40 倍时,基点的间距最大以 400 m 为宜。

(三)观测墩

对于基准线法,一般都要求在观测系统的各点上建立观测墩,在观测墩上设有强制对中装置。这样一方面可以提高观测精度;另一方面又可减少仪器安置的时间,以提高工效。

观测墩的结构一般如图 3-13 所示。工作基点和检测基点的观测墩一般均直接建造在基岩上。测点上的观测墩可以在图 3-13 的基础上适当地缩小尺寸,但高度不应小于 0.8 m,以削弱大气折光的影响。关于强制对中设备,首先应保证它是仪器和觇标通用的,一般要求其对中误差小于 0.1 mm。满足这些要求的对中设备很多,图 3-14 展示的是两种对中圆盘的俯视图。

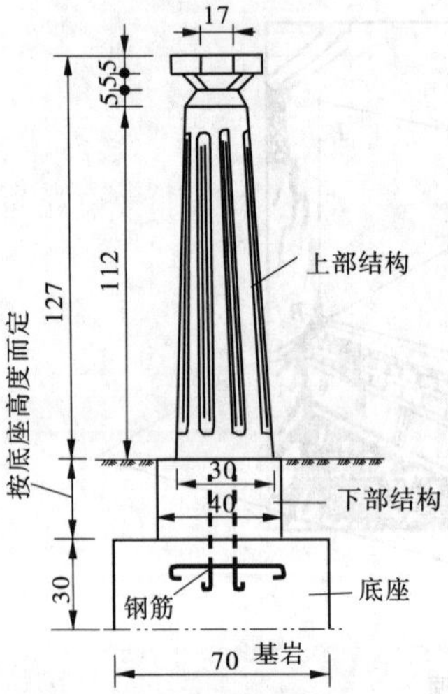

图 3-13　观测墩结构示意图　(单位:cm)

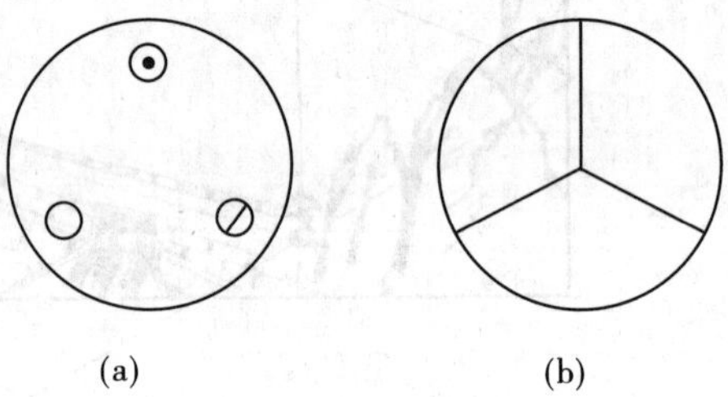

图 3-14　对中圆盘的俯视图

(四)照准标志

照准标志的形式较多,如杆式、塔形杆式和觇牌式。设计照准标志的目的是减少照准误差,其效果应该使照准时易于集中注意力、目标明确、有明显的几何中心轴。设计时应考虑如下 6 个方面的内容:

(1)反差大。用不同颜色的觇标所进行的试验表明,以白色作底色,以黑色作图案的觇标最好。白色与红色配合,虽能获得较好的反差,但它相对前者而言易使观测者产生疲劳。

(2)没有相位差。采用平面觇标可以消除相位差,在基准线观测中一般采用平面觇标。

(3)图案应对称。

(4)应有适当的参考面积。为了精确照准,应使十字丝两边有足够的比较面积。同心圆环图案对精确照准是不利的。

(5)便于安置。所设计的觇标能随意安置,亦即当觇标有一定倾斜时仍能保证精确照准。

(6)觇标应做成狭长状。宽、长之比约为1:1.8,为了避免观测时觇标被风刮倒,可为觇标的顶部设若干对称圆孔。

如图3-15的双线标志是比较合适的觇标图案,其底色为白色,标志为黑色。试验表明,在觇标的分划板倾斜大约5°时,观测者仍可通过十字丝两边楔形面积的比较达到精确照准的目的。其双线标志的宽度可按下式计算:

$$l = \frac{3b}{f}S \tag{3-10}$$

式中 S——视线长度;

b——十字丝粗;

f——物镜焦距。

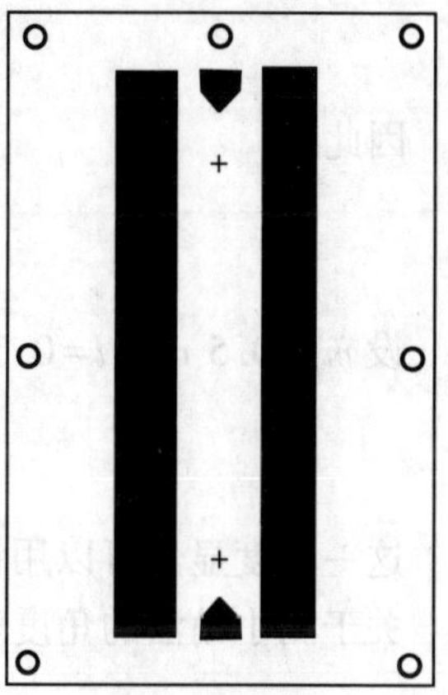

图3-15 双线照准觇标

对于近距离照准,可采用单线标志。这种单线标志通过仪器的十字丝双丝夹住标志来实现照准。其单线标志的宽度可按下式计算:

$$l = \frac{\mu}{2\rho}S \tag{3-11}$$

式中 μ——十字丝双丝所夹角值;

$\rho = 206\ 265''$。

二、视准线小角法

视准线小角法的基本原理十分简单。如图3-16所示,在A点上设置仪器,在B点及观测点i上设立觇标,测出小角α_i,则i点相对于基准线的偏离值可由下式计算:

$$l_i = \frac{\alpha_i}{\rho}S_i \tag{3-12}$$

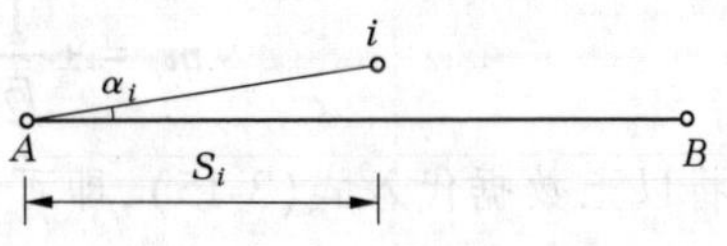

图3-16 小角法原理

小角的观测可参见《国家三角测量规范》的一、二等方向观测的有关规定。对于一般水坝,可观测4个测回。由于是高精度观测,务必选择有利的观测时间。读数测微盘需用光电照明,测站处一般都设有观测亭。

下面的推导结果将证明,小角法中边长的观测精度要求很低。因此,一般只在首次观测中用钢尺量出。以后每次观测均采用同一结果。推导过程如下所述。

由式(3-12)和误差传播定律可得:

$$m_l^2 = \frac{1}{\rho^2}S^2 m_\alpha^2 + \frac{1}{\rho^2}\alpha^2 m_s^2 \tag{3-13}$$

式(3-13)中,一项反映了测小角误差的影响;第二项反映了量边误差的影响。

为了探讨量边误差的要求,先假定 m_α 项影响可以忽略不计,此时应该有:

$$\left.\begin{aligned} &\frac{1}{\rho}\alpha m_s \leqslant 0.4m_l \\ &m_s \leqslant \frac{0.4m_l}{\alpha}\rho \\ &m_s \leqslant 0.4\frac{\rho}{\alpha}m_l = 0.4S\frac{m_l}{l} \end{aligned}\right\} \tag{3-14}$$

因此有

$$\left(\frac{m_s}{S}\right)_{限} = 0.4\frac{m_l}{l}$$

设 $m_l=0.5$ mm, $l=0.5$ m,可算得:

$$\left(\frac{m_s}{S}\right)_{限} = \frac{1}{2\ 500}$$

这一精度显然可以用钢尺丈量的方法达到。对于小的偏离值 l,精度要求会更低。

关于测小角法的角度观测精度,可在确定偏移量的测定精度以后由如下公式确定:

$$(m_\alpha)_{限} = \rho\frac{m_l}{S} \tag{3-15}$$

【例 3-1】 某大坝变形监测问题,大坝在垂直于坝轴线方向上的最大允许水平位移为 20 mm, l 点离端点的距离为 200 m,试确定小角法观测时,角度观测的必要精度。

解:首先,由题意可确定位移观测值 Δ_l 的必要精度为:

$$(m_{\Delta_l})_{限} = \pm\frac{1}{20}\times 20 = \pm 1(\text{mm})$$

由于

$$\Delta_l = l_2 - l_1$$

故有

$$m_{\Delta_l} = \sqrt{2}m_l$$

$$m_l = \pm\frac{1}{\sqrt{2}}m_{\Delta_l} = \pm\frac{1}{\sqrt{2}} = \pm 0.7(\text{mm})$$

将以上数据代入式(3-15),即可得到:

$$(m_\alpha)_{限} = \pm\frac{2.06\times 10^5}{2.00\times 10^5}\times 0.7 = \pm 0.7''$$

三、引张线法

引张线法即是利用一根在两端拉紧的钢丝(国外也有用高强度的尼龙丝)来建立起基准面,以直接测定偏移值的方法。由于钢丝被固定在两端的工作基点上,观测点在不同时间相对于钢丝的偏移值的差即是该观测点在垂直于坝轴线方向上的水平位移。

引张线法一般布设在混凝土坝或圬工坝的坝顶或不同高度的廊道内。两端点应尽可能在两岸地基稳定处建立,若引张线法的端点设在坝体上,端点处应建立"倒垂线"或采取其他措施测定其位移。

(一)引张线的组成

引张线的结构可分为端点、测点、测线及其保护管4个部分,其中测线通常采用钢丝或尼龙丝材料。为了解决引张线法垂曲过大而影响观测的问题,可在引张线的中间每隔20~30 m建立用水或其他液体所支持的浮托装置。

现将引张线法的各部分介绍如下:

(1)端点。端点由墩座、夹线装备、滑轮、线锤连接装置等构件组成。端点的墩座采用钢筋混凝土金属结构,如图3-17(a)所示,图3-17(b)为端点的夹线装置。夹线装置是端点的关键部件,它起着固定钢丝的作用。为了不损坏钢丝,V形夹槽及压板底部应镶以钢质软金属。重锤最好采用法码式,总重不超过钢丝的允许拉力。

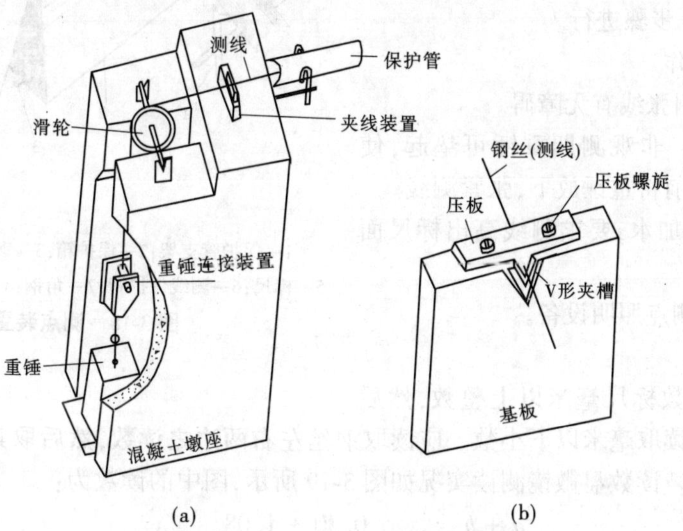

图3-17　引张线端点的夹线装置图

(2)测点。测点一般与浮托装置结合在一起。如图3-18所示,它由浮托装置、标尺及保护箱等组成。

浮托装置主要由水箱及浮船组成,浮船支承钢丝。浮船的排水量可由下式计算:

$$Q = \frac{S_1 + S_2}{2} W_1 + W_2 \tag{3-16}$$

式中　S_1、S_2——浮船两边引张线的长度;

W_1——钢丝单位长度的重量;

W_2——船的自重。

浮船体积可由排水量确定,一般为排水量Q的1.2~1.5倍。水箱体积则为浮船体积的1.5~2.0倍。水箱外侧装有水阀,以调节浮船高度。标尺由不锈钢制成,其长度为15 cm左右。标尺上的最小分划为1 mm。它固定在槽钢面上,槽埋入廊道内,并与之牢固结合。引张线各观测点的标尺基本上位于同一高度面上,尺面应水平,其刻划线平行于引张线。

(3)测线及其保护管。保护管用于保护观测点装置,同时可以防风,以提高观测精度。

测线一般采用直径为 0.6~1.2 mm 的不锈钢丝或碳素钢丝等强度大、变形小的材料,两端重锤的作用下引张线为一直线。保护管用以保护测线不受损坏,同时起到防风作用。保护管可用直径大于 10 cm 的透明塑料管,以保证测线在管内有足够的活动空间。

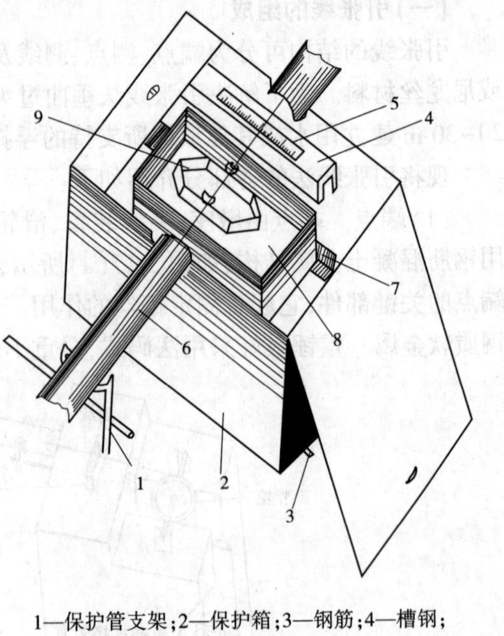

1—保护管支架;2—保护箱;3—钢筋;4—槽钢;5—标尺;6—测线保护管;7—角钢;8—水箱;9—浮船。

图 3-18　测点装置

(二)观测

引张线法的观测可采用读数显微镜法,一般按如下步骤进行。

1. 准备工作

(1)检查引张线有无障碍。

(2)放锤。非观测期重锤可垫起,使测线松弛。测前将重锤放下,张紧测线。

(3)夹线、加水,要求测线高出标尺面 0.3~0.5 mm。

(4)安设测点照明设备。

2. 读数

先目视读数标尺毫米以上整数,然后用测微显微镜读取毫米以下小数。应读取钢丝左右两边之读数,然后取其平均值得钢丝中心处之读数。读数显微镜测读实况如图 3-19 所示,图中的读数为:

$$l = 62 + \frac{a+b}{2} = 62 + \frac{0.30 + 1.08}{2} = 62.69\ (\text{mm})$$

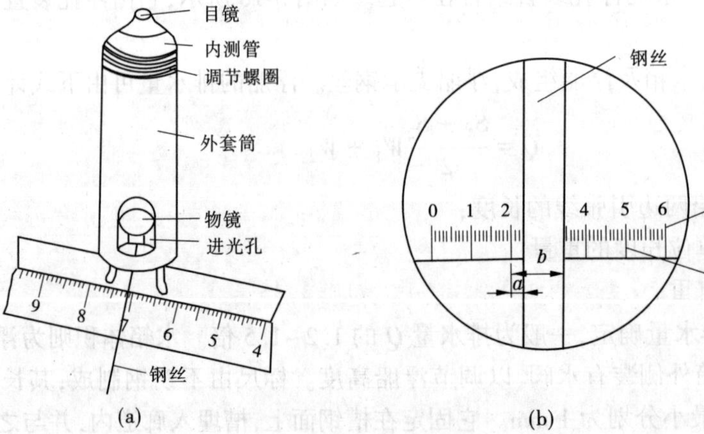

图 3-19　显微镜读数系统

通常观测是从靠近端点的第一个观测点开始读数,依次观测到测线的另一端点。此为一个测回,每观测 3 个测回称为一次观测。各测回之间应轻微拨动中间观测点上的浮船，使整条引张线浮动，待其静止后，再进行下一测回观测。各测回间互差的限差为0.2 mm。

为了使标尺分划线与钢丝的像能在读数显微镜视场内同样清晰，观测前加水时，应调节浮船高度到使钢丝距标尺面0.3~0.5 mm。

这一数值表示钢丝粗度与标尺刻划粗度之差，这个差数在同一观测点应为一常数，可用于检查读数是否有误，同时可反映读数的精度。

根据生产单位对引张线大量的观测资料进行分析的结果，引张线一次观测平均值的中误差约为0.03 mm。可见，引张线法测定水平位移的精度是较高的。

（三）光电跟踪式引张线观测仪

读数显微镜法虽能满足生产要求，但需观测人员到现场逐点观测，不但费时，而且作业条件差，劳动强度大，尤其是在发生地震和特大洪水等关键时刻，不易迅速取得数据，对监视大坝安全不利。光电跟踪式自动化遥测引张线观测仪可以实现读数的自动化，它在光电头运动区间的两端设有安全限位装置，从而保证正常跟踪和读数工作。

四、激光准直法

激光准直法用于测定某一方向上点的相对变化，可以是准直方向，也可以是垂直方向。激光准直法按原理分为两类：一类是利用激光方向性强的特点，采用激光经纬仪直接准直；另一类是利用激光单色性好的特点，采用波带板进行衍射法准直，准直精度可达1×10^{-6}。

波带板激光准直系统如图3-20所示，波带板激光准直系统由激光光源、波带板装置和光电探测器3个部件组成。

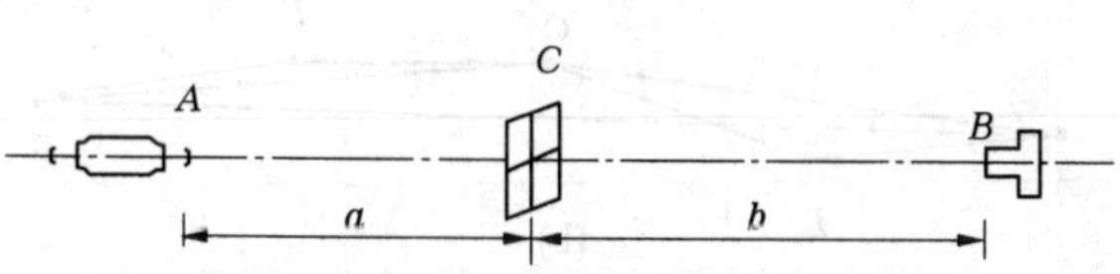

图3-20　波带板激光准直系统

在基准线两端点分别安置激光器点光源和探测器。在需要测定偏离值的观测点上安置波带板。

当激光管点燃后，激光器点光源就发射出一束激光，照满波带板，通过波带板上不同透光孔的绕射光波之间的相互干涉，就会在光源和波带板连线的延伸方向线上的某一个位置形成一个亮点（圆形波带板）或十字线（方形网格波带板），如图3-21所示。根据观测点的具体位置，对每一观测点可以设计专用的波带板，使其成像恰好落在接收端点B的位置上。

在图3-22中可清楚地看出，利用安置在B点的探测器，可以测出$A—C$连线在B点处相对于基准线的偏离值$l_{BC'}$，则C点对基准线的偏离值为：

$$l_C = \frac{S_C}{L} l_{BC'} \tag{3-17}$$

波带板激光准直系统中，在激光器点光源的小孔光栏后面安置一个机械斩波器，使激

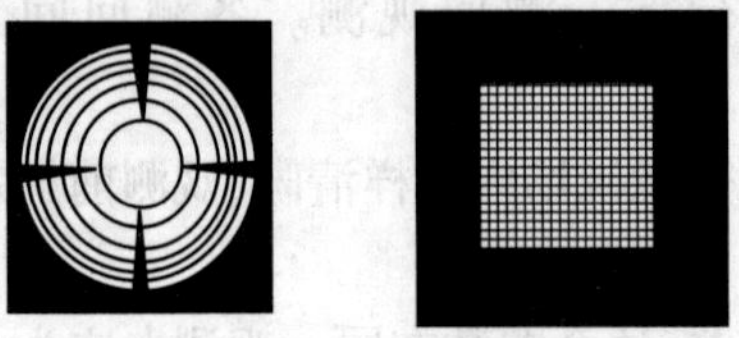

图 3-21　波带板

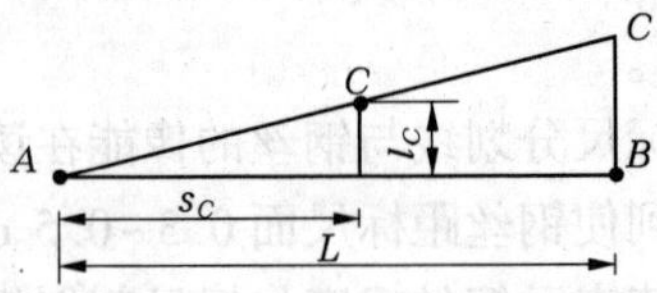

图 3-22　偏离值求解原理

光束成为交流调制光，这样即可大大削弱太阳光的干扰，在白天成功地进行观测。

五、分段基准线法

对于基准线法，偏离值的测定误差将随着基准线的增长而增加，这种现象由式(3-13)即可看出，由于基准线增长引起旁折光影响增大，从而导致 m_l 的增大。当基准线很长时，偏离值的测定精度将不能得到保证。另外，过长的基准线，对于最佳观测时间的选择也是不方便的。因此，有必要采取措施来缩短基准线的长度。

实践证明，采用分段法是解决上述问题的有效措施。其具体做法是：将整条长基准线分为若干段，图 3-23 分别分为两段、四段和作为分段基准线的端点，测定观测点相对于分段基准线的偏离值。最后，在计算时统一归算到整条长基准线上。

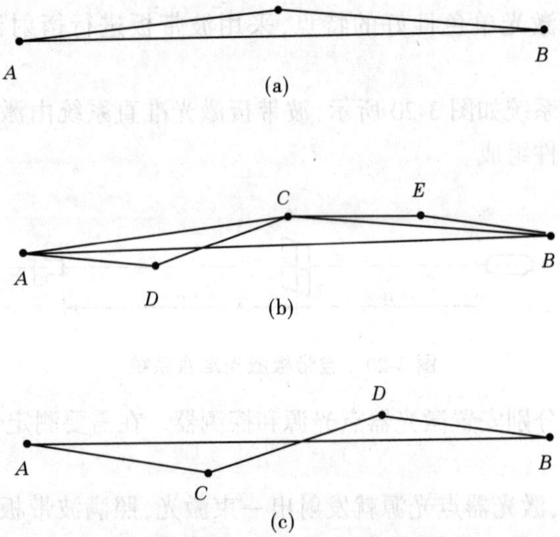

图 3-23　基准线的分段观测

采用分段基准线法，一方面使观测视线缩短，减弱了旁折光的影响；另一方面由于观测工作分段独立进行，对每个测段均可较方便地选择最佳观测时间。另外，分段基准线还可增加多余观测。因此，利用分段基准线法可以获得较高的精度。

六、导线法测定水平位移

基准线法测定水平位移具有速度快、精度高、计算简单的优点，但它只能测定一个方向的位移。这对于直线型建筑物是合适的，但对于拱坝、曲线型桥等非直线型建筑物，有时需要它们在任一方向上的水平位移(或位移的大小和方向),这就必须测定建筑物在两个相互垂直方向上的水平位移。导线法是能满足这一要求的最简单的方法之一。

由于变形监测具有重复观测的特点,用于变形监测的导线在其布设、观测、计算等诸方面均有自己的特点。以下对此进行讨论。

(一)导线的布设

由于很难提供固定方向,所以应用于变形监测中的导线,一般都是两端不测定向角的导线。导线可以布设在建筑物的适当位置(如拱坝的水平廊道中)与高度上。其边长根据现场的实际情况确定。导线端点的位移,在拱坝廊道内可用倒垂线来控制,在条件许可的情况下其倒垂点可与坝外三角点组成适当的联系图形,定期进行观测以验证其稳定性。在拱坝水平道内进行位移观测而采用的导线布置形式如图 3-24 所示。

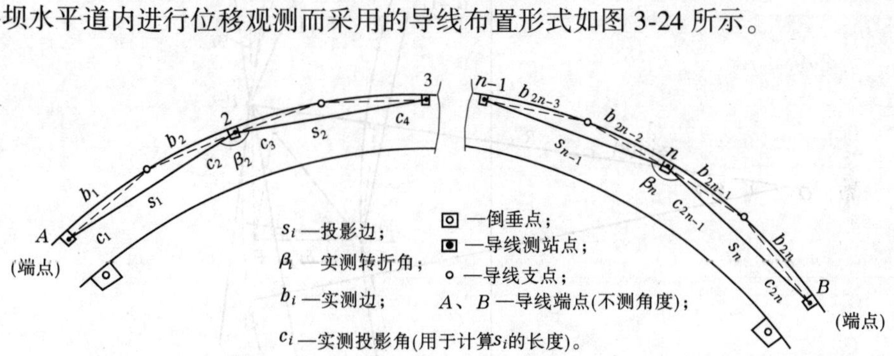

图 3-24　廊道内导线布置

(二)导线的观测

在拱坝廊道内,由于受条件限制,导线的边长一般较短,导线点数较多。为了减少导线设站点数及观测工作量和误差的累积,通常采用隔点设站的方法进行观测。此时,需要观测的量为短边 b_i、隔点转折角 β_i 和投影角 c_i。计算时,可应用余弦定理由短边和投影角计算出边长 s_i。

(三)导线点的平差与位移的计算

导线观测后,应采用无定向导线严密平差计算得到各点在假设系统中的坐标,根据不同时期导线点的坐标,即可求出导线点在 x 轴方向和 y 轴方向的水平位移(相对于首次或相邻次的)。

$$\left.\begin{aligned}\delta x_i^{(k)} &= x_i^{(k)} - x_i^{(1)} \\ \delta y_i^{(k)} &= y_i^{(k)} - y_i^{(1)}\end{aligned}\right\} \tag{3-18}$$

在实际工作中,通常要求了解建筑物的切向位移 δt_i 和径向位移 $\delta\mu_i$。

在已知δx_i、δy_i下求δt_i和$\delta\mu_i$可以利用坐标旋转关系式,因为切向、径向也可构成一个坐标系。因此,推导公式的关键是求出以上两坐标系的夹角 φ_i。

若考虑 $i-1$、i、$i+1$ 三点决定的圆参数(见图 3-25),根据平面几何中的弦切角定理可导出:

$$\varphi_i = \frac{\theta_i}{2} - \alpha_i = \arcsin\frac{S_i}{2R} - \alpha_i \tag{3-19}$$

式中　R——上述三点确定的圆的半径；

S_i、α_i——第 i 条边的边长和方位角。

于是，利用坐标旋转的矩阵表达式可以得到如下的关系式：

$$\begin{pmatrix}\delta t\\ \delta u\end{pmatrix}_i^{(k)}=\begin{bmatrix}\cos\varphi_i & -\sin\varphi_i\\ \sin\varphi_i & \cos\varphi_i\end{bmatrix}\begin{pmatrix}\delta x\\ \delta y\end{pmatrix}^{(k)} \tag{3-20}$$

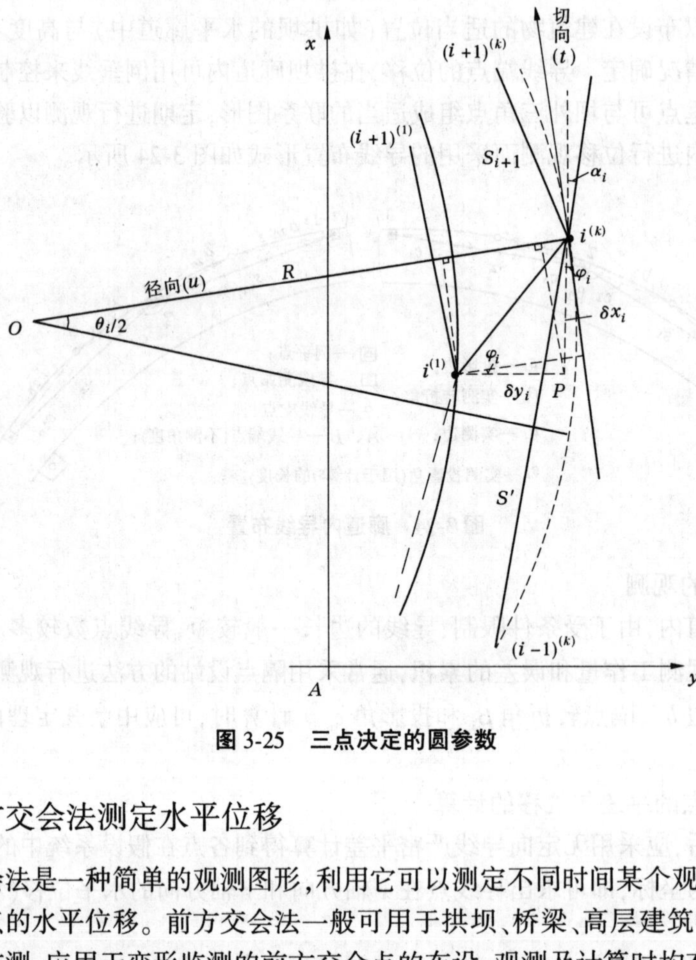

图 3-25　三点决定的圆参数

七、前方交会法测定水平位移

前方交会法是一种简单的观测图形，利用它可以测定不同时间某个观测点的坐标，进而计算出测点的水平位移。前方交会法一般可用于拱坝、桥梁、高层建筑物、边坡滑动等的水平位移监测，应用于变形监测的前方交会点的布设、观测及计算时均有其特点。

（一）观测系统的布设

前方交会法测站点标志采用与视准线端点结构相同的观测墩，观测时应尽可能选择较远的稳固的目标作为定向点，测站点与定向点之间的距离一般要求不小于交会边的长度。观测点应埋设适用于不同方向照准的标志。对于高层建筑物的观测，为保证建筑物的美观，可在其建造时采用预埋设备，作业时将标志安上，作业完后可取下。

（二）观测

前方交会一般通过 J_1 型仪器用全圆方向测回法观测 4～9 个测回，观测时应按相关规程要求进行。

（三）位移计算

在用解析方法求出各期交会点的坐标之后，即可求出坐标差，此坐标差即是交会点在此两期观测之间在两坐标方向上的水平位移。进一步地，还可用矢量合成法求出在任一方向上的水平位移，具体公式如下：

$$\Delta l = \Delta x\cos\alpha + \Delta y\sin\alpha \tag{3-21}$$

式中　α——位移方向与 x 轴的夹角。

当各期观测的图形和观测权不改变时，还可利用观测值的差来计算位移，以减少计算工作量。

需要指出的是，由于变形监测中要求测定的是观测点的位移值，位移值不受系统误差（包括已知数据的系统误差）的影响，因而对测站点之间的距离要求并不高，但测站点必须是稳定不动的。另外，由于变形监测中具有一系列对观测有利的条件，如仪器对中、目标偏心误差可基本消除，还可以采用有利于照准的觇标，观测中可由同一观测员用同一仪器按同一观测方案进行观测等。因此，采用前方交会时，方向中误差可以达到的精度将高于一般工程与国家控制测量中所达到的方向观测精度。一般来说，当交会边长在 100 m 左右时，用 J_1 型经纬仪观测 6 个测回，位移值测定中误差将不超过 1 mm。

任务三　倾斜监测

【任务导学】

建筑物因地基的不均匀沉降或其他原因，往往会产生倾斜。为了分析倾斜所带来的影响，确保建筑物的安全，必须进行建筑物的倾斜监测，以便及时采取措施。

倾斜主要是地基沉降引起的，但其表现可以分为两类：一类表现为以不均匀的水平位移为主；另一类则表现为以不均匀的沉降为主。例如，高层建筑物、塔式建筑物倾斜属前一类，而基础的倾斜却属于后一类。

倾斜监测是用全站仪、水准仪或其他专用仪器测量建筑物倾斜度随时间而变化的工作。对于上述两类倾斜，一般采用不同的观测方法，前者可采用先测出水平位移后计算倾斜的方法，即所谓的直接法；后者可通过测量建筑物基础相对沉降的方法进行测定，即先测出沉降后计算倾斜的方法，也就是所谓的间接法。为了测定设备基础、平台等局部小范围内的倾斜，还可以利用气泡式倾斜仪进行观测。

【任务要求】

1. 掌握直接法与间接法的基本原理；
2. 掌握液体静力水准测量方法在倾斜监测中的应用。

一、直接法

在高层建筑物和塔式建筑物的倾斜监测中，采用直接法的基本原理如图 3-26（a）所示。根据建筑物的设计，A 点与 B 点位于同一竖直线上，当建筑物发生倾斜时，则 A 点相对于 B 点平移了某个数值 a 至 A' 点，建筑物的倾斜被定义为：

$$i = \tan\alpha = \frac{a}{h} \tag{3-22}$$

式中 h——A 点相对于 B 点的高程或建筑物的高度。

因此,只要用某种方法测定了 a 值,即可算出建筑物的倾斜 i 。当 h 未知时,可用悬挂钢尺或三角测量的方法加以测量。

测定 a 值的最简单的方法是吊垂线法。此法的基本思路是:从 A' 处下放一垂球线至 B 处,量取 B 点到垂球线的水平距离,即为 a。该法显然极为简便,但在实际工作中往往存在如下困难:一是建筑物上难以找到能悬挂垂球线的地方;二是当建筑物较高时,垂球线难以稳定,特别是有风天气,垂球线的大幅度摆动给观测精度带来严重影响,即使是利用阻尼装置或采用测定逆转点后求平均值的办法也难以从根本上解决问题。因此,一般认为不适合精度要求较高的高层建筑物或塔式建筑物的倾斜测量。

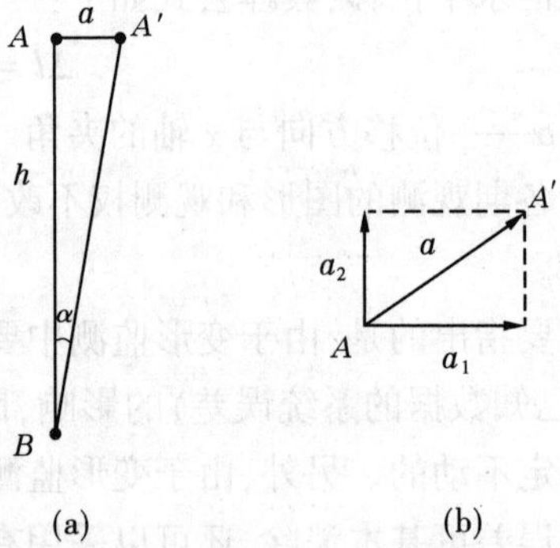

图 3-26 直接法的基本原理示意图

测量 a 值的另一种方法是投影法。该法的基本思路是:用全站仪将 A' 投影到 B 点所在的水平面上,然后量取 B 点到投影点的距离即为 a 。具体工作时,全站仪摆在离建筑物约 1.5 m 远的测站上,很好地对中,严格地整平。分别用盘左和盘右两个盘位将 A' 点往下投影,得到两个投影点 A_1' 和 A_2',并在地面或特制小木板上予以标记,再用一个盘位将全站仪照准 B 点,在上述同样水平面上标记出该照准视线 B ,量取该点至 A_1' 和 A_2' 中点 A' 的距离,即为该视线方向上 A' 点相对于 B 点的水平位移 a_1,然后将全站仪搬至与原观测方向约成 90° 的方向上,用同样的方法,可测出在与 a_1 成正交方向上的 A' 点相对于 B 点的水平位移 a_2,如图 3-26(b)所示。至此,利用矢量合成的原理即可求出 a :

$$a = \sqrt{a_1^2 + a_2^2} \tag{3-23}$$

采用投影法很显然解决了垂线法存在的不足,使得野外工作在很方便的情况下,较大程度地提高了测量精度。因此,该法在建筑物的倾斜监测中得到了广泛应用。然而,投影法的实质是投点放样,因此它不可能通过增加多余观测的方法来进一步提高精度;另外,对于倾斜不是很大的塔式建筑物,这种方法是无法投点的,因为其外部轮廓上的点并不在同一竖直线上。梯形的烟囱即是一个明显的例证。

另一种同样是利用全站仪的方法可以有效地解决上述两个问题,那就是水平角观测法。水平角观测法的基本思路如图 3-27 所示:a、b 为烟囱中心垂线上的上下中心点,在相互垂直的两个方向上准确地标定两个固定测站 O_1 和 O_2,并量取它们至烟囱中心的距离 b_1 和 b_2,选取通视良好的远处固定点 M_1 和 M_2。在 O_1 测站上分别用盘左、盘右两个位置,依次照准 M_1、b 、a 三点并归零。即可求出水平角 $\Delta\alpha_1 = \alpha_{b1} - \alpha_{a1}$,同样在 O_2 点上测出水平角 $\Delta\alpha_2 = \alpha_{b2} - \alpha_{a2}$。这样,两个正交方向上的位移值 a_1 和 a_2 可分别按下式求出:

$$a_1 = \frac{\Delta\alpha_1}{\rho} \times b_1 \qquad (3\text{-}24)$$

$$a_2 = \frac{\Delta\alpha_2}{\rho} \times b_2 \qquad (3\text{-}25)$$

实际中心 a、b 的方向值可分别由 2、3、6、7 点和 1、4、5、8 点取平均值求得。然后，同样可用式(3-23)求出位移值 a。

对于外部轮廓点不在同一竖直线上的塔式建筑物，可利用其对称性，分别测定两侧方向值，然后求其平均值的方法来加以解决。

另外，采用水平观测法时，还可以用增加测回的办法来提高倾斜测量的精度。

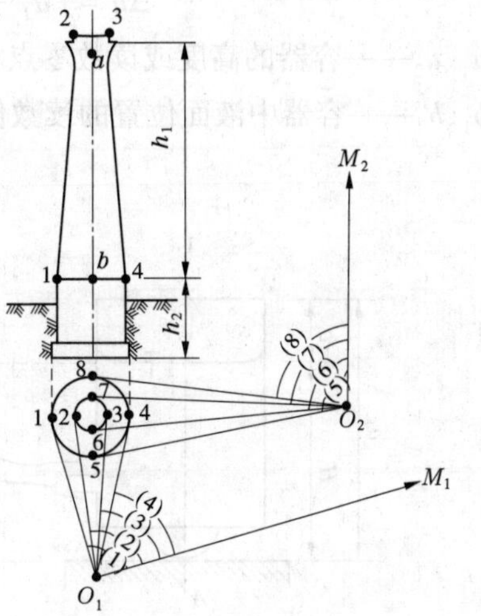

图 3-27　水平角观测法原理

二、间接法

对于工程建筑物基础的倾斜，主要监测基础是否在同一水平面上，可用间接法测量相对沉降高差 Δh，并通过基础长度 s 得出其基础倾斜度：

$$i = \tan\alpha = \frac{\Delta h}{s} \qquad (3\text{-}26)$$

测量基础的相对沉降可用几何水准的方法。对于混凝土坝，一般采用二等水准进行施测。这样求得倾斜的精度可达 1″~2″。倾斜监测点一般与沉降监测点配合使用。

三、液体静力水准测量

液体静力水准测量又称连通管测量，它是利用静止的液面传递高程的一种方法。世界上首次液体静力水准测量的试验是在丹麦首都哥本哈根进行的。这次试验获得了较好的结果，每 20 km 中误差为±1.0 mm。相传我国北宋的沈括在治理汴渠时，采用这种原理测量了 420 km 地面的高差。通过多年的研究，这种方法的精度可与任何水准测量的精度相媲美。目前，这种方法测定高差的精度最高可达±0.01 mm 左右。它的优点是不要求两点间通视，因而容易克服障碍物的阻挡。

（一）基本原理及仪器结构

液体静力水准测量的基本原理是用匀质液面构成同高面（水准面）取代水准测量中的水平视线来进行高程测量，如图 3-28 所示。图中相连通的两容器 1 和 2 分别安置在欲测的平面 A 与 B 上。当两容器中盛的是均匀液体（同类液体并且有同样的参数）时，则液体的自由表面处于同一水平面上。欲求的高差 Δh 可用液面的高度 H_1 与 H_2 来计算：

$$\Delta h = H_1 - H_2$$

或
$$\Delta h=(a_1-a_2)-(b_1-b_2) \tag{3-27}$$
式中 a_1、a_2——容器的高度或读数零点相对于工作底面的位置；

b_1、b_2——容器中液面位置的读数值，亦即读数零点至液面的距离。

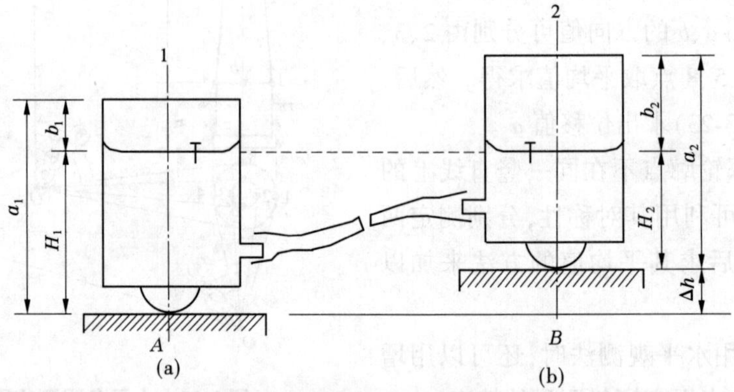

图 3-28 液体静力水准原理示意图

（二）静力水准仪系统

实现静力水准仪读数可采用目视法（如图 3-29 所示）、测针接触法。现代新式静力水准测量系统采用光、电、成像等传感器技术判断液面高度，并实现高精度和自动读数功能，构成静力水准系统。

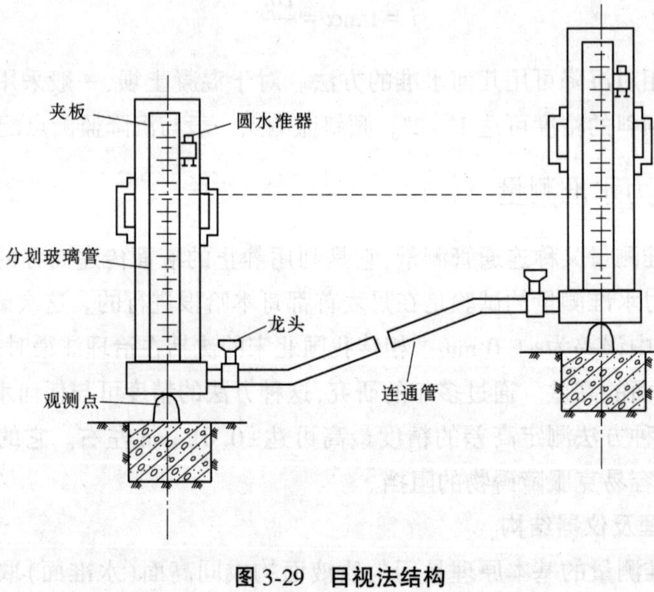

图 3-29 目视法结构

图 3-30 为我国某 BGK-4675 型静力水准沉降监测系统。它由一系列含有液位传感器的容器组成，容器之间由充液管互相连通。该系统特别适合那些要求高精度监测垂直位移的场合，可以监测到 0.03 mm 的高程变化。

图 3-31 为我国某 BGK-6880 型 CCD 静力水准仪,由一系列含有液位传感器的容器组成,多个容器间由充满液体的连通管连接在一起,可以监测到 0.01 mm 的液位变化。该系统采用 CCD 器件作为核心部件,集程控驱动、信号处理及通信等功能于一身,精度高,无漂移,可靠性强,安装方便,防潮性能好,可在 100%相对湿度环境下长期连续工作。具有 RS485 数字信号,可选配 4~20 mA 模拟信号输出接口,方便数据的采集。

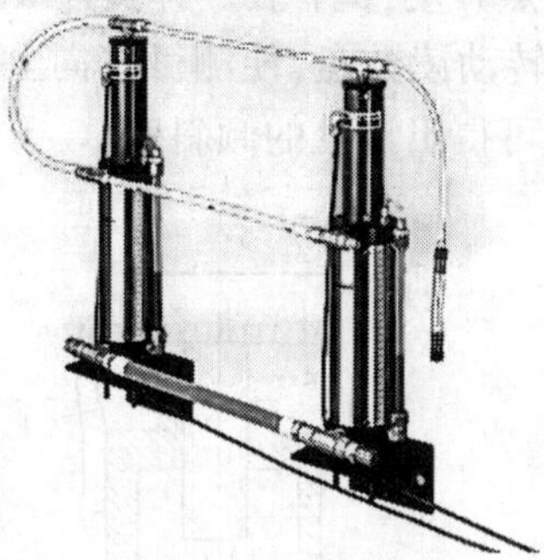

图 3-30 某 BGK-4675 型静力水准沉降监测系统

图 3-31 某 BGK-6880 型 CCD 静力水准仪

使用静力水准系统时,基准容器位于一个稳定的基准点,其他容器位于与基准容器大约相同标高的不同位置上,任何一个容器与基准容器之间的高程变化都将引起相应容器内的液位变化。

BGK-4675 型静力水准仪主要技术指标:测量范围,100~600 mm;精度,±0.1%;灵敏度,0.025%;温度范围,-20~+80 ℃(使用防冻液)。

BGK-6880 型 CCD 静力水准仪主要技术指标:标准量程,50 mm;精度,±0.1 mm;灵敏度,0.01 mm;环境温度,-15~+65 ℃;通信方式,RS485A 或 4~20 mA(可选);供电电压,100~220 VAC,50/60 Hz;系统功耗,4 W;整机质量,0.8 kg;外形尺寸,350 mm×80 mm。

(三)在变形监测中的应用

由于液体静力水准测量用匀质液面取代水平视线,所以观测时不仅无须点间相互通视,同时还克服了大气折光的影响,因此对于机械设备及廊道内的沉降监测是非常合适的。另外,由于液体静力水准测量便于实现自动化,故用于有危险情况下的沉降也是十分方便的。

液体静力水准测量广泛地用来对各种工程建筑物进行沉降与倾斜监测。进行沉降监测时,在建筑物的特征点上埋设标志,对于悬挂型液体静力水准仪埋设螺栓(销钉),而对于其他形式的仪器则埋设球状标点。

为了保证对建筑物上观测点位置的长期观测,采用固定设置的液体静力水准仪是合适的。例如,苏联克拉斯诺雅尔斯克水电站重力坝的纵向廊道内就用固定设置的液体静力水准仪来测定大坝的沉降;我国丹江口水利枢纽重力坝的横向廊道也用固定设置的液体静力水准仪进行大坝的倾斜监测。

四、倾斜仪

(一)气泡式倾斜仪

对于局部范围的倾斜,可用气泡式倾斜仪直接测定。图 3-32 所示的倾斜仪由一个高灵敏度的气泡水准管 e 和一套精密的测微器组成。测微器中包括测微杆 g,读数盘 h 和指标 k。气泡水准管 e 固定在支架 a 上,a 可绕 c 点转动,a 下装一弹簧片 d,在底板 b 下置放装置 *m* 。将倾斜仪安置在需要的位置以后,转动读数盘,使测微杆向上(或向下)移动,直至水准气泡居中。此时在读数盘上读数,即可得出该处的倾斜度。

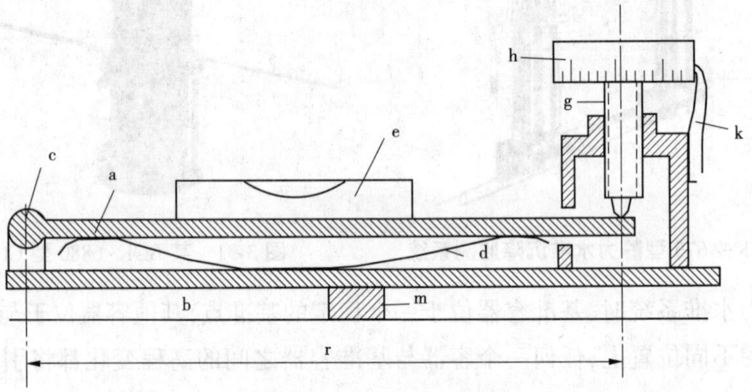

图 3-32　气泡倾斜仪

我国制造的气泡式倾斜仪灵敏度为 2″,总的观测范围为 1°。

(二)电子数字倾斜仪

电子数字倾斜仪可以自动监视建筑物倾斜度的变化,这种仪器是利用传感器原理工作的。图 3-33 为瑞士 WYLER 高精度数显电子水平仪(其技术参数见表 3-2),特别适合精密测量微小倾斜度,如平板的平面度测量以及机械几何特征测量。它适用于小角度测量、平面度测量、垂直度测量。传感器部件采用高科技的陶瓷作为基础材料,使仪器在恶劣工厂环境下仍可无误差地使用。这种仪器具有如下特点:

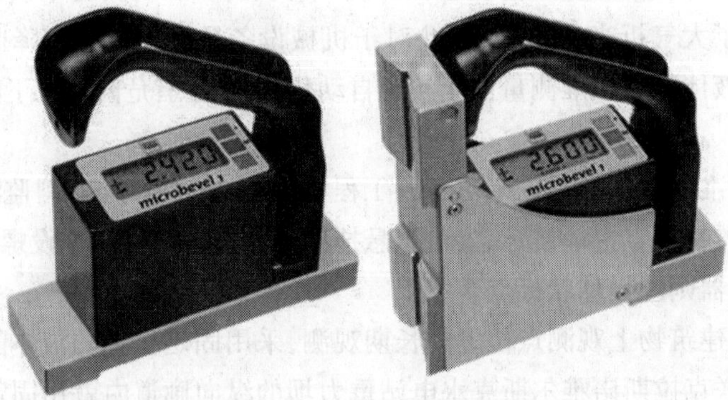

图 3-33　瑞士 WYLER 高精度数显电子水平仪

表 3-2　瑞士 WYLER 技术参数

灵敏度	1 μm/m	
选择量程	范围Ⅰ	范围Ⅱ
灵敏度	10 μm/m	1 μm/m
测量范围	±20 mm/m	±2 mm/m
响应时间	小于 3 s	
误差极限	1%测量值	1%(2×被测值-0.5×最后一个值);在±1 mm/m 测量范围内:1%
输出接口	模拟输出	1 mV
	数字输出	RS485,异步,7 位,2 停止位,无奇偶性,9 600 波特

(1)LCD 大液晶显示,2 种灵敏度可供调节;

(2)用按钮可实现精密零位调整;

(3)带有重力摆的全密封测量系统;

(4)铸铁底座,侧面镀铬涂漆,坚固的铝质外壳保护仪器内部精密部件不受外界影响;

(5)ART 数字化技术与现代电子部件的结合,可以以数字化和模拟方式输出信号;

(6)1.5 V 普通电池,适用于所有标准测量基面。

任务四　挠度监测

【任务导学】

在建筑物的垂直面内各不同高程点相对于底点的水平位移称为挠度。对于高层建筑物,由于它们的高度相对很高,故在较小的面积上有很大的荷载,从而导致基础与建筑物的沉降,其中不均匀的沉降将导致建筑物的沉降倾斜,局部构件产生弯曲和引起裂缝。对于房屋类的高层建筑物,这种倾斜和弯曲将导致建筑物的挠曲,而对于塔式建筑物,在温度和风力荷载作用下,其挠曲会来回摆动,因而需要对建筑物进行动态观测——振动(摆动)观测。

【任务要求】

1. 掌握正垂线的结构与原理;

2. 挠度监测中的计算。

一、正垂线的结构

建筑物的挠度可由观测不同高度处的倾斜来换算求得,当采用电子测斜仪观测倾斜时,这种方法可以用于进行建筑物的动态观测。为了观测建筑物的震动,也可采用专用的光电观测系统,这种方法从原理上来说与激光准直仪相类似,只不过在方向上旋转了 90°。

大坝的挠度可采用正垂线法进行观测，其基本原理是：在坝体竖井中从坝顶附近挂下一根铅垂线而直通至坝底。在铅垂线的不同高程上设置测点，以坐标仪测出各点与铅垂线之间的相对位移值，这种方法称为正垂线法。

正垂线应选择具有代表性的坝段进行布置，一般重力坝设置在坝体竖井或宽缝内，拱坝则布设在专门设置的井筒内，其内径根据观测需要而定。如仅作保护垂线之用，则不应小于 3~4 倍设计位移量。

安装在竖井中的正垂线，就选择在交通、观测、检修等各方面均方便之处。在每根垂线的上、中、下部（或坝的上、中、下部）均设测点（观测站），并应注意垂线装置与固定夹线装置的间距不小于 50 cm。

正垂线自上至下有悬线、固定夹线及活动夹线装置，还有观测墩、重锤及油桶等设备，如图 3-34 所示。

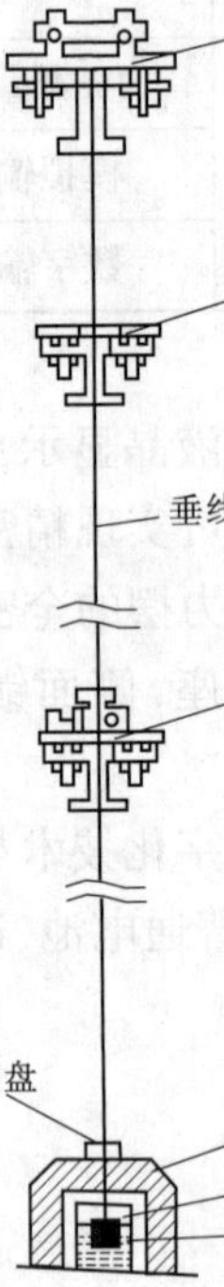

图 3-34　正垂线观测装置

（1）固定夹线装置。它是悬挂垂线的支点，该点在使用期间应保持不变。若垂线受损而折断，支点应能保证所换垂线位置不变。当采用较重的重锤时，在固定夹线装置的上方 1 m 处设有悬线装置。固定夹线装置应装在坝顶附近人能到达之处，以便调节垂线的长度或更换垂线。

（2）活动夹线装置。如图 3-35 所示，它是多点夹线法观测时的支点，其构造需考虑不使垂线有突变，以免损伤垂线，同时要考虑到在每次观测时都不改变原点位置。

（3）垂线。它是一种高强度且不会生锈的金属丝，垂线的粗细由本身的强度和重锤的质量来决定，一般直径为 0.8~2.5 mm。

（4）重锤及油箱。重锤是使垂线保持铅垂状态的悬挂物，可用金属或混凝土制成砝码的形式。其质量应与垂线承重相适应，当垂线直径为 1 mm 时，重锤质量一般为 20 kg；当垂线直径为 2.5 mm 时，重锤质量为 150~200 kg。重锤上还设有止动叶片，以加速垂线的静止。油箱的作用是不使重锤旋转或摆动，亦即加大阻尼以保持重锤的稳定。

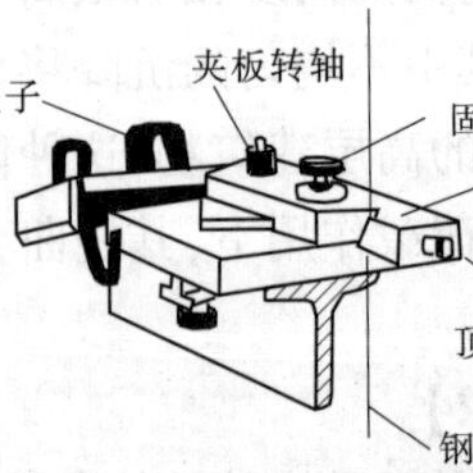

图 3-35　活动夹线装置

固定夹线装置及活动夹线装置一般都安装在竖井壁上预留孔或打孔埋设的工字钢或槽钢之上。为避免或减少温度对观测值的影响，工字钢伸出混凝土外不宜太长，以 15 cm 为宜。此外，为了使垂线不受外界影响，并保护垂线，必要时应设置防风保护设备。保护设备宜用具备不锈、轻便及耐用等优点的薄壁塑料管制成，管径不需太大。观测墩上设有防风保护箱，测站上应建有观测室。

垂线平面位置的观测读数，普遍采用垂线观测仪来获得。

二、挠度监测方法

正垂线是测定挠度的常用方法(倒垂线也可用于测定挠度),其方法一般有如下几种。

(一)多点观测站法

如图3-36所示,垂线自坝顶处挂下,在各观测点设置仪器观测,测得的观测值为S_0及S'_N等。

任一点N的挠度可按下式计算:

$$S_N = S_0 - S'_N \tag{3-28}$$

式中　S_0——坝顶点相对于坝底的位移;

S'_N——各观测点与坝顶点之间的相对位移。

这种方法需要在各不同高程处设置观测仪器,工作不便。其优点是只需设置一根垂线。

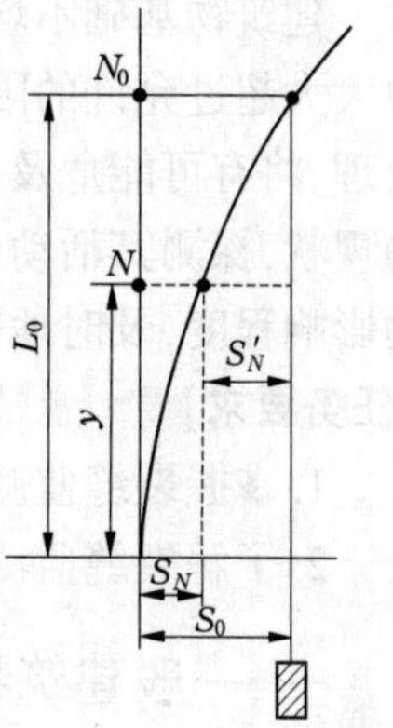

图3-36　多点观测站法

(二)多点支承法

如图3-37所示,在需要观测的高程点上,多点支承吊挂垂线,于底部同一水平面处观测得S_0、S_1、S_2。垂线可做成固定式,也可为临时夹线(多点夹线法)。

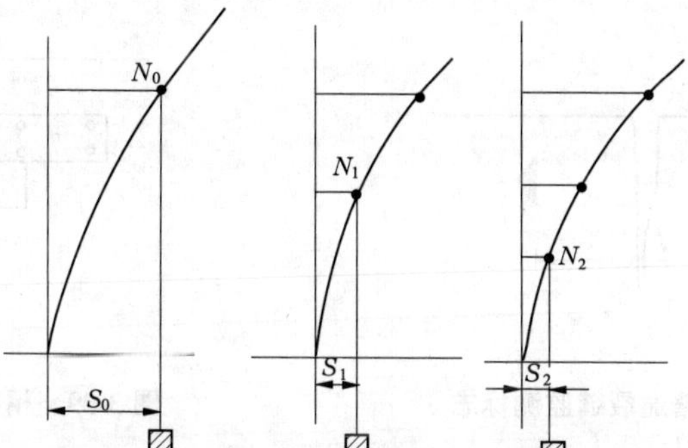

图3-37　多点支承法示意图

此法的优点为观测安全、迅速。但采用临时夹线法易造成垂线受损,误差也较大。

例如,某测点第一次在坐标仪的纵、横尺上测得的观测值为:$y_0 = 2.2$ mm,$x_0 = 2.6$ mm。

同一测点本次在坐标仪的纵、横尺上的观测值为:$y_1 = 1.6$ mm,$x_1 = 1.3$ mm。

则

$$\Delta_y = y_1 - y_0 = -0.6 \text{ mm}\quad(\text{向上游位移})$$

$$\Delta_x = x_1 - x_0 = -1.3 \text{ mm}\quad(\text{向右岸位移})$$

式中　Δ_y——挠度值;

Δ_x——两相邻坝段的开合度。

任务五　裂缝监测

【任务导学】

建筑物基础不均匀沉降、温度变化和外界各种荷载的作用,都可能使建筑物内部的应力大大超过允许的限度,使建筑物的结构产生破坏和出现裂缝。如果裂缝出现后不及时处理,将有可能危及整个建筑物的安全。对工程建筑物进行裂缝监测,可以了解裂缝产生的现状,探测其活动的规律,以便根据这些资料分析产生裂缝的原因和对建筑物安全运行的影响程度,及时地采取有效措施加以处理。所以,裂缝监测也是一项十分重要的工作。

【任务要求】

1. 掌握裂缝监测的方法与注意事项;

2. 了解裂缝监测的仪器。

一、一般建筑物裂缝监测

对于一般砖砌或混凝土建筑物,可在裂缝两侧用油漆绘两平行线标志,如图 3-38 所示 1、2,然后定期用钢尺测量 l 的变化,即反映裂缝的变化。

对于重要部位的裂缝,应设置裂缝监测标志,以便精确测量裂缝的变化,如图 3-39 所示。

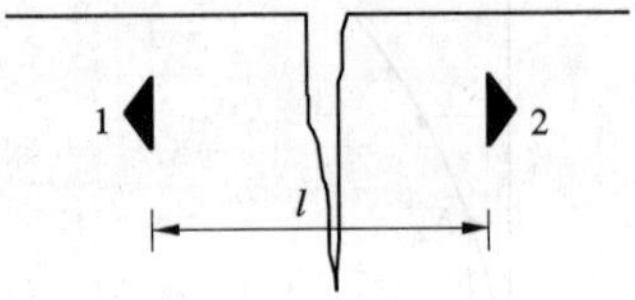

图 3-38　普通裂缝监测标志

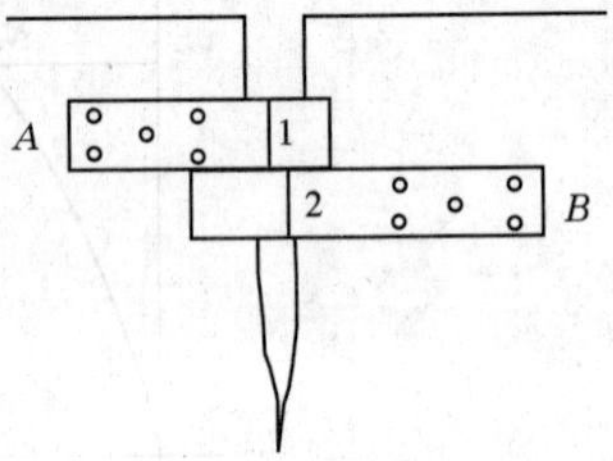

图 3-39　精密裂缝监测标志

二、土坝裂缝的观测

一般情况下,对土坝裂缝的观测通常可根据实际情况及有关要求进行,其方法较为简单,可选择坝体上的全部裂缝或具有代表性的重要裂缝进行观测。通过对宽度大于 5 m 且较深、较长的裂缝进行观测,尤其是对于那些穿过了坝轴线的裂缝、弧形裂缝、明显的垂直错缝以及土坝与混凝土建筑相连处,必须进行观测。

土坝裂缝主要是对其 3 个变化因数进行观测,它们是裂缝长度的变化、宽度的变化和深度的变化。

土坝裂缝长度的观测,可在裂缝长度的两端打下木桩作为基准,然后沿缝迹用钢尺丈量,以每次丈量的结果作为裂缝变化的考察资料。

对于土坝裂缝宽度的测量,可沿裂缝长度方向选择若干有代表性的位置埋设双标点,如图 3-40 所示。标点的埋设地点要稳固且应靠近裂缝,双标点分别设在缝的两侧,并使其连线与裂缝的走向垂直,间距不得少于 150 mm。标志一般用直径为 20 mm、长约 60 mm 的金属棒加工而成,埋入混凝土内 40 mm,外露部分为标志头,上面加有保护盖。

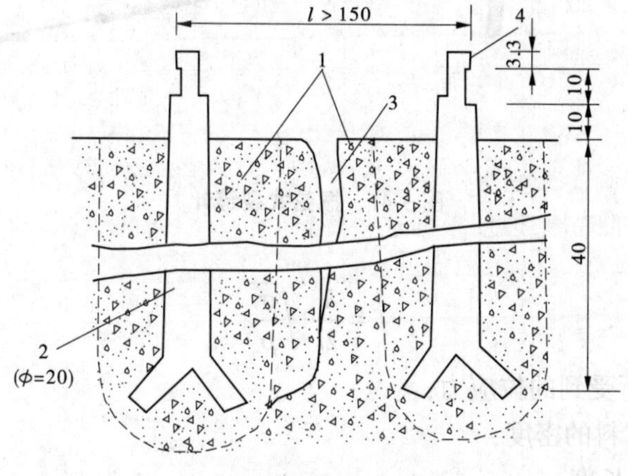

1—钻孔后回填的混凝土;2—观测标点;3—裂缝;4—游标卡尺卡着处。

图 3-40　裂缝监测标志点示意图　(单位:mm)

土坝裂缝宽度可用鉴定过的钢尺丈量标志点间距,其精度可达 0.5 mm 左右。不同时间的间距变化即为裂缝宽度的变化量。至于土坝裂缝深度的观测,当裂缝较浅时,可向裂缝中灌石灰水,然后开挖深坑,量测地面到石灰水浸润线底端的长度,即可得出缝深值。在有条件时,可用振动波测量仪观测其深度。

至于土坝的观测周期(次数),应视裂缝的发展情况而定,一般在发生裂缝的初期应每天观测一次。在裂缝有显著发展和库水位变动较大时,应增加观测次数,暴雨过后必须加测一次,而只有当裂缝发展缓慢后才适当减少观测次数。对于需长期观测的裂缝,应考虑与土坝位移观测同时开展。

三、裂缝监测的自动化

重要混凝土建筑物上的裂缝监测,通常要求有较高的精度。观测的内容包括缝深、缝长以及裂缝两侧混凝土块体的三维位移量。三维位移量即缝的开合度、缝的错动和缝两侧块体沿垂直于缝面方向的相对位移。

不仅如此,许多重要裂缝的观测重复量很大,单靠人力难以实现。所以,目前的重要裂缝监测大都使用各种形式的裂缝计(传感器)来完成,以实现裂缝监测的自动化。

以弦式位移计为例:所谓弦式位移计,实际上就是弦式应变仪。

其测量原理是:利用一根拉紧的钢弦,当钢弦两端施加不同的拉力时,弦线的自振频率将发生变化。利用这一特性即可制成如图 3-41 所示的振弦式裂缝计。

观测时,把这种仪器埋设于裂缝上并使其与裂缝方向垂直,仪器中固定弦线的两个固定端用水泥砂浆充填结实,使之与裂缝两侧的混凝土块体连成整体。当裂缝开、合活动时,原仪器中被张紧的弦线由于固定端的相对位移而发生松、紧程度的改变,使弦线的自振频率特性也随之产生变化。通过测定弦线自振频率的变化量,即可求得裂缝的位移值。

当弦线两端与锚锭牢固相连时,弦线的自振频率可由振动微分方程求得:

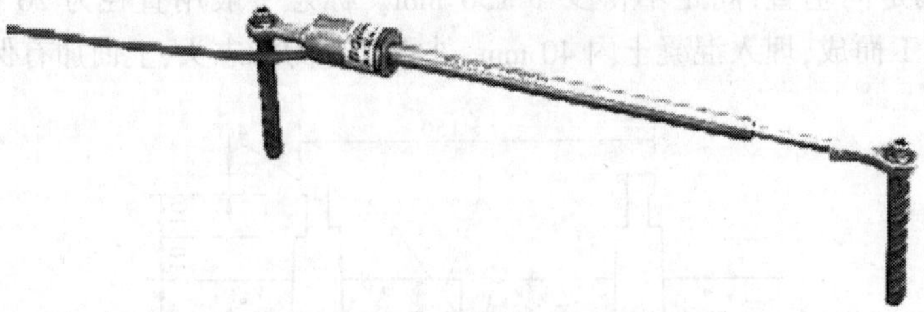

图 3-41 振弦式裂缝计

$$f=\frac{1}{2l}\sqrt{\frac{\sigma}{\rho}} \tag{3-29}$$

式中 σ——弦线所受到的拉应力；

ρ——弦线材料的密度；

l——弦线的长度。

由此可进一步求得位移，位移与频率之间的关系式为：

$$\delta=a\Delta f^{2}+b\Delta T \tag{3-30}$$

式中 a——钢弦式测缝计的灵敏度；

Δf^{2}——钢弦观测频率相对于基准量的变化量；

b——测缝计的温度补偿系数；

ΔT——仪器观测时的温度相对于基准值测定时的温度变化量。

振弦式测缝计的外壳由较薄的金属筒做成，两端为锚锭垫，其作用是张紧弦线及把弦线与建筑物相连。金属筒是密闭的，可以保护用钢弦和弦线振动频率元件。

由于埋入混凝土中的这类仪器是一种异物，会使周围的应力场产生变化，所以弦式测缝计的金属筒外壳应尽量做到纵向刚度不能太大，既不能阻碍混凝土的变形，又能保证使弦线维持一定的张力。

振弦式测缝计的核心部件是弦振动激发器。它实质上是一种正反馈放大器。整个线路有两个特点：一是激振信号为大功率的脉冲电流，以便有足够的能量去激发弦线自振；二是可以极大地减少线路上寄生电容等因素的影响。因此，目前可以做到使传输电缆的长度远大于 400 m 而钢弦仍可以被稳定地激发起来。

振弦式测缝计通常能测量的频率变化范围大约为 1 kHz。一支长 1 m 的振弦式测缝计可测量的位移变化范围达 5 mm 左右，而精度能保证不大于 1/1 000。虽然这种仪器测量的变化范围不大，但性能十分稳定、测值可靠。实践表明，这种仪器在使用 10 年后仍能正常工作，因此有着广泛的应用价值。它还可用于混凝土的特性（如徐变、应力应变特性等）的研究、建筑物各部位的应力-应变测量等许多方面，并且很容易实现遥测，给观测工作和资料分析处理带来极大方便。

另外，裂缝往往与不均匀沉降有关，因此进行裂缝监测的同时，一般要进行建筑物的沉降监测，以便进行综合分析。

在对混凝土大坝等重要建筑物进行裂缝监测时，除精度要求较高外，一般还应同时观测混凝土的温度、气温、水温、上游水位等因素。观测次数与土坝基本上一样。但在出现最高气温、最低气温和上游最高水位时,或气温及上游水位变化较大时,或裂缝有显著发展时,均应增加观测次数。经过长期观测判明裂缝已不再发展,方可以停止观测。

图 3-41 为某品牌的 BGK-4420 系列振弦式裂缝计。它可以安装在建筑物表面,监测结构裂缝和接缝的开合度。内置的温度传感器可同时监测安装位置的温度,两端的球形万向节允许一定程度的剪切位移。由专用的四芯屏蔽电缆传输频率和温度电阻信号,频率信号不受电缆长度的影响,适合在恶劣的环境下长期监测建筑物的裂缝变化。如增加附件,该系列裂缝计可用于混凝土面板堆石坝的垫料层与面板间的脱空位移监测及混凝土面板堆石坝周边缝、基岩软弱夹层两侧岩体的错动等双向、三向裂缝监测。

BGK-4420 系列主要技术指标:标准量程,12. 5~200 mm;分辨率,0. 025%;精度,±0. 1%;非线性,<0. 5%;温度范围,-20~+80 ℃;直径,12 mm(柱身)/25mm(线圈);长度,依量程而定。

【项目总结】

工程建筑物变形监测的内容主要包括沉降监测、水平位移监测、倾斜监测、挠度监测和裂缝监测等 5 个方面,对 5 种变形分别进行了深入分析并从观测原理、观测方法、观测技术、布点要求等各方面进行讲解,使学生全面理解变形监测的要领。通过本项目的学习,夯实学生的理论基础,为之后的数据处理、工程应用扎牢基础。

【学习重点和难点】

变形监测最重要的是系统布设,点位选择决定了整个观测的质量与效率,重点要掌握点位布设,难点在于根据不同的工程实际选择合适的观测方法,要理解各种技术方法的适用性和实用性。掌握沉降监测点的含义、布设要求与埋设方法。

测绘精神代代传

在中国共产党的领导下,我国测绘事业也实现了跨越发展,测绘地理信息服务遍及国防建设、经济建设、自然资源监测管理等各个方面,测绘技术达到了国际先进水平。

码 3-1　追光者

测绘是与国防建设和国家经济社会发展密切相关的行业,无论在革命战争年代,还是新时代经济建设,测绘一直都是一个非常重要的工具,而且越来越重要。

回顾红色测绘史,能进一步领悟革命精神与测绘精神的真谛,从而更加坚定不移听党话、跟党走,立足岗位,为建设测绘强国、实现中华民族伟大复兴的中国梦作出更大贡献。

【项目知识检测】

1. 变形监测点布设原则是什么?
2. 变形监测方案设计应包含哪几个方面?
3. 详细论述导线法实现水平位移监测的依据和过程。
4. 试述倾斜监测的基本原理。
5. 精密水准沉降监测应注意哪些问题?
6. 试述静力水准基本原理与结构。

项目四　变形监测数据处理

【项目概述】

变形监测方法的选择取决于变形体的特征、变形的大小和变形的速度等因素。变形测量的方法主要包括常规的地面测量方法、摄影测量方法、特殊的测量手段(如应变测量、准直测量等)和 GNSS 测量技术等手段。对监测目标实施变形监测，一般要进行平面和高程监测网的设计。监测网一般由参考网(又称绝对网)和相对网两部分构成，要求参考网所有的点设置在变形体外，用于测量变形体上目标的"绝对"变形，参考网测量的目的是要确定参考网点本身的稳定性；相对网的所有点在变形体上，通过测量网点之间的相对移动来确定变形体的几何变形状态。变形监测即通过对控制网及监测点重复测量，获得观测数据，经过数据处理，进而确定变形体变形的大小和规律。

工程监测网按基准划分，可简单地分为经典网和自由网两种。经典网是指平差模型中具有足够的起算数据，如测角网中具有两个或两个以上的已知点的坐标，测边网中已知一个点的坐标及一条边的方位角等；自由网指平差模型中没有起算数据。

本项目主要学习变形网的 3 种平差方法：经典平差法、秩亏自由网平差法和拟稳平差法。

认真是一种态度，是一种高度负责的精神。通过本项目的学习，使学生能够认真对待每一个数据，确保每个数据的准确性，形成严谨细致的工作作风。

【学习目标】

[知识目标]

1. 掌握经典平差法的原理和计算过程；
2. 掌握秩亏自由网平差法的原理和计算过程；
3. 掌握拟稳平差法的原理和计算过程；
4. 掌握 3 种平差方法的适用范围与关系。

[技能目标]

1. 会根据测量数据选择恰当的平差计算方法；
2. 会用经典平差法进行数据处理与平差；
3. 会用秩亏自由网平差法进行数据处理与平差；
4. 会用拟稳平差法进行数据处理与平差。

[思政目标]

1. 使学生形成认真严谨的工作态度；
2. 提高大局意识、质量意识、责任意识；
3. 形成严谨细致、精益求精的工作作风。

【考核内容】

1. 3 种平差方法的原理及适用条件；

2. 变形监测的数据的平差计算与处理。

【规范】

1.《建筑变形测量规范》(JGJ 8—2016)；

2.《工程测量标准》(GB 50026—2020)。

任务一　经典平差法

【任务导学】

变形监测控制网按经典平差，要求网中必须具备足够的起算数据。例如，在水准网中，必须至少已知某一点的高程，在测角网的平差中，必须至少已知两个点的坐标等。

当有足够的理由表明网中有固定不变的基准点可以作为监测网平差的起算数据时，就可以按经典平差进行处理。由于变形网图形设计复杂、多余观测数较多，且间接平差具有如下特点：①一般选择要求的最后成果为待定参数，如在水准网中，选择待定点的高程作为参数；在测角网或测边网中选择待定点的坐标作为参数，则间接平差求解后的最后成果就是参数的平差值，精度评定也相对容易；②间接平差列误差方程和组法方程规律性较强，编制电算程序较为简单。综合上述两方面的原因，变形网的经典平差一般采用间接平差方法。

【任务要求】

1. 理解并掌握间接平差的原理；

2. 会用经典平差法进行变形监测网的数据处理。

一、间接平差原理

设观测值向量为$\underset{n1}{\hat{L}}$，t 个独立的未知参数向量为 $\underset{t1}{\hat{X}}$，改正数向量为 $\underset{n1}{V}$，则每个观测量可以表达成 t 个独立参数的函数，即

$$\underset{n1}{\hat{L}} = F(\underset{t1}{\hat{X}}) \tag{4-1}$$

当表达式是非线性形式，可按一阶泰勒(Taylor)级数展开成线性形式，即可用如下标准形来表达观测方程的通用形式：

$$\underset{n1}{\hat{L}} = \underset{nt}{B}\underset{t1}{\hat{X}} + \underset{n1}{d} \tag{4-2}$$

或

$$\underset{n1}{V} = \underset{nt}{B}\underset{t1}{\hat{X}} - \underset{n1}{l} \tag{4-3}$$

其中

$$\hat{L} = L + V \tag{4-4}$$

$$l = L - (BX^0 + d) = L - L^0 \tag{4-5}$$

$$L^0 = BX^0 + d$$

顾及观测误差的随机性，一般考虑间接平差的随机模型为：

$$\underset{nn}{D_{LL}} = \sigma_0^2 \underset{nn}{Q_{LL}} = \sigma_0^2 P_{nL}^{-1} \tag{4-6}$$

式中　$\underset{nn}{D_{LL}}$——观测值的先验协因数阵。

由式(4-5)可以证明：$Q_{LL}=Q_{ll}$，故 l 有时也被称为观测值向量。

当观测量与未知量之间为非线性关系时，要进行线性化，并化成与式(4-3)相同的形式。在式(4-2)中，全部未知数向量的个数包括观测值平差值的个数 n 及未知参数的个数 t，方程的个数为观测值的总数 t，故式(4-2)为相容方程组，未知数有无穷多组解。

测量平差准则为：

$$V^{\mathrm{T}}PV=\min \tag{4-7}$$

间接平差即要求满足最小二乘准则下求解误差方程中的待定参数及其他相关数据。

由式(4-3)，改正数向量 V 是关于独立待定参数向量 $\hat{x}$ 的函数，结合式(4-7)，可按数学中求自由极值的方法求解未知参数 $\hat{x}$，即

$$\frac{\mathrm{d}(V^{\mathrm{T}}PV)}{\mathrm{d}\hat{x}}=0$$

结合矩阵的微分性质有：

$$\frac{\mathrm{d}(V^{\mathrm{T}}PV)}{\mathrm{d}\hat{x}}=2V^{\mathrm{T}}P\frac{\mathrm{d}V}{\mathrm{d}\hat{x}}=2V^{\mathrm{T}}PB=0$$

转置后有：

$$B^{\mathrm{T}}PV=0 \tag{4-8}$$

由于未知参数是彼此独立的函数量，式(4-3)结合式(4-8)，方程中待求量的个数与方程的个数相等，由它们构成的方程有唯一解，上述两式被称为间接平差的基础方程。

将式(4-3)代入式(4-8)，则有：

$$B^{\mathrm{T}}P(B\hat{x}-l)=0 \tag{4-9}$$

令 $N=B^{\mathrm{T}}PB$，$W=B^{\mathrm{T}}Pl$，则

$$N\hat{x}=W \tag{4-10}$$

式(4-10)称为间接平差的法方程，由于 $R(N)=R(B^{\mathrm{T}}PB)=R(B)=t$，则

$$\hat{x}=N^{-1}W \tag{4-11}$$

或

$$\hat{x}=(B^{\mathrm{T}}PB)^{-1}B^{\mathrm{T}}Pl \tag{4-12}$$

进一步有：

$$V=B\hat{x}-l=(BN^{-1}B^{\mathrm{T}}P-E)l \tag{4-13}$$

$$\hat{L}=L+V=B\hat{x}+L^{0}=BN^{-1}B^{\mathrm{T}}Pl+L^{0} \tag{4-14}$$

$$\hat{X}=X^{0}+\hat{x}=N^{-1}B^{\mathrm{T}}Pl+X^{0} \tag{4-15}$$

单位权方差的估值：

$$\hat{\sigma}_0^2=\frac{V^{\mathrm{T}}PV}{r}=\frac{V^{\mathrm{T}}PV}{n-t} \tag{4-16}$$

式中 r——多余观测值个数；

n——观测值总数；

t——独立的未知参数的个数。

设观测值的权阵为 P，则协因数阵 $Q=Q_{LL}=P^{-1}$。按误差传播定律，并考虑 $Q_{LL}=Q_{ll}$，则

有下列公式成立：

$$Q_{\hat{X}\hat{X}} = N^{-1} \tag{4-17}$$

$$Q_{\hat{L}\hat{L}} = BN^{-1}B^{\mathrm{T}} \tag{4-18}$$

$$Q_{VV} = Q - BN^{-1}B^{\mathrm{T}} \tag{4-19}$$

$$Q_{\hat{L}V} = 0 \tag{4-20}$$

$$Q_{\hat{X}V} = 0 \tag{4-21}$$

由式(4-20)、式(4-21)得平差值 $\hat{X}$、$\hat{L}$ 与改正数 V 的互协因数阵为零，说明平差后，$\hat{X}$ 与 V、$\hat{L}$ 与 V 在统计意义上是不相关的，这一性质在运用数理统计知识进行变形监测两期成果差异是属于误差干扰还是点位位移方面的变形分析中，具有重要意义。

由于 $\hat{L}$ 与改正数 V 的互协因数阵为零，$\hat{L}=L+V$，则有：

$$Q_{LL} = Q_{\hat{L}\hat{L}} + Q_{VV}$$

按协因数的性质，其主对角线上的元素不小于零，故 $Q_{\hat{L}\hat{L}}$ 主对角线上的元素较 Q_{LL} 主对角线上的元素值小，表示观测值平差值的精度较观测前要高。

二、变形网按经典网平差

由于测距仪(或全站仪)性价比的提高及其在测绘领域中的广泛运用，边角网成为平面位置变形监测的主要形式，高程变形监测仍以高精度水准测量为主要手段，故变形网按经典间接平差时按以下两种形式进行讨论。

(一)变形监测网为边角网

变形网为边角网时，平差可按如下步骤进行。

1. 选择固定的起算基准

与传统工程网选择高一级控制网点作为起算基准不同，经典变形网要求选择点位稳定的点作为计算的基准。稳定点的选择原则是，该基准点在变形体变形影响范围之外，传统的做法主要有远设和深埋两种，以保证基准点位置的稳定、可靠。

如国内某核电站，为了监测其施工控制网在施工过程中的变化情况，在核电站主要厂房施工影响区域之外，设置了如图 4-1 所示的 3 个控制基准点，它们由埋设在基岩之上的强制控制桩构成，其中 001 和 003 作为计算基准，002 作为检核稳定性的条件。

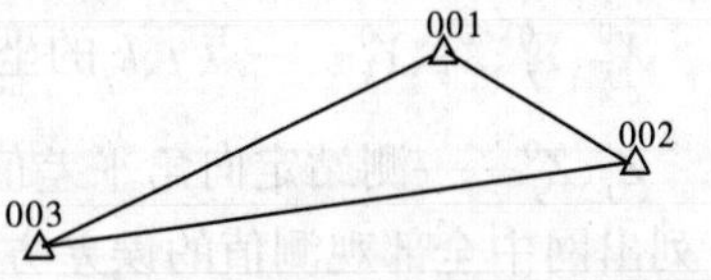

图 4-1　某核电站变形监测基准网示意图

2. 建立误差方程式

1)边长观测误差方程式

如图 4-2 所示，边长误差方程式形式如下：

$$v_i = -\frac{\Delta X_{jk}^0}{S_{jk}^0}\hat{x}_j - \frac{\Delta Y_{jk}^0}{S_{jk}^0}\hat{y}_j + \frac{\Delta X_{jk}^0}{S_{jk}^0}\hat{x}_k + \frac{\Delta Y_{jk}^0}{S_{jk}^0}\hat{y}_k - l_i$$

其中

$$\Delta X_{jk}^0=X_k^0-X_j^0,\quad \Delta Y_{jk}^0=Y_k^0-Y_j^0$$

$$S_{jk}^0=\sqrt{(X_k^0-X_j^0)^2+(Y_k^0-Y_j^0)^2},\quad l_i=L_i-S_{jk}^0$$

且

$$\hat{X}_j=X_j^0+\hat{x}_j,\quad \hat{Y}_j=Y_j^0+\hat{y}_j$$

$$\hat{X}_k=X_k^0+\hat{x}_k,\quad \hat{Y}_k=Y_k^0+\hat{y}_k$$

2)方向观测误差方程式

如图 4-3 所示,方向观测误差方程为:

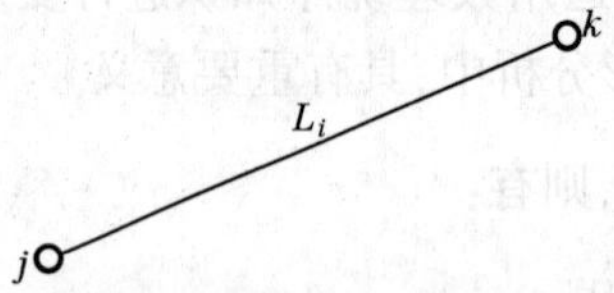

图 4-2　边长观测误差情况示意图

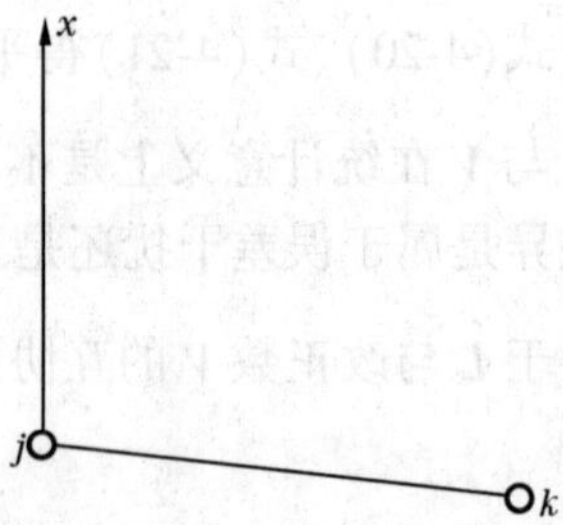

图 4-3　方向观测误差示意图

$$v_{ik}=-\hat{z}_j+a_{jk}\hat{x}_j-b_{jk}\hat{y}_j-a_{jk}\hat{x}_k+b_{jk}\hat{y}_k-l_{ik}$$

其中

$$a_{jk}=\frac{\rho\Delta Y_{jk}^0}{(S_{jk}^0)^2}=\frac{\rho\sin\alpha_{jk}^0}{S_{jk}^0}$$

$$b_{jk}=\frac{\rho\Delta X_{jk}^0}{(S_{jk}^0)^2}=\frac{\rho\cos\alpha_{jk}^0}{S_{jk}^0}$$

且

$$\hat{X}_j=X_j^0+\hat{x}_j,\quad \hat{Y}_j=Y_j^0+\hat{y}_j$$

$$\hat{X}_k=X_k^0+\hat{x}_k,\quad \hat{Y}_k=Y_k^0+\hat{y}_k$$

$$\hat{Z}_j=Z_j^0+\hat{z}_j$$

式中　$\hat{X}_j$、$\hat{Y}_j$、$\hat{X}_k$、$\hat{Y}_k$——点 j、k 的坐标平差值;

X_j^0、Y_j^0、X_k^0、Y_k^0——点 j、k 的坐标近似值;

$\hat{Z}_j$、Z_j^0——测站定向角平差值、近似值。

列出网中全部观测值的误差方程后,按间接平差原理中介绍的组法方程,求出未知参数平差值并评定相关变量的精度。

3. 计算变形值

根据不同时期的观测结果,可以分别得到同一监测点 k 相应的位置 $X_{k\mathrm{I}}$、$X_{k\mathrm{II}}$,则两期间网点的变形值为:

$$d_k=X_{k\mathrm{II}}-X_{k\mathrm{I}}$$

(二)变形监测网为水准高程网

高程网的变形处理过程与平面网相似,同样包括起算基准的选择、误差方程式的列立与参数的求解及精度评定，并计算监测点高程的变形值。

水准网在选择基准点时，一般只选择参考系中最稳定的一个点作为起算基准，并以此为基准，做出各期变形监测的统一计算基准。

水准网观测误差方程形式为：

$$v_i = -\hat{x}_i + \hat{x}_j - l_i$$

其中

$$\hat{H}_i = H_i^0 + \hat{x}_i$$

$$\hat{H}_j = H_j^0 + \hat{x}_j$$

$$l_i = h_{ij} - (H_j^0 - H_i^0)$$

式中　H_i^0、H_j^0——观测线路两端点的高程近似值；

h_{ij}——观测高差。

【例 4-1】　图 4-4 所示为一水准网示意图，两期观测值见表 4-1。

表 4-1　两期观测值

第Ⅰ期		第Ⅱ期	
$h_1=12.345$ m	$s_1=1$ km	$h_1=12.311$ m	$s_1=1$ km
$h_2=3.478$ m	$s_2=2$ km	$h_2=3.462$ m	$s_2=2$ km
$h_3=-15.817$ m	$s_3=1$ km	$h_3=-15.780$ m	$s_3=1$ km

其中，A 为稳定的基准点，其高程 $H_A=10.000$ m，试求两期观测之间 B 点和 C 点的变形值。

计算过程如下：

第一步：选择未知参数，计算近似值。

如图 4-4 所示，选择 B、C 两点的高程值为未知参数 $\hat{X}_1$、$\hat{X}_2$，其近似值取：

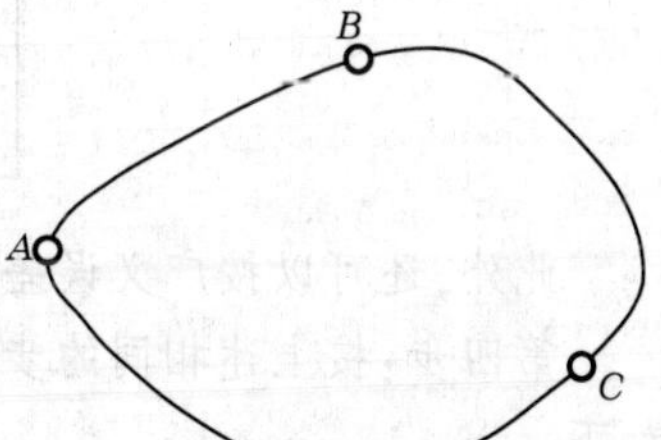

图 4-4　水准网示意图

$$X_1^0 = H_A + h_1 = 22.345 \text{ m}$$

$$X_2^0 = H_B + h_2 = 25.823 \text{ m}$$

第二步：由观测值误差方程确定先验权阵。

(1)误差方程形式为：

$$\left.\begin{aligned} v_1 &= \hat{x}_1 + 0 \\ v_2 &= -\hat{x}_1 + \hat{x}_2 + 0 \\ v_3 &= -\hat{x}_2 - 6 \end{aligned}\right\}$$

(2)先验权阵为：

$$P = \begin{bmatrix} 1 & 0 & 0 \\ 0 & 2 & 0 \\ 0 & 0 & 1 \end{bmatrix}$$

第三步：组法方程，求解未知数，并评定参数精度。

(1) 法方程形式

$$\begin{bmatrix} 3 & -2 \\ -2 & 3 \end{bmatrix}\begin{bmatrix} x_1 \\ x_2 \end{bmatrix} = \begin{bmatrix} 0 \\ -6 \end{bmatrix}$$

(2) 求解未知数并求待定点高程，即

$$\begin{bmatrix} \hat{x}_1 \\ \hat{x}_2 \end{bmatrix} = \begin{bmatrix} 3 & -2 \\ -2 & 3 \end{bmatrix}^{-1}\begin{bmatrix} 0 \\ -6 \end{bmatrix} = \begin{bmatrix} -2.4 \\ -3.6 \end{bmatrix}\text{mm}$$

即

$$\hat{H}_{B_1} = 22.342\,6\ \text{m}$$

$$\hat{H}_{C_1} = 25.819\,4\ \text{m}$$

(3) 评定参数精度。

按误差方程计算观测值改正数：

$$\begin{bmatrix} v_1 \\ v_2 \\ v_3 \end{bmatrix} = \begin{bmatrix} -2.4 \\ -1.2 \\ -2.4 \end{bmatrix}\text{mm}$$

计算验后单位权方差估值：

$$\hat{\sigma}_0^2 = \frac{[pvv]}{r} = \frac{14.4}{1}\ \text{mm}^2$$

计算监测点高程中误差：

$$\begin{bmatrix} \hat{\sigma}_{\hat{x}_1} \\ \hat{\sigma}_{\hat{x}_2} \end{bmatrix} = \hat{\sigma}_0\begin{bmatrix} \sqrt{\dfrac{3}{5}} \\ \sqrt{\dfrac{3}{5}} \end{bmatrix} = \begin{bmatrix} 2.9 \\ 2.9 \end{bmatrix}\text{mm}$$

此外，还可以按广义误差传播定律计算诸如观测高差等未知参数函数的方差估值等。

第四步：按上述相同的步骤，可计算未知参数的平差值及精度情况，过程从略，结果如下：

(1) 变形点高程第二期观测值平差结果

$$\begin{bmatrix} \hat{x}_1 \\ \hat{x}_2 \end{bmatrix} = \begin{bmatrix} 3 & -2 \\ -2 & 3 \end{bmatrix}^{-1}\begin{bmatrix} 0 \\ 7 \end{bmatrix} = \begin{bmatrix} 2.8 \\ 4.2 \end{bmatrix}\text{mm}$$

即

$$\hat{H}_{B_2} = 22.313\,8\ \text{mm}$$

$$\hat{H}_{C_2} = 25.777\,2\ \text{mm}$$

(2) 变形点高程平差值的精度情况。

$$\begin{bmatrix}\hat{\sigma}_{\hat{x}_1} \\ \hat{\sigma}_{\hat{x}_2}\end{bmatrix} = \begin{bmatrix}3.4 \\ 3.4\end{bmatrix} \text{mm}$$

第五步：计算两期间高程变形情况。

(1)B 点变形情况：

$$d_B = H_{B_2} - H_{B_1} = -28.8 \text{ mm}$$

(2)C 点变形情况：

$$d_C = H_{C_2} - H_{C_1} = -42.2 \text{ mm}$$

可以证明：变形网按经典网平差时，起算点坐标的误差会给变形监测点的坐标值带来影响，但由于变形监测是在相同的条件下进行的一组观测，再加上变形网一般是采用最小约束的经典网，故起算点的误差相当于观测过程中的系统误差，变形点的变化量则不受起算数据误差的影响。但如果作为起算数据的点，在两期观测的过程中，位置发生了变化，则相当于将已经变化了基准强制附合到一个不变的基准上去，点的位置及精度则会发生改变。有关这方面的内容，会在点位稳定性分析中进一步说明。

任务二　秩亏自由网平差法

【任务导学】

工程控制网布网时，一般是从已知的起算点出发，根据已知点的位置、具体工程实际对控制点密度和精度方面的要求，结合控制网形对点位精度的影响，布设工程控制网。

变形网如果按经典网平差，如前所述，要求起算点稳定、可靠。但在很多情况下，要选择稳定的可靠基准并不容易。

以国内某核电站反应堆一号厂房变形监测为例。随着反应堆安全壳的施工，埋设在反应堆内部的变形监测网不再与外部的控制基准点通视，与变形监测基准的联系不再可能；另外，由于反应堆内部结构相似、周围施工环境情况相近，网点本身受施工影响基本相同，选择稳定的内部基准也不太可能。此时，完全秩亏自由网平差是一种最好的选择。

【任务要求】

1. 理解并掌握秩亏自由网平差的原理；
2. 会用秩亏自由网平差法进行变形监测网的数据处理。

一、问题的提出

完全秩亏自由网平差，即在平差模型中，不预先假设起算基准，所有网点均等同看待。由于缺少必要的起算数据，按间接平差求解未知参数时，由于误差方程的系数矩阵列秩亏，举例如下。

【例 4-2】　如图 4-4 所示，设 A、B、C 均为待定点，设其高程为求未知参数 $\hat{X}_1$、$\hat{X}_2$ 和 $\hat{X}_3$，试列出误差方程的系数阵 B 和法方程的系数阵 N，并分别计算它们的秩。

解:设 $\hat{X}_i = X_i^0 + \hat{x}_i (i=1,2,3)$,列误差方程形式如下:

$$\underset{31}{V} = \underset{33}{B}\underset{31}{x} - \underset{31}{l}$$

即

$$V = \begin{bmatrix} v_1 \\ v_2 \\ v_3 \end{bmatrix} = \begin{bmatrix} -1 & 1 & 0 \\ 0 & -1 & 1 \\ 1 & 0 & -1 \end{bmatrix} \begin{bmatrix} \hat{x}_1 \\ \hat{x}_2 \\ \hat{x}_3 \end{bmatrix} - \begin{bmatrix} 0 \\ 0 \\ 6 \end{bmatrix}$$

这里

$$B = \begin{bmatrix} -1 & 1 & 0 \\ 0 & -1 & 1 \\ 1 & 0 & -1 \end{bmatrix}$$

考虑观测高差的先验权阵为:

$$P = \begin{bmatrix} 1 & 0 & 0 \\ 0 & 2 & 0 \\ 0 & 0 & 1 \end{bmatrix}$$

按间接平差原理,则法方程的系统阵为:

$$N = B^{\mathrm{T}}PB = \begin{bmatrix} 2 & -1 & -1 \\ -1 & 3 & -2 \\ -1 & -2 & 3 \end{bmatrix}$$

显然,$R(N) = R(B^{\mathrm{T}}PB) = R(B) = 2 < t = 3$。

显然,在水准网自由网平差模型中,由于没有必要的起算数据,误差方程的系数阵为列不满秩阵,法方程的系数阵为奇异方阵,它的秩亏数为 $d = u - t$,即等于必要观测起算数据的个数。在这种情况下,虽然法方程有解,但它有无穷多组解,其解不唯一,故根据最小二乘原理,仍然无法求得未知参数的唯一确定解。

同理,对于其他常见类型的平差网,其秩亏数就为经典平差时必要起算数据的个数,即有:

水准网, $d = 1$;

平面测边网、边角网, $d = 3$;

平面测角网, $d = 4$;

三维测边网, $d = 6$;

三维测角网, $d = 7$。

二、秩亏自由网平差的算法

为了求得未知参数的唯一确定解,除遵循最小二乘准则外,还必须增加新的约束条件,从而达到求得唯一解的目的。全自由秩亏网平差,其增加的约束条件要求未知参数满足最小范数 $\hat{X}^{\mathrm{T}}\hat{X} = \min$,来求定参数的最佳估值。

秩亏自由网平差的解法很多,这里介绍 3 种常见的解法:广义逆法、伪观测法及附加条件法。

(一)广义逆法

对任一矩阵 A，其广义逆存在，其中有一种逆 A_m^-，称为最小范数逆，它满足下列两个条件：

$$\begin{cases} AA_m^-A = A \\ (A_m^-)^{\mathrm{T}} = A_m^-A \end{cases} \tag{4-22}$$

对于法方程式

$$N\hat{x} = W = B^{\mathrm{T}}Pl \tag{4-23}$$

因为 N 阵奇异，解向量不唯一，在 $\hat{X}$ 的无穷多解中，有一个解能满足 $\hat{X}^{\mathrm{T}}\hat{X} = \min$，且这个解向量是唯一的。为求这个解，可按求条件极值的方法，即新建函数：

$$\Phi = x^{\mathrm{T}}x - 2K^{\mathrm{T}}(Nx - W)$$

式中　K——联系数列向量。

按求条件极值原理，则

$$\frac{\mathrm{d}\Phi}{\mathrm{d}\hat{x}} = 2\hat{x}^{\mathrm{T}} - 2K^{\mathrm{T}}N = 0$$

$$\hat{x}^{\mathrm{T}} = K^{\mathrm{T}}N$$

即

$$\hat{x} = NK \tag{4-24}$$

代入式(4-23)有：

$$NNK = W$$

$$K = (NN)^- W$$

代入式(4-24)，则解向量为

$$\hat{x} = N(NN)^- W = N(NN)^- B^{\mathrm{T}}Pl$$

可以证明，$N(NN)^-$满足式(4-22)，即 $N(NN)^-$是最小范数逆，记

$$N_m^- = N(NN)^-$$

则

$$\hat{x} = N_m^-W = N_m^-B^{\mathrm{T}}Pl$$

按协因数传播定律得，解向量的协因数阵为：

$$Q_{\hat{x}\hat{x}} = N(NN)^- N(NN)^- N$$

可以证明，$Q_{\hat{x}\hat{x}}$ 满足伪逆的 4 个条件，即

$$Q_{\hat{x}\hat{x}} = N^+ = N(NN)^- N(NN)^- N$$

故解向量的表达式又可以写成：

$$\hat{x} = N^+ W = Q_{\hat{x}\hat{x}}W = Q_{\hat{x}\hat{x}}B^{\mathrm{T}}Pl$$

单位权中误差估值为：

$$\hat{\sigma}_0^2 = \frac{V^{\mathrm{T}}PV}{r} = \frac{V^{\mathrm{T}}PV}{n - u + d}$$

实际计算过程中，$(NN)^-$可按下式计算：

$$(NN)^- = \begin{bmatrix} \underset{rr}{(NN)_{11}^{-1}} & \underset{rd}{0} \\ \underset{dr}{0} & \underset{dd}{0} \end{bmatrix}$$

其中，$(NN)_{11}$ 是矩阵(NN)中的 $r\times r$ 阶主子阵，即 $R(NN)^{-1}=r$ 满秩。待定点坐标的精度为：

$$\hat{\sigma}_{\hat{x}} = \pm \hat{\sigma}_0 \sqrt{Q_{\hat{x}_i \hat{x}_i}}$$

【例 4-3】　参照例 4-1，按自由网平差计算各点的高程及评定精度。

计算步骤如下：

(1)选择高程近似值，如表 4-2 所示。

表 4-2　高程近似值

点号	高程近似值/m
A	10.000
B	22.345
C	25.823

(2)列误差方程式：

$$\left.\begin{aligned} v_1 &= \hat{x}_1 \qquad\quad + 0 \\ v_2 &= -\hat{x}_1 + \hat{x}_2 + 0 \\ v_3 &= \qquad - \hat{x}_2 - 6 \end{aligned}\right\}$$

(3)组成法方程式：

$$\begin{bmatrix} 2 & -1 & -1 \\ -1 & 3 & -2 \\ -1 & -2 & 3 \end{bmatrix} \begin{bmatrix} \hat{x}_1 \\ \hat{x}_2 \\ \hat{x}_3 \end{bmatrix} = \begin{bmatrix} 6 \\ 0 \\ -6 \end{bmatrix}$$

(4)计算矩阵(NN)，则

$$(NN) = \begin{bmatrix} 2 & -1 & -1 \\ -1 & 3 & -2 \\ -1 & -2 & 3 \end{bmatrix} \begin{bmatrix} 2 & -1 & -1 \\ -1 & 3 & -2 \\ -1 & -2 & 3 \end{bmatrix}$$

$$= \begin{bmatrix} 6 & -3 & -3 \\ -3 & 14 & -11 \\ -3 & -11 & 14 \end{bmatrix}$$

(5)求(NN)的广义逆。

先计算$(NN)_{11}^{-1}$ 可取：

$$(NN)_{11}^{-1} = \begin{bmatrix} 6 & -3 \\ -3 & 14 \end{bmatrix}^{-1} = \frac{1}{75}\begin{bmatrix} 14 & 3 \\ 3 & 6 \end{bmatrix}$$

计算 $(NN)^-$：

$$(NN)^- = \frac{1}{75}\begin{bmatrix} 14 & 3 & 0 \\ 3 & 6 & 0 \\ 0 & 0 & 0 \end{bmatrix}$$

计算(NN)的广义逆 N_m^-：

$$\begin{aligned} N_m^- &= N(NN)^- \\ &= \frac{1}{75}\begin{bmatrix} 2 & -1 & -1 \\ -1 & 3 & -2 \\ -1 & -2 & 3 \end{bmatrix}\begin{bmatrix} 14 & 3 & 0 \\ 3 & 6 & 0 \\ 0 & 0 & 0 \end{bmatrix} \\ &= \frac{1}{75}\begin{bmatrix} 25 & 0 & 0 \\ -5 & 15 & 0 \\ -20 & -15 & 0 \end{bmatrix} \end{aligned}$$

(6)计算未知数的平差值：

$$\begin{aligned} \hat{x} &= N_m^- B^{\mathrm{T}} Pl \\ &= \frac{1}{75}\begin{bmatrix} 25 & 0 & 0 \\ -5 & 15 & 0 \\ -20 & -15 & 0 \end{bmatrix}\begin{bmatrix} 6 \\ 0 \\ -6 \end{bmatrix} \\ &= \begin{bmatrix} 2 \\ -0.4 \\ -1.6 \end{bmatrix} \mathrm{mm} \end{aligned}$$

(7)待定高程点最或然值：

$$\hat{X} = \begin{bmatrix} \hat{X}_1 \\ \hat{X}_2 \\ \hat{X}_3 \end{bmatrix} = \begin{bmatrix} X_1^0 + \hat{x}_1 \\ X_2^0 + \hat{x}_2 \\ X_3^0 + \hat{x}_3 \end{bmatrix} = \begin{bmatrix} 10.002 \\ 22.3446 \\ 25.8214 \end{bmatrix} \mathrm{m}$$

评定待定点高程或然值精度。

计算单位权中误差估值：将坐标计算结果代入误差方程式，计算各改正数如下：

$$V = \begin{bmatrix} v_1 \\ v_2 \\ v_3 \end{bmatrix} = \begin{bmatrix} -2.4 \\ -1.2 \\ -2.4 \end{bmatrix} \mathrm{mm}$$

于是单位权中误差估值为：

$$\hat{\sigma}_0^2 = \frac{V^{\mathrm{T}}PV}{r} = \frac{14.4}{1} = 14.4(\mathrm{mm}^2)$$

计算未知参数协因素阵 $Q_{\hat{x}\hat{x}}$。

由 $Q_{\hat{x}\hat{x}} = N(NN)^- N(NN)^- N = N_m^- N_m^- N$，而

$$N_m^- N_m^- = \frac{1}{75^2}\begin{bmatrix} 25 & 0 & 0 \\ -5 & 15 & 0 \\ -20 & -15 & 0 \end{bmatrix}\begin{bmatrix} 25 & 0 & 0 \\ -5 & 15 & 0 \\ -20 & -15 & 0 \end{bmatrix}$$

$$=\frac{1}{225}\begin{bmatrix}25 & 0 & 0\\ -8 & 9 & 0\\ -17 & -9 & 0\end{bmatrix}$$

则

$$Q_{\hat{x}\hat{x}}=N_m^- N_m^- N$$

$$=\frac{1}{225}\begin{bmatrix}25 & 0 & 0\\ -8 & 9 & 0\\ -17 & -9 & 0\end{bmatrix}\begin{bmatrix}2 & -1 & -1\\ -1 & 3 & -2\\ -1 & -2 & 3\end{bmatrix}$$

$$=\begin{bmatrix}\frac{2}{9} & -\frac{1}{9} & -\frac{1}{9}\\ -\frac{1}{9} & \frac{7}{45} & -\frac{2}{45}\\ -\frac{1}{9} & -\frac{2}{45} & \frac{7}{45}\end{bmatrix}$$

于是,待定高程点高程中误差分别为:

$$\hat{\sigma}_{\hat{H}_A}=\hat{\sigma}_0\times\sqrt{Q_{11}}=1.8\ \text{mm}$$

$$\hat{\sigma}_{\hat{H}_B}=\hat{\sigma}_0\times\sqrt{Q_{22}}=1.5\ \text{mm}$$

$$\hat{\sigma}_{\hat{H}_C}=\hat{\sigma}_0\times\sqrt{Q_{33}}=1.5\ \text{mm}$$

(二) 伪观测法

秩亏网的法方程式为

$$N\hat{x}=W$$

由于 N 阵奇异,秩亏数为 d,其解不唯一。可在 $\hat{X}^{\mathrm{T}}\hat{X}=\min$ 条件下,配置一组伪观测方程(又称虚拟观测方程):

$$\underset{du}{G^{\mathrm{T}}}\underset{u1}{\hat{x}}=\underset{d1}{0},\text{虚拟权为 } E$$

上式又被称为网外配置,方程的个数等于 N 的秩亏数 d。其中,矩阵 G 列满秩,即 $r(G)=d$,G 须满足条件 $BG=0$。

对于自由网平差,G^{T} 的具体形式可取:

水准网　$$G^{\mathrm{T}}=(1\quad 1\quad 1\quad 1\quad \cdots\quad 1\quad 1)$$

三角网　$$G^{\mathrm{T}}=\begin{bmatrix}1 & 0 & 1 & 0 & \cdots & 1 & 0\\ 0 & 1 & 0 & 1 & \cdots & 0 & 1\\ -Y_1^0 & X_1^0 & -Y_2^0 & X_2^0 & \cdots & -Y_P^0 & X_P^0\\ X_1^0 & Y_1^0 & X_2^0 & Y_2^0 & \cdots & X_P^0 & Y_P^0\end{bmatrix}$$

边角网,测边网　$$G^{\mathrm{T}}=\begin{bmatrix}1 & 0 & 1 & 0 & \cdots & 1 & 0\\ 0 & 1 & 0 & 1 & \cdots & 0 & 1\\ -Y_1^0 & X_1^0 & -Y_2^0 & X_2^0 & \cdots & -Y_P^0 & X_P^0\end{bmatrix}$$

式中　P——控制点个数。

联立误差方程式与伪观测方程式,有:

$$\begin{pmatrix}V\\0\end{pmatrix}=\begin{pmatrix}B\\G^{\mathrm{T}}\end{pmatrix}\hat{X}-\begin{pmatrix}l\\0\end{pmatrix},\quad 权阵\begin{pmatrix}P&0\\0&E\end{pmatrix}$$

则此时系数矩阵$\begin{pmatrix}B\\G^{\mathrm{T}}\end{pmatrix}$满秩,其秩$R\begin{pmatrix}B\\G^{\mathrm{T}}\end{pmatrix}=r+d=u$,在$V^{\mathrm{T}}PV=\min$条件下导出法方程式:

$$(B^{\mathrm{T}}PB+GG^{\mathrm{T}})\hat{X}=(N+GG^{\mathrm{T}})X=W=B^{\mathrm{T}}Pl$$

由于系数阵$(N+GG^{\mathrm{T}})$满秩,其凯利逆存在,令

$$Q=(N+GG^{\mathrm{T}})^{-1}$$

则

$$\hat{X}=QB^{\mathrm{T}}Pl$$

按协因数传播定律,可导出

$$Q_{\hat{X}}=Q-QGG^{\mathrm{T}}Q$$

单位权中误差的估值公式同前。

【例 4-4】 同例 4-2,试按伪观测法进行自由网平差。

解:计算步骤如下:

(1)取初值,列误差方程式同例 4-2。

(2)进行网外配置,对本例:

$$G^{\mathrm{T}}=(1\quad 1\quad 1)$$

(3)组成法方程式:

$$N=B^{\mathrm{T}}PB=\begin{pmatrix}2&-1&-1\\-1&3&-2\\-1&-2&3\end{pmatrix},\quad GG^{\mathrm{T}}=\begin{pmatrix}1\\1\\1\end{pmatrix}(1\quad 1\quad 1)=\begin{pmatrix}1&1&1\\1&1&1\\1&1&1\end{pmatrix}$$

于是

$$(B^{\mathrm{T}}PB+GG^{\mathrm{T}})\hat{X}=\begin{pmatrix}3&0&0\\0&4&-1\\0&-1&4\end{pmatrix}\hat{X}=B^{\mathrm{T}}Pl=\begin{pmatrix}6\\0\\-6\end{pmatrix}$$

则

$$Q=(N+GG^{\mathrm{T}})^{-}=\begin{pmatrix}\frac{1}{3}&0&0\\0&\frac{4}{15}&\frac{1}{15}\\0&\frac{1}{15}&\frac{4}{15}\end{pmatrix}$$

(4)求解待定点高程最或然值:

$$\hat{x}=Q^{-}B^{\mathrm{T}}Pl=\begin{pmatrix}2\\-0.4\\-1.6\end{pmatrix}$$

(5)计算参数的协因数阵：

$$Q_{\hat{x}} = Q - QGG^{\mathrm{T}}Q = \begin{pmatrix} \frac{2}{9} & -\frac{1}{9} & -\frac{1}{9} \\ -\frac{1}{9} & \frac{7}{45} & -\frac{2}{45} \\ -\frac{1}{9} & -\frac{2}{45} & \frac{7}{45} \end{pmatrix}$$

与例 4-3 结果对照，待定点高程平差值及其精度解算结果相同。

(三)附加条件法

已知秩亏网的法方程形式为：

$$N\hat{x} = W$$

N 奇异，但在 $\hat{x}^{\mathrm{T}}\hat{x}=\min$ 条件下，有网外配置方程：

$$\underset{du}{G^{\mathrm{T}}}\underset{u1}{\hat{x}} = \underset{d1}{0}$$

其中，G^{T} 的具体形式同伪观测法中介绍。

如果将网外配置看作是一组强制约束条件，则依附有强制约束条件的间接平差原理有：

$$\begin{pmatrix} N & G \\ G^{\mathrm{T}} & 0 \end{pmatrix}\begin{pmatrix} \hat{x} \\ K \end{pmatrix} = \begin{pmatrix} W \\ 0 \end{pmatrix}$$

此时系数阵 $N' = \begin{pmatrix} N & G \\ G^{\mathrm{T}} & 0 \end{pmatrix}$ 满秩，其凯利逆存在，令

$$\begin{pmatrix} N & G \\ G^{\mathrm{T}} & 0 \end{pmatrix}^{-1} = \begin{pmatrix} \underset{uu}{A} & \underset{ud}{U} \\ \underset{du}{U^{\mathrm{T}}} & \underset{dd}{0} \end{pmatrix}$$

于是未知参数的解为：

$$\hat{x} = AW = AB^{\mathrm{T}}Pl$$

按协因数传播定律，可以导出参数的协因数阵：

$$Q_{\hat{x}\hat{x}} = A$$

单位权方差估值的求法同前。

【例 4-5】　试按附加条件法求等定参数的平差值。

计算步骤如下：

(1)取高程初值，列误差方程式及网外配置，同例 4-4。

(2)按式(4-24)组系数阵：

$$N' = \begin{pmatrix} 2 & -1 & -1 & 1 \\ -1 & 3 & -2 & 1 \\ -1 & -2 & 3 & 1 \\ 1 & 1 & 1 & 0 \end{pmatrix}$$

(3)由于 N' 满秩，求 N' 的逆阵，其形式如下：

$$(N')^{-1}=\begin{pmatrix}2&-1&-1&1\\-1&3&-2&1\\-1&-2&3&1\\1&1&1&0\end{pmatrix}^{-1}=\begin{pmatrix}\frac{2}{9}&-\frac{1}{9}&-\frac{1}{9}&\frac{1}{3}\\-\frac{1}{9}&\frac{7}{45}&-\frac{2}{45}&\frac{1}{3}\\-\frac{1}{9}&-\frac{2}{45}&\frac{7}{45}&\frac{1}{3}\\\frac{1}{3}&\frac{1}{3}&\frac{1}{3}&0\end{pmatrix}$$

这里

$$A=\begin{pmatrix}\frac{2}{9}&-\frac{1}{9}&-\frac{1}{9}\\-\frac{1}{9}&\frac{7}{45}&-\frac{2}{45}\\-\frac{1}{9}&-\frac{2}{45}&\frac{7}{45}\end{pmatrix}=N_m^-$$

且

$$\hat{x}=AW=AB^{\mathrm{T}}Pl=\begin{pmatrix}\frac{2}{9}&-\frac{1}{9}&-\frac{1}{9}\\-\frac{1}{9}&\frac{7}{45}&-\frac{2}{45}\\-\frac{1}{9}&-\frac{2}{45}&\frac{7}{45}\end{pmatrix}\begin{pmatrix}6\\0\\-6\end{pmatrix}=\begin{pmatrix}2\\-0.4\\-1.6\end{pmatrix}$$

与伪观测法中的最小范数逆相同,余略。

任务三　拟稳平差法

【任务导学】

变形网按经典平差时,网中必须具备固定的起算基准;全自由网平差,不设固定的起算基准,把网中所有的点均等同对待,按自由网平差的方法确定变形监测点的变形值。在实际工作中,也有这样一些情况存在,完全稳定的基准点并不存在,它们或多或少地受变形体的影响,但这些点的变化大小是有差异的,即有些点可能变化较大,而有些点变化相对较小。

以水准变形监测为例,如果是采用两级控制基准来监测如大坝、水库的变形,一般是分工作基准和观测基点来进行的。从辩证的角度看,完全固定不变的基准理论上是不存在的,但实践经验表明,相对工作基点,观测基点由于离变形体较近,受变形体本身的影响较大,变形值也会相对较大。在这种情况下,将工作基点看作是完全不动的点或将工作基点等同观测基点与变形监测点,一同按完全自由网平差,都是不可取的。

拟稳平差的出发点是:在整个变形监测网中,依然不设已知数据,即网内所有的点都是待定点。但假定网中一部分点相对另一部分点来说是相对稳定的,则可将控制点分成相对稳定点(简称拟稳点)和变动点两部分。秩亏完全自由网平差是对网中所有点施以最小范数条件 $\hat{x}^{\mathrm{T}}\hat{x}=\min$,拟稳平差只对其中相对稳定的拟稳点施以最小范数条件,从而可以实现消除秩亏,求解未知参数的目的。

【任务要求】

1. 理解并掌握拟稳平差的原理;
2. 会用拟稳平差法进行变形监测网的数据处理。

一、拟稳平差的原理

分别设 $\hat{X}_q$、X_q^0、$\hat{x}_q$ 为稳定点的坐标平差值、坐标初值、坐标改正数,$\hat{X}_s$、X_s^0、$\hat{x}_s$ 为变动点的坐标平差值、坐标初值、坐标改正数,即

$$\hat{X}=X_0+\hat{x}=\begin{pmatrix}X_q^0\\X_s^0\end{pmatrix}+\begin{pmatrix}\hat{x}_q^0\\\hat{x}_s^0\end{pmatrix}\tag{4-25}$$

拟稳平差即要求:

$$\begin{cases}V^{\mathrm{T}}PV=\min\\x_s^{\mathrm{T}}x_x=\min\end{cases}\tag{4-26}$$

即拟稳平差要进行两次最小二乘拟合。第一次拟合于观测值,使 $V^TPV=\min$,从而可以确定网的形状;第二次拟合于拟稳点的坐标初值,使 $\hat{x}_q^{\mathrm{T}}\hat{x}_q=\min$,于是可以确定网的位置。

二、拟稳平差的解法

拟稳平差的解法与自由网平差相似,也可以用广义逆法、伪观测法和附加条件法 3 种解法。

由于间接平差的优越性,这里仅以与间接平差有密切联系的伪观测法为例,予以详细介绍,其余 2 种方法可参阅完全自由网平差介绍得到相应的解法。

同自由网平差,观测向量的误差方程式:

$$V=B\hat{x}-l\tag{4-27}$$

考虑点的拟稳情况,将式(4-27)写成:

$$V=\begin{pmatrix}B_q & B_s\end{pmatrix}\begin{pmatrix}\hat{x}_q\\\hat{x}_s\end{pmatrix}-l\tag{4-28}$$

且观测值的先验权阵为 P。

在 $\hat{x}_q^{\mathrm{T}}\hat{x}_q=\min$ 的条件下,配置伪观测方程:

$$G^{\mathrm{T}}\hat{x}=\begin{pmatrix}G_q^{\mathrm{T}} & G_s^{\mathrm{T}}\end{pmatrix}\begin{pmatrix}\hat{x}_q\\\hat{x}_s\end{pmatrix}=\begin{pmatrix}G_q^{\mathrm{T}} & 0\end{pmatrix}\begin{pmatrix}\hat{x}_q\\\hat{x}_s\end{pmatrix}=0\tag{4-29}$$

即

$$G_q^{\mathrm{T}}x_q=0\tag{4-30}$$

根据网形的不同,G^{T} 的具体形式如下:

水准网：

$$(G_q^{\mathrm{T}}\quad 0)=(1\quad 1\quad \cdots\quad 1\quad \cdots\quad 0\quad 0\quad \cdots\quad 0)$$

三角网：

$$(G_q^{\mathrm{T}}\quad 0)=\begin{bmatrix}1 & 0 & \cdots & 1 & 0 & \cdots & 0 & 0 & \cdots & 0 & 0\\ 0 & 1 & \cdots & 0 & 1 & \cdots & 0 & 0 & \cdots & 0 & 0\\ -Y_1^0 & X_1^0 & \cdots & -Y_q^0 & X_q^0 & \cdots & 0 & 0 & \cdots & 0 & 0\\ X_1^0 & Y_1^0 & \cdots & X_q^0 & Y_q^0 & \cdots & 0 & 0 & \cdots & 0 & 0\end{bmatrix}$$

测边网、边角网：

$$(G_q^{\mathrm{T}}\quad 0)=\begin{bmatrix}1 & 0 & \cdots & 1 & 0 & \cdots & 0 & 0 & \cdots & 0 & 0\\ 0 & 1 & \cdots & 0 & 1 & \cdots & 0 & 0 & \cdots & 0 & 0\\ -Y_1^0 & X_1^0 & \cdots & -Y_q^0 & X_q^0 & \cdots & 0 & 0 & \cdots & 0 & 0\end{bmatrix}$$

式中　q——拟稳点的个数，且 $q>d$（说明，当 $q=d$ 时变为经典自由网），即拟稳平差网外配置的特点是，对应于变动点的系数 G_s 全为 0。

【例 4-6】　同例 4-1，设 A、B 两点为拟稳点，试用伪观测法求解各点的高程平差值。

解：计算过程如下：

(1)取定坐标初值，同例 4-1。

(2)列误差方程式，同例 4-2。

(3)取网外配置 G 阵，这里拟稳点数为 2，变动点数为 1，即

$$G^{\mathrm{T}}=(1\quad 1\quad 0)$$

(4)组成法方程式，见例 4-3。

(5)求参数平差值。

由 $G^{\mathrm{T}}=(1\quad 1\quad 0)$，则

$$GG^{\mathrm{T}}=\begin{pmatrix}1\\1\\0\end{pmatrix}(1\quad 1\quad 0)=\begin{pmatrix}1 & 1 & 0\\ 1 & 1 & 0\\ 0 & 0 & 0\end{pmatrix}$$

于是

$$N+GG^{\mathrm{T}}=\begin{pmatrix}3 & 0 & -1\\ 0 & 4 & -2\\ -1 & -2 & 3\end{pmatrix}$$

则有

$$Q=(N+GG^{\mathrm{T}})^{-1}=\begin{pmatrix}\frac{2}{5} & \frac{1}{10} & \frac{1}{5}\\ \frac{1}{10} & \frac{2}{5} & \frac{3}{10}\\ \frac{1}{5} & \frac{3}{10} & \frac{3}{5}\end{pmatrix}$$

于是

$$\hat{x} = QB^{\mathrm{T}}Pl = \begin{pmatrix} \frac{2}{5} & \frac{1}{10} & \frac{1}{5} \\ \frac{1}{10} & \frac{2}{5} & \frac{3}{10} \\ \frac{1}{5} & \frac{3}{10} & \frac{3}{5} \end{pmatrix} \begin{pmatrix} 6 \\ 0 \\ -6 \end{pmatrix} = \begin{pmatrix} 1.2 \\ -1.2 \\ -2.4 \end{pmatrix}$$

(6) 计算 $Q_{\hat{x}\hat{x}}$。

由公式直接有：

$$\begin{aligned} Q_{\hat{x}\hat{x}} &= Q - QGG^{\mathrm{T}}Q \\ &= \begin{pmatrix} \frac{2}{5} & \frac{1}{10} & \frac{1}{5} \\ \frac{1}{10} & \frac{2}{5} & \frac{3}{10} \\ \frac{1}{5} & \frac{3}{10} & \frac{3}{5} \end{pmatrix} - \frac{1}{4}\begin{pmatrix} 1 & 1 & 1 \\ 1 & 1 & 1 \\ 1 & 1 & 1 \end{pmatrix} \\ &= \begin{pmatrix} \frac{3}{20} & -\frac{3}{20} & -\frac{1}{20} \\ -\frac{3}{20} & \frac{3}{20} & \frac{1}{20} \\ -\frac{1}{20} & \frac{1}{20} & \frac{7}{20} \end{pmatrix} \end{aligned}$$

(7) 评定参数的精度。

利用观测值改正数计算单位权中误差估值，则

$$V = \begin{pmatrix} v_1 \\ v_2 \\ v_3 \end{pmatrix} = B\hat{x} - l$$

代入求解出的参数有：

$$v_1 = -2.4\ \mathrm{mm}, \quad v_2 = -1.2\ \mathrm{mm}, \quad v_3 = -2.4\ \mathrm{mm}$$

于是有：

$$\hat{\sigma}_0^2 = \frac{[pvv]}{r} = \frac{14.4}{1} = 14.4(\mathrm{mm}^2)$$

则

$$\hat{\sigma}_1 = \hat{\sigma}_0\sqrt{Q_{11}} = \sqrt{14.4 \times 0.15} = 1.0(\mathrm{mm})$$

$$\hat{\sigma}_2 = \hat{\sigma}_0\sqrt{Q_{22}} = \sqrt{14.4 \times 0.15} = 1.0(\mathrm{mm})$$

$$\hat{\sigma}_3 = \hat{\sigma}_0\sqrt{Q_{33}} = \sqrt{14.4 \times 0.35} = 1.6(\mathrm{mm})$$

任务四　三种平差方法的讨论与说明

【任务导学】

变形监测若采用经典网平差进行数据处理，在高精度的变形监测过程中，为了保证监测数据的有效性和一致性，一般是按经典自由网平差进行数据处理的。经典自由网是指平差模型中，只具有必要的起算数据，习惯称为独立网平差。秩亏自由网平差，则将全部控制点都当作待定点，于是其误差方程的系统阵秩亏，秩亏数等于必要的已知数据个数。于是，只要给出满足经典自由网平差要求的网外配置，即可用秩亏平差方法获得经典自由网平差的结果。

【任务要求】

1. 理解并掌握3种平差方法的区别与联系；
2. 会选择恰当的平差方法对变形监测网的数据进行处理。

一、经典自由网平差是秩亏平差的特例

对于水准网，要求起算数据必须有一个高程已知的点，即要求其高程在各期平差中保持不变。设该点为 a，即要求满足：

$$\delta x_a = 0$$

对于测角三角网，经典自由网要求必须具有两个已知点，分别设为 a 和 b，由于要求数据处理过程中其已知坐标不变，即要求：

$$\delta x_a = \delta y_a = \delta x_b = \delta y_b = 0$$

同理，对于边角网或测边网，则要求同时满足：

$$\left.\begin{aligned} \delta x_a = \delta y_a = 0 \\ -\sin\alpha_{ab}\delta x_b + \cos\alpha_{ab}\delta y_b = 0 \end{aligned}\right\}$$

即要求一个点的坐标和一个已知方位角保持不变，这里 a 为已知点，α_{ab} 为已知方位。于是经典自由网平差的网外配置为：

水准网：

$$G^{\mathrm{T}}(0 \quad 0 \quad \cdots \quad 0 \quad 1 \quad 0 \quad 0 \quad \cdots \quad 0)$$

三角网：

$$G^{\mathrm{T}} = \begin{pmatrix} 0 & 0 & \cdots & 0 & 1 & 0 & 0 & 0 & 0 & \cdots & 0 \\ 0 & 0 & \cdots & 0 & 0 & 1 & 0 & 0 & 0 & \cdots & 0 \\ 0 & 0 & \cdots & 0 & 0 & 0 & 1 & 0 & 0 & \cdots & 0 \\ 0 & 0 & \cdots & 0 & 0 & 0 & 0 & 1 & 0 & 0 \cdots & 0 \end{pmatrix}$$

测边网（边角网）：

$$G^{\mathrm{T}} = \begin{pmatrix} 0 & 0 & \cdots & 0 & 1 & 0 & 0 & 0 & 0 & 0 & \cdots & 0 \\ 0 & 0 & \cdots & 0 & 0 & 1 & 0 & 0 & 0 & 0 & \cdots & 0 \\ 0 & 0 & \cdots & 0 & 0 & 0 & -\sin\alpha_{ab} & \cos\alpha_{ab} & 0 & 0 & \cdots & 0 \end{pmatrix}$$

其中，非0数字对应着起算的基准点（或方位）。

由此可见,经典自由网除拟合于观测值外(满足 $V^{\mathrm{T}}PV=\min$,还附合于必要的起算基准,是秩亏平差的特例。

【例 4-7】 同例 4-2,试用伪观测法作经典网的秩亏平差。

解:设 A 点为已知点,计算过程如下:

取定坐标初值,同自由网平差(统一编号);

列误差方程式,同自由网平差(统一编号);

根据水准网性质得网外配置:

$$G^T=(1\quad 0\quad 0)$$

(1)计算参数的平差值。

由

$$N=B^{\mathrm{T}}PB=\begin{pmatrix}2 & -1 & -1\\ -1 & 3 & 2\\ -1 & -2 & 3\end{pmatrix}$$

$$GG^{\mathrm{T}}=\begin{pmatrix}1\\0\\0\end{pmatrix}(1\quad 0\quad 0)=\begin{pmatrix}1 & 0 & 0\\ 0 & 0 & 0\\ 0 & 0 & 0\end{pmatrix}$$

则

$$Q=(N+GG^{\mathrm{T}})^{-1}=\begin{pmatrix}3 & -1 & -1\\ -1 & 3 & -2\\ -1 & -2 & 3\end{pmatrix}^{-1}=\begin{pmatrix}1 & 1 & 1\\ 1 & \frac{8}{5} & \frac{7}{5}\\ 1 & \frac{7}{5} & \frac{8}{5}\end{pmatrix}$$

于是

$$\hat{x}=QB^{\mathrm{T}}Pl=\begin{pmatrix}1 & 1 & 1\\ 1 & \frac{8}{5} & \frac{7}{5}\\ 1 & \frac{7}{5} & \frac{8}{5}\end{pmatrix}\begin{pmatrix}6\\0\\-6\end{pmatrix}=\begin{pmatrix}0\\-2.4\\-3.6\end{pmatrix}$$

求出观测值改正数向量:

$$V=\begin{pmatrix}-1 & 1 & 0\\ 0 & -1 & 1\\ 1 & 0 & -1\end{pmatrix}\begin{pmatrix}0\\-2.4\\-3.6\end{pmatrix}-\begin{pmatrix}0\\0\\6\end{pmatrix}=\begin{pmatrix}-2.4\\-1.2\\-2.4\end{pmatrix}$$

(2)计算参数的协因数阵。

由秩亏网伪观测法中介绍的公式有:

$$Q_{\hat{x}\hat{x}}=Q-QGG^{\mathrm{T}}Q=\begin{pmatrix}1 & 1 & 1\\ 1 & \frac{8}{5} & \frac{7}{5}\\ 1 & \frac{7}{5} & \frac{8}{5}\end{pmatrix}-\begin{pmatrix}1 & 1 & 1\\ 1 & 1 & 1\\ 1 & 1 & 1\end{pmatrix}=\begin{pmatrix}0 & 0 & 0\\ 0 & \frac{3}{5} & \frac{2}{5}\\ 0 & \frac{2}{5} & \frac{3}{5}\end{pmatrix}$$

(3)评定参数精度。

单位权中误差估值：

$$\hat{\sigma}_0 = \sqrt{\frac{[pvv]}{r}} = \sqrt{\frac{14.4}{1}} = 3.8(\text{mm})$$

待定点高程平差值精度：

$$\hat{\sigma}_1 = \hat{\sigma}_0\sqrt{Q_{11}} = \sqrt{14.4 \times 0} = 0(\text{mm})$$

$$\hat{\sigma}_2 = \hat{\sigma}_0\sqrt{Q_{22}} = \sqrt{14.4 \times 0.6} = 2.9(\text{mm})$$

$$\hat{\sigma}_3 = \hat{\sigma}_0\sqrt{Q_{33}} = \sqrt{14.4 \times 0.6} = 2.9(\text{mm})$$

此时，对 A 点选择网外配置，计算结果表明，此时 A 点的初始坐标成果没有被添加任何改正，且其精度为零，即完全等同于经典平差时的假设条件，即 A 点被当作计算起算的基准。其他点的计算结果与经典自由网也完全一致。

事实上，不论是经典自由网平差，还是秩亏网平差、拟稳平差，它们均可以视为加权秩亏网平差的特例。在秩亏全自由网平差中，由于网中缺少必要的起算数据，误差方程的系数矩阵为列不满秩阵，法方程的系数阵为奇异方阵，虽然法方程是有解方程，但其解不唯一，仅根据最小二乘原理，仍然无法求得未知参数 $\hat{x}$ 的唯一确定解。

加权秩亏网平差，即在满足最小二乘 $V^{T}PV=\min$ 和加权最小范数 $\hat{x}^{T}P_{x}\hat{x}=\min$ 的条件下，求定未知参数的最佳估值。式中 P_x 表示未知参数稳定程度的先验权矩阵。当 $P_x=E$ 时，则 $\hat{x}^{T}P_{x}\hat{x}=\min$ 变成了 $\hat{x}^{T}\hat{x}=\min$，加权秩亏网变成了全自由网；如果将待定点分为拟稳点和变动点，并对变动点的先验权取 0，非拟稳点取 1，则 $\hat{x}^{T}P_{x}\hat{x}=\min$ 变成了 $\hat{x}_q^{T}\hat{x}_q=\min$，此即拟稳平差的约束条件。

二、平差模型选择与点位稳定性分析的关系

平差的结果是点位稳定性分析的基础，点位稳定性分析又是验证和修正平差模型的依据。平差计算后，得到各点两期观测间的坐标差，这种坐标差的产生包括两方面的原因：一是点位在两期观测时刻间所产生的移动的影响；二是两期观测误差所引起的。据此在判断点位是否有移动时，必须顾及这两方面的大小。当点位移动量很大，比观测误差大很多时，容易得出点位移动的结论，但如果情况不是这样，就会难做出点位是否移动的判断，这时往往只能借助数理统计假设检验手段。在许多变形测量中，要求尽可能及早发现点位的移动，也就是尽可能在移动量较小时发现出来，以便及时采取相应的措施时，一方面要尽可能提高观测精度，另一方面应在成果处理上尽可能精确地把观测误差和移动鉴别开来。测量平差方法的选择，也是一个与点位稳定性分析密切联系的过程，测量平差即用合适的方法，尽可能排除或减少测量误差的干扰，计算不同时间网点位置的差异量。在此基础上，可以运用数理统计的方法，分析这些差异量是属于误差干扰还是坐标位移等，据此进一步验证和修正平差的模型，再进行成果的合理处理，就会实现变形监测的真正目的。

三、秩亏平差的性质

无论进行何种平差,观测值的改正数 V 不变,观测值的平差值 $\hat{L}$ 也不变,因此网的形状不变,即 $V^{\mathrm{T}}PV=\min$ 原则确定了网的形状。V、$\hat{L}$ 及其函数,不因不同的平差方法而异,因而在秩亏平差中被称为“不变量”,显然,$V^{\mathrm{T}}PV$ 及 $\hat{\sigma}_0$ 也是不变量。

控制点的坐标平差值 $\hat{X}$,即控制点位置的确定,取决于所选的坐标初值 X^0 及所选用的网外配置 $G^{\mathrm{T}}\hat{x}=0$,在坐标初值已经选定的情况下,不同的网外配置确定了不同的解向量 X 和坐标平差值 $\hat{X}$。

(1)经典自由网平差强制附合于已知数据,若已知点不稳定,将使监控网发生不必要的变形;

(2)秩亏自由网平差满足 $\hat{X}^{\mathrm{T}}\hat{X}=\min$,即拟合于全部控制点的坐标初值,因而没有稳定的基准;

(3)拟稳平差满足 $\hat{X}_q^{\mathrm{T}}\hat{X}_q=\min$,在相对稳定点能事先合理、准确地确定的情况下,具有相对稳定的基准。

在实际应用中,必须根据实际情况,考虑上述 3 种不同平差方法的特点,选择适当的平差方法。

【项目总结】

学生不仅要会测,还要会算,本项目主要学习变形监测中的 3 种平差方法的计算原理与计算方法,以及三种平差方法的优缺点。通过本项目使学生全面掌握变形监测的数据处理要领与方法,为学生全面利用知识处理工程问题夯实基础。

【学习重点和难点】

1. 3 种平差方法的原理;
2. 3 种平差方法的计算过程;
3. 3 种平差方法的区别与选择。

测绘法宣传

《中华人民共和国测绘法》于 1992 年 12 月 28 日第七届全国人民代表大会常务委员会第二十九次会议通过,2002 年 8 月 29 日第九届全国人民代表大会常务委员会第二十九次会议通过修订。2004 年国家测绘局将每年的 8 月 29 日定为测绘法宣传日。

码 4-1　测绘法宣传日

2018 年 8 月 29 日,自然资源部和青岛市人民政府在青岛共同主办 2018 年全国测绘法宣传日暨国家版图意识宣传周主场活动,活动主题为“强化国家版图意识,共同守护美丽中国”。

2020 年 8 月 29 日是第 17 个全国测绘法宣传日,自然资源部组织开展全国测绘法宣传日暨国家版图意识宣传周活动,活动主题为“规范使用地图,一点都不能错”。

2021 年 8 月 29 日是第 18 个全国测绘法宣传日，全国测绘法宣传日暨国家版图意识宣传周，以“规范使用地图，一点都不能错”为主题。各地大力宣传规范使用地图，提升公众国家版图意识。

2022 年 8 月 29 日是第 19 个全国测绘法宣传日。当天，由中央网信办网络传播局指导，自然资源部地理信息管理司、办公厅在京举办“国家版图意识进媒体”活动。该活动是 2022 年测绘法宣传日暨国家版图意识宣传活动周主场活动，活动周的主题为“规范使用地图，一点都不能错”。活动现场发布了 2022 年版标准地图和参考地图，共计 646 幅。

【项目知识检测】

1. 结合线性代数等相关知识，说明矩阵秩亏的含义及在测量数据处理时，结合网形布置与观测要素等不同情况下秩亏数的确定方法。

2. 变形监测数据处理采用经典平差、秩亏自由网及拟稳平差模型的前提条件分别是什么？在具体的实践过程中，如何有效地利用各种平差模型对变形监测数据进行适当的处理？

3. 以秩亏网中测边网附加 S 为例，验证 $NS=0$，并说明其物理意义。

4. 以水准网为例，求解各种平差模型中解向量间的转换表达式的具体形式，并对各种平差结果进行比较，借以探讨各种平差模型下的结果的异同及意义。

项目五　变形监测资料整理与变形分析

【项目概述】

变形监测的最终目的是保证工程建筑物安全运行，因此要使变形监测充当工程施工、运营管理的耳目，起到指导工程安全使用和充分发挥工程效益的作用，达到变形监测的目的，就不能停留在野外观测这个初始阶段。我们还必须对观测数据做进一步的内业工作，采用科学的方法对大量的、零乱的数据进行整理，削弱偶然误差的影响，找出包括判断形变是否发生的真正的形变信息。更进一步，我们还应建立起形变与引起变形因子之间的关系，找出变形产生的内在机制和发展的规律，以便采取适当的措施。

通过野外辛苦的观测，我们获得了有关变形体形变信息的原始数据。但是，这些数据还难以直接反映出形变的本质。这是因为：一方面，数据中存在着难以避免的偶然误差或其他非固定系统误差的影响，它们有可能掩盖了真实的形变信息；另一方面，变形监测的数据量大，在未经整理前也很零乱。这就使我们很难从这些数据中直接发现变形的本质性规律。

本项目主要学习变形监测资料整理与变形分析。培养学生的法律意识、担当意识、爱国意识，发扬依法测绘的精神。

【学习目标】

[知识目标]

1. 掌握变形监测资料整理的方法和依据；
2. 掌握变形分析方法与分析计算过程。

[技能目标]

1. 会对变形监测数据与资料进行整理归类；
2. 能用回归分析法对变形数据进行处理与分析。

[思政目标]

1. 培养学生的法律意识、担当意识、爱国意识；
2. 形成严谨细致、精益求精的工作作风；
3. 发扬依法测绘的精神。

【考核内容】

1. 掌握变形监测资料整理；
2. 掌握变形分析方法与分析计算过程。

【规范】

1.《建筑变形测量规范》(JGJ 8—2016)；
2.《工程测量标准》(GB 50026—2020)。

任务一　概　述

【任务导学】

从外业监测中获得的大量数据，是无法看出变形的特征和本质的，要通过内业资料的整理与分析，得出变形的特点和本质性规律。

【任务要求】

1. 掌握资料整理的主要工作和方法；
2. 掌握变形分析的主要方法。

一、变形监测资料整理分析

（一）观测资料的整理

这一阶段的主要工作是对现场观测所取得的数据资料加以整理、编制成图表和说明，使它们成为便于使用的成果。

（二）观测资料的分析

观测资料的分析亦称变形分析。这一阶段是分析归纳工程建筑物变形过程、变形规律、变形幅度，分析变形的原因，找出变形值与引起变形因素之间的关系，进而判断工程建筑物施工、运营过程中是否正常。在积累了大量观测数据后，又可以进一步找出工程建筑物变形的内在原因和规律，从而修正设计的理论和采用的经验系数。

所谓变形分析就是对野外观测所得到的数据进行科学的整理、分析，找到真正的形变信息和形变规律的过程。变形监测的目的可以是实用的，也可以是科研的。变形分析为实现这些目的起着重要的作用。

在20世纪50年代以前，变形分析仍主要是资料整理、位移计算、画出位移场（如等沉陷线）和位移过程线，使变形分析得以迅速发展的是下面这些突破性的工作。1971年，德国测量学家H. Pelzer开始采用统计检验的理论分析变形网点的稳定性，随后，其他学者也提出了各种不同的方法。1976年，瑞士测量工程师Keller在分析水坝变形监测资料时，应用了自由网平差；随后，葡萄牙教授Rose首次在确定大坝的变形和产生变形原因之间的关系时，应用了回归分析的方法。自20世纪70年代末至90年代初，对几何变形分析研究得较为完善的是用常规地面测量技术进行周期性监测的静态模型，后来许多学者转向了对时序观测数据的动态模型研究，如变形的时间序列分析方法建模、基于数字信号处理的数字滤波技术分离时效分量、变形的卡尔曼滤波模型、用FIR（Finite Impulse Response）滤波器抑制GNSS多路径效应等。有些学者应用频谱分析法研究了时序观测资料的干扰因素，以便获得真正的变形信息，并取得了一定效果。频谱分析法用于确定动态变形特征（频率和幅值），这是一种常用的方法，尤其在建筑物结构振动监测方面被广为采用。

多年来，对变形数据分析方法的研究是极为活跃的，除传统的多元回归分析法及上述的时间序列分析法、频谱分析法和滤波技术外，灰色系统理论、神经网络等非线性时间序列预测方法也得到了一定程度的应用。比如，应用灰关联分析方法研究多个因变量和多个自变量的变形问题；应用灰色理论建模预测深基坑事故隐患；应用人工神经网络建模进行短期的变形预测。

二、变形分析的内容

变形分析的内容主要有几何分析与物理解释。

(一)几何分析

几何分析的目的是得到变形体的几何状态及其变化,它要解决的主要问题是:变形是否发生,如果发生的话,有多大。在几何分析的基础上,还可求出变形的速度与加速度。几何分析采用的方法一般是统计检验中的有关方法,同时通过绘制一定的变形图表来描述变形体的变形状态。

(二)物理解释

物理解释的目的是在几何分析确认存在变形的基础上进一步确定变形与引起变形的各种物理因素的关系。例如,大坝变形与水位、温度、地质情况等因素的关系。物理解释采用的方法一般有作过程曲线图、回归分析法和确定函数模型法。

作过程曲线图一般是在同一张图上同时绘制形变过程线和其他物理因素的变化过程线。回归分析法则是以观测数据为基础,统计地建立形变与物理因素的关系,由于该法利用的是已经获得的观测数据,故具有后验的性质,且要求观测的数据不能太少。确定函数模型法则是以弹性理论为基础,解析地建立形变与物理因素的关系。与回归分析法相比,确定函数模型法具有后验的性质。

实际工作中,上述两个内容及采用的各种方法都不应截然分开,而应有机地结合、互为补充。

为工程建筑物而布设的变形监测系统,一般为固定基点—工作基点—观测点的形式。固定基点和工作基点一般被纳入一个统一的变形网(有时又称为监测网)内。由于变形网的观测周期、精度及观测方法与测点观测完全不同,所以二者的变形分析一般也是分开进行的。

对于变形网的变形分析,其主要内容是寻找稳定点和确定工作基点的位移大小。第一个内容的目的是为变形分析提供可靠的基准,第二个内容的目的是对观测点观测成果加以适当的改正。在变形网的变形分析中,一般要用到自由网平差和假设检验的有关理论。当变形网内含有不同类观测数据时,还要采用平差随机模型验后估计的有关方法。同时,为了提高变形分析成果的可靠性,排除粗差及其他模型误差对变形分析成果的干扰,在变形网的设计和平差过程中,一般要利用测量平差系统可靠性的有关理论和优化设计的有关方法。

对于测点观测的变形分析,其主要内容是:绘制有关变形过程图表,描述变形状态以及寻找或确定变形与引起其变形因素的关系。

在变形分析中,有一个特点是需要注意的,那就是变形网或观测点观测在图形和观测纲要上的固定性。在一般情况下,对于同一个观测环节,其观测图形和观测纲要在不同的观测周期是相同的。这就为变形分析提供两种可能的方法,即坐标分析法和观测值分析法。坐标分析法先利用各期观测值求出网点的坐标,再利用坐标进行变形分析,这种方法具有一般性,也是常用的方法。观测值分析法则是根据上述特点,先求出各期观测之间对应的观测值的差,然后利用观测值的差来进行变形分析。此法有时可减少计算工作量。可以证明,在变形图形相同、观测精度一致的情况下,这两种方法所得的结果也是一致的。因此,采用哪种方法都是可以的。然而,我们建议:在要求较高的变形网的几何分析中,采用坐标分析法。因为该法把平差和变形分析分阶段处理,可以在平差阶段对模型误差作适当的处理,以防止它对变形分析成果的干扰。在要求不高的几何分析中,则可采用观测值分析法,如在多方前方交会中。由于前边提到的特点,图形矩阵 $\boldsymbol{A}$ 和权阵 $\boldsymbol{P}$ 在各期平差是不变的,因此有:

$$\left.\begin{aligned} X_1 &= (A^T PA)^{-1} A^T PL_1 = \alpha^T L_1 \\ X_2 &= (A^T PA)^{-1} A^T PL_2 = \alpha^T L_2 \\ \Delta X &= \alpha^T L_2 - \alpha^T = \alpha^T \Delta L \end{aligned}\right\} \tag{5-1}$$

如果把 α^T 计算出来后,作为一个固定矩阵存储下来,那么以后的位移计算就只是一个矩阵与向量的乘法问题了。

任务二　变形监测资料的整理

【任务导学】

野外变形监测资料采集完以后,如不及时整理变形监测资料,变形信息就有可能被淹没在大量的、零乱的观测资料之中。整理工作的目的就是使这些资料系统化和直观化,以便于从中发现变形信息,找到变形规律。整理工作的主要内容包括:

(1)原始记录、计算的检核;

(2)各种变形监测数据表的填写;

(3)各种变形过程线、工程建筑物变形分布图的绘制。

【任务要求】

掌握变形过程线、工程建筑物变形分布图的绘制。

一、观测点变形过程线

某观测点的变形过程线是以时间为横坐标,以累积变形值位移或沉陷、倾斜、挠度等为纵坐标线绘制成的曲线。观测点变形过程线可明显地反映出变形的趋势、规律和幅度,对于初步判断工程建筑物的工作情况是否正常是非常有用的。

观测点变形过程线的绘制方法如下。

(一)根据观测记录填写变形数值表

表 5-1 为位移数值表的样式。

表 5-1　位移数值表　　单位:mm

日期	1月10日	2月11日	3月10日	4月11日	5月10日	6月10日	7月11日	8月11日	9月10日	10月11日	11月11日	12月10日
5#观测点	+4.0	+6.2	+6.5	+4.2	+4.3	+5.0	+2.2	+3.8	+1.5	+2.0	+3.5	+4.0

(二)绘制观测点实测变形过程线

图 5-1 为根据表 5-1 绘制的某坝 5#观测点的位移过程线,图中横坐标代表时间,纵坐标为观测点的累积位移值。

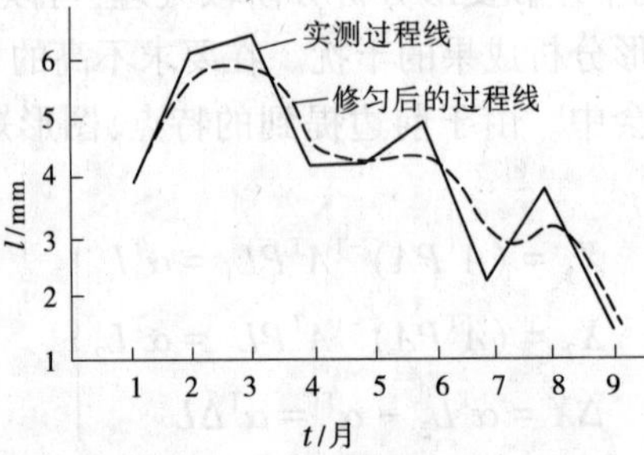

图 5-1　观测点变形过程线

(三)实测变形过程线的修匀

由于观测是定期进行的,故所得成果在变形过程线上仅是几个孤立点。直接连接这些点自然得到的是折线,加上观测中存在误差,就使实测变形过程线常呈明显跳动的折线形状,如图 5-1 所示。为了更确切地反映建筑物变形的规律,需将折线修匀成圆滑的曲线。常用的修匀方法为三点法,如图 5-2 所示 $i-1$、i、$i+1$ 为实测变形过程线中相邻的 3 个点,用三点法修匀的步骤如下:

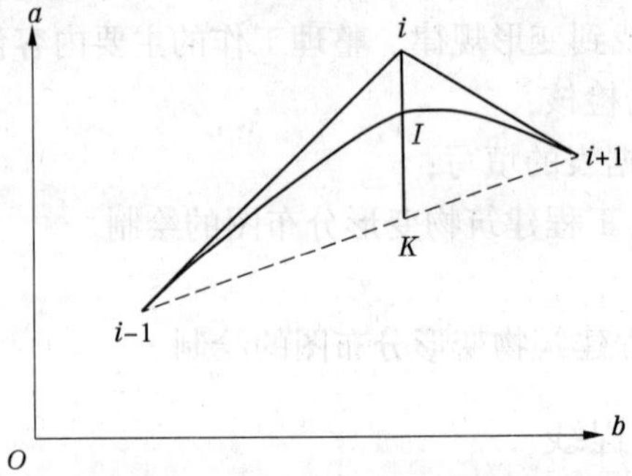

图 5-2　相邻 3 个点示意图

(1)用直尺将点 $i-1$ 和点 $i+1$ 连线,与过 i 点的纵坐标轴的平行线交于点 K。

(2)在直线 $\overline{iK}$ 上求取 I 点,使 $\overline{IK}=\dfrac{P_i}{[P]}\overline{iK}$,则点 I 即为 i 的修正位置,其中 $[P]=P_{i-1}+P_{i+1}$,而 P_{i-1}、P_i、P_{i+1} 分别为点 $i-1$、i、$i+1$ 根据实际情况决定的权。

当 $P_i=P_{i-1}=P_{i+1}$ 时,$\dfrac{P_i}{[P]}=\dfrac{1}{3}$;

当 $P_i=2, P_{i-1}=P_{i+1}=1$ 时,$\dfrac{P_i}{[P]}=\dfrac{1}{2}$;

当 $P_i=4, P_{i-1}=P_{i+1}=1$ 时,$\dfrac{P_i}{[P]}=\dfrac{2}{3}$。

由点 1、2、3 修正点 2，由原测点位 2、3、4 修正点 3……。将各修正点用圆滑曲线连接起来，即得到修匀后的过程线。图 5-1 中的虚线即为用三点法进行修匀后的过程线，修匀中假定权为 $P_i = 4, P_{i-1} = P_{i+1} = 1$。

实际工作中，为了便于分析，常在各种变形过程线上画出与变形有关因素的变化过程线，如库水位过程线、气温过程线等。图 5-3 为某土石坝 160 m 高程处沉陷点的沉陷过程线，图中绘出了气温过程线。因为横坐标（时间）是两个过程线共用的，故画在两个过程线中间。

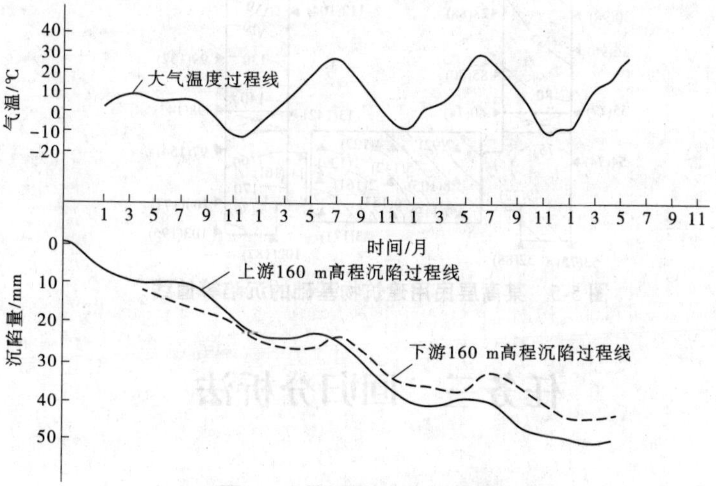

图 5-3　某坝沉陷点沉陷过程线

二、观测点变形分布图

常用的变形分布图有如下几种：

（1）变形值剖面分布图是根据某一剖面上各观测点的变形值绘制而成的，其绘制方法类似于地形剖面图。如图 5-4 所示，同时绘制了某混凝土大坝坝顶与挑水鼻坎两个高程处的水平剖面上的水平位移情况。

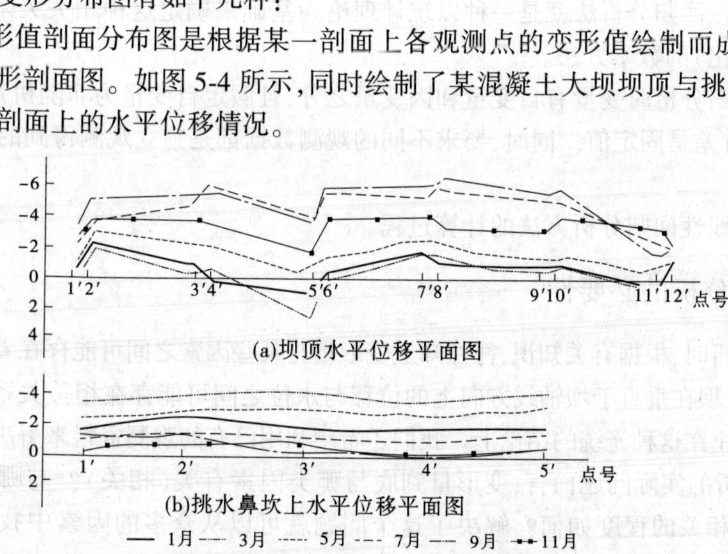

图 5-4　变形值剖面分布

（2）建筑物或基础沉陷等值线图是根据区域内观测点的沉陷点内插、光滑而成的，其绘制方法与地形等高线相同。图 5-5 为某高层民用建筑物基础的沉陷等值线。

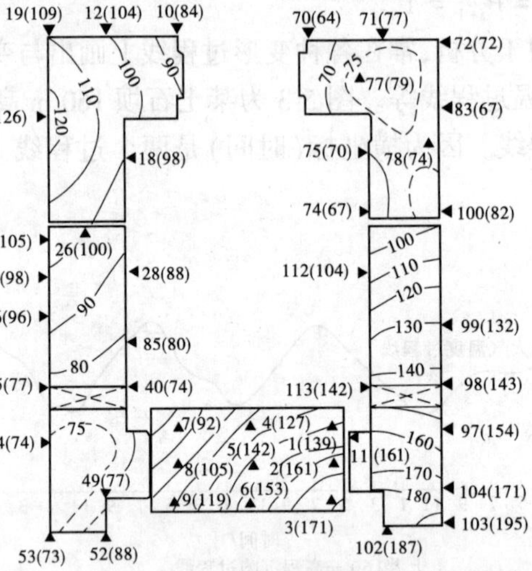

图 5-5　某高层民用建筑物基础的沉陷等值线

任务三　回归分析法

【任务导学】

描述自然界事物的变量之间的关系大致有两种：一种是确定性关系，另一种是相关关系。确定性关系说明变量之间存在一种明显的制约，在已知自变量的情况下，即可求出因变量，如圆的周长与直径的关系。相关关系则只能说明变量之间存在着一种趋势，如身高与体重的关系。回归分析法就是一种以统计理论为基础来确定这种相关关系（或者说使上述趋势定量化）的数学方法。

在进行回归分析时变量有自变量和因变量之分，且假定自变量为非随机量，因变量是正态变量，其方差是固定值。同时，要求不同的观测数据都是独立观测得到的。

【任务要求】

掌握一元线性回归分析方法的计算过程。

一、回归分析的必要性

在变形分析时，根据有关知识，往往知道变形量与某些因素之间可能存在着一定的相关关系。例如，大坝在垂直于坝轴线方向上的位移与水位之间可能存在相关关系。然而我们的兴趣不能停止在这种笼统的结论上。我们还希望利用已有的观测资料来解决如下问题：

（1）就分析的实际问题而言，变形量到底与哪类因素有关（相关）？与哪些因素无关或关系不大？相关的程度如何？解决了这个问题就可以从众多的因素中找出主要的因素，以便有的放矢地采取措施。

（2）变形量与各种有关（相关）的因素之间的关系如何？或者说，就我们分析的实际问题找到变形量与有关因素之间的定量化关系。有了这种关系,就可以对未来某种情况下(如当水位达到 110 m 时)的变形量作出具有一定统计意义的预报,以便采取预防性措施。

上述 2 个问题对于工程建筑物的安全显然是重要的。其解决的途径显然是回归分析的方法。

回归分析的理论和方法在一般与统计学有关的著作和教科书中均可以找到。这里以大家熟知的最小二乘平差的方法来推导回归分析的有关公式,以便大家从平差角度来认识回归分析。

二、一元线性回归

设 Y 为因变量(如形变观测值),X 为自变量(如水位或风力等),二者之间可能存在的相关关系为:

$$Y = a + bX \tag{5-2}$$

式中　a、b——回归系数。

设 X、Y 的一组观测数据为 x_i、$y_i(i=1,2,\cdots,n)$,写成矩阵形式为 $\underset{n\times1}{X}$、$\underset{n\times1}{Y}$。一元线性回归的任务就是要利用这组数据求出回归系数 a、b。

由于观测数据的个数 n 大于未知数 2,将 n 个数据代入式(5-1)时,就得到了一个具有 n 个方程和 2 个未知数的超定方程组。求解该超定方程组时,自然会想到利用最小二乘法。于是,引入改正数向量 $\underset{n\times1}{V}$ 后得到误差方程式:

$$y_i + v_i = \hat{a} + \hat{b}x(i = 1,2,3,\cdots,n) \tag{5-3}$$

式(5-3)称为一元线性回归的数学模型,写成矩阵形式为:

$$\underset{n\times2}{A} = \begin{bmatrix} 1 & x_1 \\ 1 & x_2 \\ \vdots & \vdots \\ 1 & x_n \end{bmatrix},\ \underset{2\times1}{\hat{Z}} = \begin{pmatrix} \hat{a} \\ \hat{b} \end{pmatrix} \tag{5-4}$$

假定等权时,在 $V^{\mathrm{T}}V=\min$ 的原则下,得此法方程式

$$\begin{bmatrix} n & \sum x_i \\ \sum x_i & \sum x_i^2 \end{bmatrix}\begin{pmatrix} \hat{a} \\ \hat{b} \end{pmatrix} = \begin{bmatrix} \sum y_i \\ \sum x_i y_i \end{bmatrix} \tag{5-5}$$

解此法方程,即得:

$$\begin{pmatrix} \hat{a} \\ \hat{b} \end{pmatrix} = \begin{bmatrix} Q_{11} & Q_{12} \\ Q_{21} & Q_{22} \end{bmatrix}\begin{bmatrix} \sum y_i \\ \sum x_i y_i \end{bmatrix} \tag{5-6}$$

其中

$$\left.\begin{aligned} Q_{11} &= \sum x_i^2/T \\ Q_{12} &= -\sum x_i/T = Q_{21} \\ Q_{22} &= n/T \\ T &= n\sum x_i^2 - \left(\sum x_i\right)^2 \end{aligned}\right\} \tag{5-7}$$

于是，$\hat{a}$、$\hat{b}$ 的计算公式为：

$$\left.\begin{aligned}\hat{a} &= \frac{1}{T}\left(\sum x_i^2 \sum y_i - \sum x_i \sum x_i y_i\right)\\ \hat{b} &= \frac{1}{T}\left(-\sum x_i \sum y_i + n\sum x_i y_i\right)\end{aligned}\right\} \tag{5-8}$$

若采用中心化数据，则可导出更简单的公式：

$$\left.\begin{aligned}\hat{b} &= \frac{x_i^0 y_i^0}{(x_i^0)^2}\\ \hat{a} &= \overline{Y} - \hat{b}\overline{X}\\ x_i^0 &= x_i - \frac{\sum x_i}{n}\\ y_i^0 &= y_i - \frac{\sum y_i}{n}\end{aligned}\right\} \tag{5-9}$$

由平差理论可知，回归系数 $\hat{a}$、$\hat{b}$ 的方差和协方差为：

$$\left.\begin{aligned}D_{\hat{a}}^2 &= Q_{11}\sigma_0^2\\ D_{\hat{b}}^2 &= Q_{22}\sigma_0^2\\ D_{\hat{a}\hat{b}}^2 &= Q_{12}\sigma_0^2\end{aligned}\right\} \tag{5-10}$$

式中　σ_0——因变量 y_i 的观测方差，可采用先验值。

三、相关关系显著性检验

前已述及，在回归分析时，函数的形式是假定的，尽管这种假定是凭经验或其他一些有意义的方法得出的，但还没有充分的依据可能肯定。因此，要利用已观测到的数据进行检验，即检验线性关系是否真正存在。

在统计学中已经知道，相关系数是描述随机量线性相关程度的量，因此很自然地会利用它。

$$\hat{\rho}_{xy} = \frac{S_{xy}}{S_x S_y} = \frac{\sum x_i^0 y_i^0}{\sqrt{\sum (x_i^0)^2}\sqrt{\sum (y_i^0)^2}} \tag{5-11}$$

据有关文献的推导，当 X、Y 均服从正态分布时，$\hat{\rho}_{xy}$ 的分布密度为

$$f_n(\hat{\rho}_{xy}) = \frac{\Gamma\left(\frac{n-1}{2}\right)}{\sqrt{\pi}\,\Gamma\left(\frac{n-2}{2}\right)}(1-\hat{\rho}_{xy})^{\frac{n-1}{2}}$$

据此可以计算在一定置信水平 α 下的相关系数表，当 $\hat{\rho}_{xy}$ 大于表中临界值时，即可认

为 X、Y 相关。表 5-2 为相关系数检验法的临界值。

表 5-2　相关系数检验法的临界值

自由度	置信水平		自由度	置信水平	
	5%	1%		5%	1%
1	0.997	1.000	24	0.388	0.496
2	0.950	0.990	25	0.381	0.487
3	0.878	0.959	26	0.374	0.478
4	0.811	0.917	27	0.367	0.470
5	0.754	0.874	28	0.361	0.463
6	0.707	0.834	29	0.355	0.465
7	0.666	0.798	30	0.349	0.449
8	0.632	0.765	35	0.325	0.418
9	0.602	0.735	40	0.304	0.393
10	0.576	0.708	45	0.288	0.372
11	0.553	0.684	50	0.273	0.354
12	0.532	0.661	60	0.250	0.325
13	0.514	0.641	70	0.230	0.302
14	0.497	0.623	80	0.217	0.283
15	0.482	0.606	90	0.205	0.267
16	0.468	0.590	100	0.195	0.254
17	0.456	0.575	125	0.174	0.228
18	0.444	0.561	150	0.159	0.208
19	0.433	0.549	200	0.138	0.181
20	0.423	0.537	300	0.113	0.148
21	0.413	0.526	400	0.098	0.128
22	0.404	0.515	500	0.088	0.115
23	0.396	0.505	1 000	0.062	0.087

除相关系数检验外，还可以用方差分析法进行检验。

设 y_i 为 y 的观测值，$\bar{y}$ 为观测值的均值，y_i 为利用回归方程求出的值。则可证明：总和：

$$Q = \sum (y_i - \bar{y})^2 \tag{5-12}$$

可分解为：

$$Q = Q_1 + Q_2 \tag{5-13}$$

其中

$$Q_1 = \sum (\hat{y}_i - \bar{y})^2$$

$$Q_2 = \sum (y_i - \hat{y}_i)^2 = \sum V_i^2$$

进一步推导可以得出 Q_1 和 Q_2 的数学期望：

$$\left.\begin{aligned} E(Q_1) &= b^2 \sum (x_i - \bar{x})^2 + \sigma_0^2 \\ E(Q_2) &= (n-2)\sigma_0^2 \end{aligned}\right\} \tag{5-14}$$

可见，Q_2 主要受偶然误差的影响，Q_1 主要是受回归方程一次项的影响，即线性关系的影响。基于这一原因，常把 Q_2 称为误差方和，Q_1 称为回归差方和。

依据上述分析，我们自然会想只利用 Q_1 和 Q_2 来检验线性关系是否存在($b=0$)。取 H_0: $E(b)=0$，根据 X^2 分布的分解定理，在 H_0 下，$\dfrac{Q_1}{\sigma_0^2}$ 和 $\dfrac{Q_2}{\sigma_0^2}$ 分别独立地服从 $X^2_{(1)}$ 和 $X^2_{(n-2)}$。于是统计量：

$$F = \frac{Q_1}{\dfrac{Q_2}{(n-2)}} \sim F(1, n-2) \tag{5-15}$$

故可利用 F 分布对 H_0 进行检验。检验的拒绝域为

$$F > F_a(1, n-2)$$

必须指出的是：当 V_1 中仅含有偶然误差时，方差分析法检验效果是有效的。但 V_1 中还含有模型中未考虑足够数目的自变量或高次项引起的系统偏差时，方差分析法会因为系统偏差的存在而使 Q_2 增大，因而也就使 F 变量减小，这样实际上 b 不为 0 时，F 能位于接受域内，得到 $b=0$ 的结论。

复相关系数法可以克服上述缺陷，其定义为：

$$R = \sqrt{\frac{Q_1}{Q}} \tag{5-16}$$

如果 R 趋近于 0，说明一次项 bx 的影响很小，很可能还存在其他因素的影响。

当采用复相关系数检验时，可利用特制的复相关系数表查取临界值，也可以利用 F 分布表予以导出。

$$R = \sqrt{\frac{F}{(n-2)+F}} \tag{5-17}$$

因此，临界值的关系为：

$$R_a = \sqrt{\frac{F_a}{(n-2)+F_a}} \tag{5-18}$$

任务四　多元线性回归分析法和非线性回归分析法

【任务导学】

变形值可能受多种因素影响。要查明变形值与多种因素间的相关关系，可以用多元线性回归的方法。多元线性回归分析法可以解决变形值与多种因素线性关系的回归问题，以及变形值与某种因素的非线性关系的回归问题。在解决非线性回归问题时，一般是通过变量的变换化为线性回归问题，即将自变量和因变量进行适当的变换，把曲线方程化为直线方程。

【任务要求】

1. 掌握多元线性回归分析法的计算过程；

2. 掌握非线性回归分析法的计算过程。

一、多元线性回归分析法

类似于一元线性回归，在加入改正数向量后可得到多元线性回归的数学模型：

$$y_i + V_i = b_0 + b_1 x_{i,1} + b_2 x_{i,2} + \cdots + b_m x_{i,m} \quad (i = 1,2,\cdots,n) \tag{5-19}$$

写成矩阵形式为：

$$\underset{n\times 1}{Y} + \underset{n\times 1}{V} = \underset{n\times(m+1)}{A}\ \underset{(m+1)\times 1}{\hat{Z}} \tag{5-20}$$

其中

$$\underset{n\times(m+1)}{A} = \begin{bmatrix} 1 & x_{1,1} & x_{1,2} & \cdots & x_{1,m} \\ 1 & x_{2,1} & x_{2,2} & \cdots & x_{2,m} \\ \vdots & \vdots & \vdots & & x_{3,m} \\ 1 & x_{n,1} & x_{n,2} & \cdots & x_{n,m} \end{bmatrix}, \quad \underset{(m+1)\times 1}{\hat{Z}} = \begin{bmatrix} \hat{b}_0 \\ \hat{b}_1 \\ \hat{b}_2 \\ \vdots \\ \hat{b}_m \end{bmatrix}$$

式(5-19)显然与平差中的误差方程式具有相同的形式。因此，只须在用观测数据填满矩阵 A 和向量 Y 后即可用最小二乘法求解。

多元线性回归除可以解决变形值与多种因素线性关系的回归问题外，还可以解决变形值与某种因素的非线性关系的回归问题。最常用的有多项式回归和三角多项式回归。

设变形值 Y 与因素 X 的关系为非线性，则它可以表示成泰勒级数，在一定的精度要求下，Y 与 X 关系可以表示成多项式关系。

$$y = b_0 + b_1 x + b_2 x^2 + \cdots + b_m x^m \tag{5-21}$$

$$y_i + V_i = y = b_0 + b_1 x + b_2 x^2 + \cdots + b_m x^m \tag{5-22}$$

令

$$x = x, x_2 = x^2, \cdots, x_n = x^n$$

则回归问题的数学模型转化为：

$$y_i + V_i = b_0 + b_1 x_{1,i} + b_2 x_{2,i} + \cdots + b_m x_{m,i} \tag{5-23}$$

显然它与多元线性回归问题的数学模型一致，因而可以套用其方法。

三角多项式回归是解决变形值与某项因素周期关系的回归问题的一种方法，又称频谱分析与调和分析。

依据三角级数理论，任一有限周期函数均可展开成三角级数。因而，在一定的精度要求下，总可能表示成有限次的三角多项式。

三角多项式回归的数学模型为：

$$y_i + V_i = a_0 + \sum_{k=1}^{m} (a_k \cos kt_i + b_k \sin kt_i) \tag{5-24}$$

令

$$x_{k,i} = \cos kt_i$$
$$Z_{k,i} = \sin kt_i$$

则原模型可转化为：

$$y_i + V_i = a_0 + \sum_{k=1}^{m} (x_{k,i}a_k + Z_{k,i}b_k) \tag{5-25}$$

显然它与多元线性回归的数学模型一致，因此可以用相同的方法求解。

考虑到三角多项式的一些特征，可以推出回归系数计算的实用公式。

$$\left.\begin{aligned} \hat{a}_0 &= \frac{1}{n}\sum y_i \\ \hat{a}_k &= \frac{2}{n}\sum y_i \cos kt_i \\ \hat{b}_k &= \frac{2}{n}\sum y_i \sin kt_i \end{aligned}\right\} \tag{5-26}$$

在多元线性回归中，我们是在假定变形值与回归方程中的各因素均有显著线性关系的前提下进行的。这种假定是没有充分依据的，必须依赖观测资料进行统计检验。

由于因素多且相互干扰，多元线性回归的统计检验比一元线性的统计检验要复杂得多。这种方法是把回归与检验结合起来，形成一个完整的逐步回归算法，其过程如下。

(1)对 t 个因子建立起一元线性回归方程，并计算残差平方和：

$$R_i = \sum (y_i - \hat{y}_i)^2 \tag{5-27}$$

取与 R 最小的相应的那个因子作预选因子，对其进行显著性检验，显著时，接纳进入回归方程，并令 $m=1$。

(2)相应选入的因子，依次另加其客观存在未选入的因子，建立 $m+1$ 元回归方程。于是可建立 $t-m$ 个方程，并计算每个方程的残差平方和。

计算残差平方和差数：

$$\Delta R = R_m - R_{m+1} \tag{5-28}$$

ΔR 反映了增加一个因子后残差平方和的减少量。且可以证明，在 $H_0: b_m = 0$ 下，$\frac{\Delta R}{\sigma_0^2}$ 与 $\frac{R_{m+1}}{\sigma_0^2}$ 独立地服从 $x^2(1)$ 和 $x^2(n-m-2)$，因此

$$F = \frac{\Delta R(n-m-2)}{R_{m+1}} \sim F(1, n-m-2) \tag{5-29}$$

故可用 F 检验法以 H_0 进行检验。

只对 ΔR 最大的因子进行检验，显著时，接纳该因子进入回归方程。

(3)取 $m=2$，相应于已选入的第二个因子，转步骤(2)。

(4)取 $m=3$，对原已选入的两个因子的显著性重新检验，不显著时应予以剔除，然后重复步骤(2)。

最后得到合适的回归方程。这一过程可以编成相应的电算程序。这种电算程序可以从相关的程序汇编或计算方法的书籍中找到，在应用这些程序时，应注意不同程序可能采用不同计算公式，但原理是基本相同的。

二、非线性回归分析法

在变形监测的实践中,变形值与变形因数之间的关系并非都是线性的,常常会出现非线性关系。解决这类非线性回归问题,一般是通过变量的变换化为线性回归问题,即将自变量和因变量进行适当的变换,把曲线方程化为直线方程。

进行非线性回归分析的方法是:先根据专业经验或散点数确定函数类型,即配上合适的曲线,再把它化为直线,使之变成直线回归。

可以化为线性回归的常用曲线有如下几种。

(一)选配曲线为幂函数

选配曲线为幂函数,即

$$y = ax^b \tag{5-30}$$

取对数后得

$$\lg y = \lg a + \lg b \lg x$$

令 $y' = \lg y$, $a' = \lg a$, $x' = \lg x$,则有

$$y' = a' + bx' \tag{5-31}$$

经过上述变换,即可按线性回归方法计算出 b' 和 b,然后将 a' 和 a ,代入式(5-28)即可得到幂函数回归方程。

(二)选配曲线为指数函数

选配曲线为指数函数,即

$$y = ae^{bx} \tag{5-32}$$

取对数后得

$$\ln y = \ln a + bx$$

令

$$y' = \ln y, a' = \ln a$$

则线性回归方程为

$$y' = a' + bx \tag{5-33}$$

(三)选配曲线为高次曲线

选配曲线为高次曲线,即

$$y = b_0 + b_1 x + b_2 x^2 + \cdots + b_k x^k \tag{5-34}$$

令

$$x'_1 = x, x'_2 = x^2, x'_3 = x^3, \cdots, x'_k = x^k$$

可得线性回归方程为

$$y = b_0 + b_1 x'_1 + b_2 x'_2 + \cdots + b_k x'_k \tag{5-35}$$

(四)选配的曲线为任意多项式

选配曲线为任意多项式时,即

$$y = b_0 + b_1 x_1 + b_2 x_2 + b_3 x_1^2 + b_4 x_1 x_2 + b_5 x_2^2 \tag{5-36}$$

令

$$x'_1 = x_1, x'_2 = x_2, x'_3 = x_1^2, x'_4 = x_1 x_2, x'_5 = x_2^2$$

则变换后的线性回归方程为:

$$y = b_0 + b_1x'_1 + b_2x'_2 + b_3x'_3 + b_4x'_4 + b_5x'_5 \tag{5-37}$$

一般来说,(三)、(四)两种形式在作曲线回归时应用较多。应该注意的是,当利用回归方程对变形进行预报和对观测进行控制时,其适用范围仅限于自变量试验时的取值范围,不能任意外推,否则有可能出现错误的结果。

三、应用实例

【例 5-1】 一元回归分析[1]。表 5-3 为某混凝土坝坝基沉陷的观测值及相应的库水位,建立起坝基沉陷与库水位的回归方程。

表 5-3　某坝基沉陷及相应的库水位观测值

观测编号	库水位 x/m	坝基沉陷 y/mm	观测编号	库水位 x/m	坝基沉陷 y/mm
1	114.37	−1.73	25	141.52	−6.43
2	95.50	−0.98	26	142.20	−6.54
3	100.44	−0.87	27	145.37	−6.09
4	112.17	−2.99	28	144.70	−6.02
5	124.91	−3.00	29	149.96	−7.17
6	125.76	−3.13	30	49.61	−6.97
7	127.64	−4.30	31	145.07	−6.98
8	129.59	−4.74	32	144.10	−7.02
9	127.85	−5.18	33	146.01	−7.62
10	118.56	−3.70	34	145.37	−7.11
11	119.73	−1.98	35	145.48	−7.16
12	134.60	−4.41	36	142.42	−7.56
13	3.75	−3.78	37	135.70	−5.95
14	131.26	−4.84	38	136.74	−6.20
15	131.02	−5.42	39	142.97	−7.39
16	128.35	−5.79	40	149.24	−9.41
17	130.71	−4.76	41	155.34	−8.33
18	141.45	−5.33	42	152.14	−6.99
19	144.12	−5.57	43	144.41	−5.18
20	142.49	−6.34	44	137.81	−5.42
21	143.93	−6.27	45	142.97	−5.55
22	143.02	−1.87	46	146.83	−6.87
23	142.01	−5.04	47	157.53	−8.31
24	144.09	−6.23	48	154.40	−8.14

[1] 本例取自于李青岳主编的《工程测量学》。

解算步骤如下:

(1)由表5-3内数据作出散点图。如图5-6所示,图中 x 轴代表库水位,y 轴代表坝基沉陷。根据该散点图,可能认为 y 与 x 之间存在线性相关关系,故采用一元线性回归。

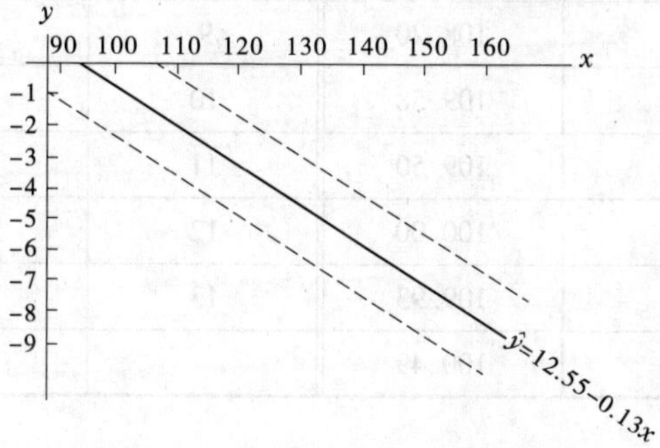

图5-6　一元线性回归结果示意图

将表内数据代入式(5-6)可算得:

$$\hat{a} = 12.55$$

$$\hat{b} = -0.13$$

于是,回归方程为:

$$\hat{y} = 12.55 - 0.13x \tag{5-38}$$

注意:$\hat{a}$、$\hat{b}$ 的计算也可采用式(5-8),此时应在表5-3中增设专用栏以计算 x_i^0、y_i^0。

(2)计算出各观测值的回归改正数(残差),然后算得回归中误差:

$$\hat{S} = \sqrt{\frac{[VV]}{n-2}} = \pm 0.813(\text{mm}) \tag{5-39}$$

计算出的 $\hat{S}$ 可以用于构成一个简单的预测区间,关于预测将在以后讨论。

(3)回归效果检验。

按式(5-11)求取子样的相关系数为:

$$\hat{\rho}_{xy} = 0.908$$

取置信水平 $\alpha = 0.01$,根据 $n = 46$ 查相关系数临界值表(见表5-2),得

$$\rho_{0.01}(46) = 0.368$$

显然有:

$$\hat{\rho}_{xy} > \rho_{0.01}(46)$$

故变量之间的线性相关是密切的,得到的回归方程(5-37)是有效的。

【例5-2】　非线性回归分析[1]。表5-4为工程变形监测项目的观测数据,试对其进行回归分析。

---

[1] 本例取自于来法等编著的《军事工程测量学》。

表 5-4 变形监测数据记录

序号	x	y	序号	x	y
1	2	106.42	8	11	110.59
2	3	108.20	9	14	110.60
3	4	109.58	10	15	110.90
4	5	109.50	11	16	110.76
5	7	100.00	12	18	111.00
6	8	109.93	13	19	111.20
7	10	100.49			

解算过程如下:

(1)选配曲线(确定函数数学模型)。

首先,根据观测数据画出散点图,如图 5-7 所示。由图 5-7 可以看出,最初 y 值增加较快,随之逐渐趋于平缓。然后,据此选配一个二次曲线,如双曲线比较合适,即用下式表示:

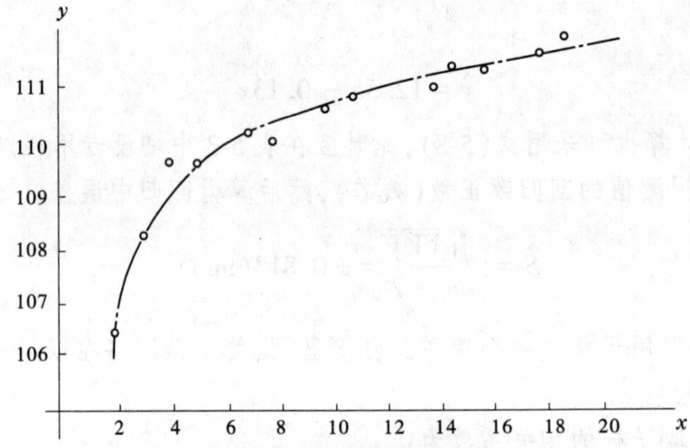

图 5-7 观测数据散点图

$$\frac{1}{y} = a + b\frac{1}{x}$$

(2)化曲线为直线回归方程的计算。

在上式中,令

$$y' = \frac{1}{y}, x' = \frac{1}{x}$$

得变换后的线性回归方程为:

$$y' = a + bx'$$

按式(5-8)求出回归系数 b,顾及 $y'=\frac{1}{y}$,$x'=\frac{1}{x}$, 则式(5-8)变为

$$b=\frac{\sum \frac{1}{x_iy_i}-\frac{1}{n}\sum \frac{1}{x_i}\sum \frac{1}{y_i}}{\sum\left(\frac{1}{x_i}\right)^2-\frac{1}{n}\left(\sum \frac{1}{x_i}\right)^2}$$

根据表5-4中的数据,计算结果如下:

$$\overline{x'}=\frac{\sum \frac{1}{x_i}}{n}=\frac{2.050\ 882}{13}=0.157\ 60$$

$$\overline{y'}=\frac{\sum \frac{1}{y_i}}{n}=\frac{0.118\ 267}{13}=0.009\ 097$$

$$\sum \frac{1}{x_iy_i}-\frac{1}{n}\sum \frac{1}{x_i}\sum \frac{1}{y_i}=0.018\ 835-\frac{1}{13}(2.050\ 882\times 0.118\ 267)=0.000\ 177$$

$$\sum\left(\frac{1}{x_i}\right)^2-\frac{1}{n}\left(\sum \frac{1}{x_i}\right)^2=0.537\ 218-\frac{1}{13}(2.050\ 882)^2=0.213\ 671$$

则 $\hat{b}=\frac{0.000\ 177}{0.213\ 671}=0.000\ 828$。

由此可计算出回归常数 a,得

$$\hat{a}=\overline{y'}-b\overline{x'}=0.008\ 967$$

最后得到变换后的线性回归方程:

$$\overline{y'}=0.008\ 967+0.000\ 828x'$$

(3)求所配曲线的回归方程,即双曲线回归方程。

将 $y'=\frac{1}{y}$,$x'=\frac{1}{x}$ 代入上式得:

$$\frac{1}{\hat{y}}=0.008\ 967+0.000\ 828\frac{1}{x}$$

即 $\hat{y}=\frac{1}{0.008\ 967x+0.000\ 828}$。

关于多元回归方程的计算例子,由于过程复杂,占篇幅太多,在此略去。

任务五　统计检验与变形分析

【任务导学】

假设检验是人们利用有限的统计资料作出统计决策的一个有效手段。

近代测量误差理论认为:观测过程是对母体的抽样过程。对被观测量的一次观测,实

质上是对母体的一次抽样,任何一个观测值都是对母体抽样的一个样本值。根据这一观点,观测数据的处理和分析与统计资料的处理和分析有着十分密切的关系。

【任务要求】

1. 掌握多元线性回归分析方法的计算过程;
2. 掌握非线性回归分析方法的计算过程。

一、线性假设检验的一般知识

早在20世纪60年代,国内外测量学家就开始致力于用数理统计来解决测量数据处理问题的研究,并取得了丰硕的成果,为近代数据处理打下了坚实的理论基础。在变形分析领域,德国测量学家 H. Pelzer 在1971年即开始应用统计检验的理论来分析变形网点的稳定性;1975年,Koch 提出的线性假设检验的理论和方法系统地解决了变形模型的统计检验问题。

基于假设检验的理论,对于变形的几何分析,可以采用如下的方法:先根据一定的先验知识(结构、地质条件等)或问题的重要性对变形模式作一个主观的假定,然后将这种假定模式转化为一定的数学模型,再用假设检验的方法利用已经得到的观测数据来检验这种变形模式的正确性。

例如,在变形几何分析中,我们希望根据已得的观测数据判断某工作基点是否发生了位移。据此我们先假定该工作基点未发生位移,并将这种假设转化为数学模型:

$$E(\Delta\hat{X}_i)=0,E(\Delta\hat{Y}_i)=0$$

式中 i——工作基点在网内编号。

然后,利用现有的观测资料来检验这个假设的正确性。当检验结果说明这个假设正确时(统计意义),即认为该工作基点未发生位移;反之,则认为该工作基点发生了位移,并把由观测值算出的 ΔX_i、ΔY_i 作为位移值。

由上述可知,利用统计检验的方法来进行变形的几何分析一般应做好如下几项工作:

(1)提出假设变形模式;

(2)将模式转化为便于处理的数学模型;

(3)对转化后的模型进行检验。

上述第(1)项工作一般随问题的不同而不同。第(2)项工作可采用适当的数学方法,对于变形分析的模型,一般都要求转化为线性形式。上述第(3)项工作虽然有许许多多的方法可以应用,但还是希望能找到一种特别适合变形分析的方法。这就要介绍的线性假设检验法。

线性假设检验法是由德国测量学家 Koch 于1975年提出的。其主要特点是检验过程与平差过程紧密地结合在一起,便于测量人员学习、使用。该法的另一个特点是它的一般性,利用它几乎可以导出测量界目前所有的检验方法(如著名的数据探测法等)。在变形分析中,只要把假定的变形模式抽象为线性模型,即可直接应用此法。

设平差模型为：

$$L + V = AX \tag{5-40}$$

检验模型为：

$$H_0 : E(B\hat{X}) = W \tag{5-41}$$

$$H_1 : E(B\hat{X}) = C \tag{5-42}$$

式中　$\hat{X}$——平差模型的最小二乘解。

为了使推导结果适合无固定基准的变形分析问题，这时对系数阵 A 的秩不作限制。

设 H_0 为真，则得到由式(5-40)和式(5-41)合并而成的约束平差模型：

$$\left.\begin{aligned} L + V &= A\hat{X}, P \\ BX &= W \end{aligned}\right\} \tag{5-43}$$

在选定的参考系下分别平差式(5-40)和式(5-43)可得各自的残差向量 $\hat{V}$ 和 $\bar{V}$，未知数各量 $\hat{V}$ 和 $\bar{V}$。其中，式(5-40)的差结果为：

$$\left.\begin{aligned} \hat{X} &= N^{-} A^{\mathrm{T}} PL \\ \hat{V} &= A\hat{X} - L \end{aligned}\right\} \tag{5-44}$$

若平差式(5-43)采用相关平差的理论分步解算，则直接导出：

$$\left.\begin{aligned} \hat{X} &= \hat{X} - N^{-} B^{\mathrm{T}} M_B^{-} (B\hat{X} - W) \\ \hat{V} &= A\hat{X} - l = A\hat{X} - L - AN^{-} B^{\mathrm{T}} M_B^{-} (B\hat{X} - W) \end{aligned}\right\} \tag{5-45}$$

其中

$$N = A^{\mathrm{T}} PA, M_B = BQ_x B^{\mathrm{T}}$$

借助于式(5 44)、式(5-45)，可以推证

$$(\bar{V} - \hat{V})^{\mathrm{T}} P\hat{V} = 0 \tag{5-46}$$

$$(\bar{V} - \hat{V})^{\mathrm{T}} P(\bar{V} - \hat{V}) = (B\hat{X} - W)^{\mathrm{T}} M_B^{-} (B\hat{X} - W) \tag{5-47}$$

式(5-46)说明：在 H_0 为真的条件下，统计量

$$R = V^{\mathrm{T}} \hat{P} \hat{V} \tag{5-48}$$

$$\Delta R = (\bar{V} - \hat{V})^{\mathrm{T}} P(\bar{V} - \hat{V}) = (B\hat{X} - W)^{\mathrm{T}} M_B^{-} (B\hat{X} - W) \tag{5-49}$$

是相互独立的，又根据 χ^2 分布的定义及测量误差的正态性观点，则有

$$\frac{R}{\sigma_0^2} \sim \chi^2(n - t) \tag{5-50}$$

$$\frac{\Delta R}{\sigma_0^2} \sim \chi^2(K) \tag{5-51}$$

式中　n——观测值个数；

t——独立的未知数个数；

K——线性假设中独立方程的个数(或者系数阵 B 的秩)；

σ_0——先验单位权方差。

于是，顾及式(5-49)、式(5-50)及 F 分布的定义，则有：

$$T=\frac{\frac{\Delta R}{k}}{\frac{R}{n-t}}\sim F(k,n-t) \tag{5-52}$$

选取一定的置信水平(如0.05或0.01)即可对 H_0 进行检验，该检验的拒绝域为：

$$T>F_a(k,n-t) \tag{5-53}$$

由此可见，只要根据平差结果计算出统计量 T，就可在选定的置信水平 α 上对原来假定的变形模型进行统计检验，当 T 值位于拒绝域内时，则拒绝原来假定的变形模型，接受备选的假定变形模型。反之，当 T 值不位于拒绝域内时，则接受假定的变形模型。

值得指出的是：从式(5-48)~式(5-52)中可以看出，统计变量 T 的计算只需要残差向量，而由自由网平差的有关理论可知，残差是独立于参考系(或广义逆的形式)的不变量。因此，上述检验结果是独立于参考系的。或者说，不论平差是采用了哪种形式的广义逆，上述检验结果是不会改变的。

关于统计量 T 的计算，由式(5-48)、式(5-49)看出，可以同时利用2套平差的结果，即式(5-40)平差的结果和式(5-44)平差的结果，也可以只利用式(5-40)平差的结果(残差和未知数)。然而，在变形分析的实际过程中，一般还是采用后者，因为从整体上来讲，后者的计算量要小。

关于 $\frac{R}{n-t}$(实际上是验后单位权方差)的计算，有两点需要说明：

(1)对于小样本(小网)或已有足够可靠的先验值的情况，实际工作中可以采用先验值。在这种情况下，统计量 T 退化为 χ^2 变量。此时，检验的拒绝域为：

$$T=\frac{\Delta R/k}{\sigma_0^2}>k\chi_a^2(k)$$

或

$$T=\frac{\Delta R}{\sigma_0^2}>\chi_a^2(k)$$

(2)在变形分析中，平差模型式(5-40)实际上是两期观测的总体平差模型，关于这一点，下文将作更进一步的阐述。单位权方差计算实际上是利用两期观测的残差进行综合计算的。然而，在实际工作中，平差是分期单独进行的，单位权方差也是单独进行的。此时可利用如下的单位方差综合公式来计算 $\frac{R}{n-t}$。

$$\frac{R}{n-t}=\frac{(n_1-t_1)m_1^2+(n_2-t_2)m_2^2}{n_1+n_2-t_1-t_2} \tag{5-54}$$

式中　n_1、n_2——第一、二期观测值个数；

t_1、t_2——第一、二期未知数个数；

m_1、m_2——第一、二期平差所求出的验后单位权方差。

式(5-54)是一个很有用的公式,实际工作中许多综合精度评定的场合都可能用到它。

二、变形模型的统计检验与变形网的几何分析

这里将应用前文所介绍的自由网平差和线性假设检验的理论来解决变形网几何分析(稳定性分析)中的有关问题。

设L_1、L_2为第一、二期观测的向量,V_1、V_2为相应的残差向量,A_1和A_2为第一、二期观测的图形矩阵(误差方程式系数阵),X_1和X_2为变形网点在一、二期观测中的坐标改正数(假定采用相同的近似坐标)。它们都通过如下的总体平差模型联系起来:

$$\begin{bmatrix} L_1 \\ L_2 \end{bmatrix} + \begin{bmatrix} V_1 \\ V_2 \end{bmatrix} = \begin{bmatrix} A_1 & 0 \\ 0 & A_2 \end{bmatrix}\begin{bmatrix} X_1 \\ X_2 \end{bmatrix}, \begin{bmatrix} P_1 & 0 \\ 0 & P_2 \end{bmatrix} \tag{5-55}$$

又设选定的变形模型(作为零假设)为:

$$E\left[(B_1B_2)\begin{pmatrix} \hat{X}_1 \\ \hat{X}_2 \end{pmatrix}\right] = W \tag{5-56}$$

其中,$\hat{X}_1$、$\hat{X}_2$为式(5-55)的最小二乘解。

令

$$L = \begin{bmatrix} L_1 \\ L_2 \end{bmatrix}, A = \begin{bmatrix} A_1 & 0 \\ 0 & A_2 \end{bmatrix} \tag{5-57}$$

$$L = \begin{bmatrix} V_1 \\ V_2 \end{bmatrix}, X = \begin{bmatrix} X_1 \\ X_2 \end{bmatrix} \tag{5-58}$$

$$P = \begin{bmatrix} P_1 & 0 \\ 0 & P_2 \end{bmatrix}, B = (B_1 \quad B_2) \tag{5-59}$$

则式(5-55)、式(5-56)可转化为:

$$L + V = AX, P \tag{5-60}$$

$$H_0: E(B\hat{X}) = W \tag{5-61}$$

显然,它们与上文的线性假设检验的模型式(5-40)、式(5-41)是一致的。因此,可直接利用上文的方法和有关公式。

以下讨论几种在变形网几何分析中常用的一些特例。

(一)整体一致性检验

所谓整体一致性检验,就是检验两期观测之间变形网点作为一个整体是否发生了形变。其变形模型为:

$$E(\hat{X}_2 - \hat{X}_1) = 0$$

式中　X_1, X_2——第一、二期平差的未知数向量。

与式(5-56)、式(5-61)比较,则有

$$B = (-I, I),W = 0$$

$I = t \times t$ 阶单位阵。

利用上一节的公式,可得

$$\left.\begin{aligned}
&R = \hat{V}^{T}P\hat{V} = \hat{V}_1^{T}P_1\hat{V}_1 + \hat{V}_2^{T}P_2\hat{V}_2 \\
&B\hat{X} - W = (-I, I)\begin{bmatrix}\hat{X}_1 \\ \hat{X}_2\end{bmatrix} = \Delta\hat{X} \\
&M_B = (-I, I)\begin{bmatrix}Q_{\hat{X}_1} & 0 \\ 0 & Q_{\hat{X}_2}\end{bmatrix}\begin{pmatrix}-I \\ I\end{pmatrix} = Q_{\Delta\hat{X}} \\
&M_B = Q_{\Delta X} = P_{\Delta\hat{X}} \\
&\Delta R = \Delta\hat{X}^{T}P_{\Delta\hat{X}}\Delta\hat{X} \\
&T = \frac{\dfrac{\Delta R}{k}}{\dfrac{R}{n-t}} = \frac{\dfrac{\Delta\hat{X}^{T}P_{\Delta\hat{X}}\Delta\hat{X}}{u}}{\dfrac{\hat{V}_1^{T}P_1\hat{V}_1 + \hat{V}_2^{T}P_2\hat{V}_2}{r_1 + r_2}}
\end{aligned}\right\} \tag{5-62}$$

式中　r_i——每期观测的多余观测个数($i = 1, 2\cdots$);

u——网内独立坐标差的个数,一般为系数阵 A 的秩。

由式(5-62)可见,只要对第一、二期变形网在相同的参考系下以相同的近似坐标独立地进行平差,即可进行整体一致性检验,其中 $P_{\Delta\hat{X}}$ 计算理论上可用任意的逆,实用时可用逆。

(二)部分一致性检验

部分一致性检验就是要检验变形网内部分变形网点的稳定性,其变形模型为:

$$E(\hat{X}_{2,F} - \hat{X}_{1,F}) = 0$$

式中　脚标 F——与待检验的点相应的部分未知数。

同样与一般形式进行比较,可得:

$$B = (0, -I, 0, I)$$

$$W = 0$$

式中　B——阵中的 0 块对应于未被检验的部分。

$$\left.\begin{aligned}&B\hat{X}-\overline{W}=\Delta X_F\\&M_{\overline{B}}=Q_{\overline{\Delta\hat{X}_F}}=P_{\Delta\hat{X}_F}-P_{\Delta\hat{X}_{F,M}}P_{\Delta\hat{X}_M}P_{\Delta\overline{X}_{M,F}}=\overline{P}_{\Delta\hat{X}_F}\\&T=\frac{\Delta\hat{X}_F^{\mathrm{T}}\overline{P}_{\Delta\hat{X}_F}\Delta\hat{X}_F}{t_F\hat{\sigma}_0^2}\end{aligned}\right\}\tag{5-63}$$

式中　脚标 M——未检验的部分未知数；

t_F——被检验的未知数中独立未知数的个数；

$\hat{\sigma}_0^2$——单位权方差的验后估计(两期平差的综合估计)。

由式(5-63)可知，只要对两期网在相同的参考系下采用相同的近似坐标进行平差，再计算出被检定未知数的部分权，即可进行部分一致性检验。式(5-63)与有名的平均间隙法公式是一致的。

关于 $\overline{P}_{\Delta\hat{X}_F}$ 计算，可依据下式：

$$Q_{\overline{\Delta\hat{X}}}=\begin{bmatrix}Q_{\Delta\hat{X}_M} & Q_{\Delta\hat{X}_{M,F}}\\ Q_{\Delta\hat{X}_{M,F}} & Q_{\Delta\hat{X}_F}\end{bmatrix}^{-}=\begin{bmatrix}P_{\Delta\hat{X}_M} & P_{\Delta\hat{X}_{M,F}}\\ P_{\Delta\hat{X}_{M,F}} & P_{\Delta\hat{X}_F}\end{bmatrix}$$

上式中的广义逆，以及计算 $\overline{P}_{\Delta\hat{X}_F}$ 时用到的 $P_{\Delta\hat{X}_M}$ 均可取伪逆或其他方式的逆，事实上 $P_{\Delta\hat{X}_M}$ 阶数一般小于系数阵 A 的秩，此的 $P_{\Delta\hat{X}_M}$ 是可逆的，即此时的广义逆已退化为凯利逆。

利用线性假设检验的理论和公式还可导出变形网稳定性分析中常用的 t 检验法、单点检验法、p 检验法及置信椭圆的公式和概念。限于篇幅，不再一一列出。读者可作为一种练习自行推导。

利用线性假设检验的理论，除可以用于变形模型的检验外，还可用于变形模型的鉴别与筛选，基本原理如下。

设有待签定和筛选的变形模型分别为

$$\left.\begin{aligned}\Delta X&=B_1C_1\\\Delta X&=B_1C_1+B_2C_2\end{aligned}\right\}\tag{5-64}$$

式中　C_1 和 C_2——变形模型的参数。

将原平差模型改写为如下形式：

$$\begin{bmatrix}L_1\\L_2\end{bmatrix}+\begin{bmatrix}V_1\\V_2\end{bmatrix}=\begin{bmatrix}0 & A_1 & 0\\A_2B_2 & A_2 & A_2B_2\end{bmatrix}\begin{bmatrix}X_1\\C_1\\C_2\end{bmatrix}$$

在此平差模型下检验：

$$H_0:E(\hat{C}_2)=0$$

即可鉴别和筛选上述两个模型。当拒绝 H_0 时,可取第二个模型。

(三)变形网几何分析的过程

变形网的几何分析是平差与统计检验的一个综合过程,该过程可用图 5-8 描述。

在上述过程中,有几个地方不够具体,现作如下说明。

(1)粗差检验和剔除粗差是指利用粗差探测技术判断两期观测中是否存在含有粗差的观测值,若存在,则剔除该观测值。关于粗差探测技术,将在本书第二部分作简单介绍,读者也可查阅有关的文献,如李德仁教授所著的《测量平差系统的误差处理和可靠性理论》。在实际工作中,此项工作尚未普遍推广,特别对于要求不高的变形分析。

(2)模型正确性检验是指对平差模型中函数模型和随机模型的正确性所作的检验。函数模型正确性检验可用平差系统的可靠性理论来解决。随机模型的正确性检验可用随机模型验后估计理论来解决。当函数模型不正确时,可用增加"校正参数"或剔除含粗差的观测值的办法予以修改。当随机模型不正确时,则应用验后估计结果重新定权的方法来予以修改。在实际工作中,此项工作也未普遍推广。

(3)部分一致性检验一方面是为了找到不确定点,另一方面也为拟稳平差寻找合适的拟稳基准。当该检验未通过时,先剔除出 $\Delta\hat{X}^{T}\overline{P}_{\Delta\hat{X}}\Delta\overline{X}$ 最大的点,然后对剩下的点进行检验。

(4)在实际工作中,也有不反复作拟稳平差的情况,这当然可以减少计算的工作量,但其中可能含有较多的平滑效应。

由图 5-8 可以看出,在变形网几何分析过程中,可能要反复地作拟稳平差,因此采用坐标变换法作自由网平差是比较合适的。

最后,让我们举一个简化的例子来巩固本任务的学习。

【例 5-3】❶如图 5-9 所示的变形监测水准网,水准测量每测站之中误差为 $\sigma_0=\pm0.13$,两期观测的结果分别为:

$$h_1^{T}=(450.068,49.707,-500.081,471.326,20.275,-30.008)$$

$$h_2^{T}=(450.731,49.820,-501.200,470.252,19.399,-30.645)$$

试确定相对稳定点组。说明:示例中各量单位均为 mm。

解算步骤如下:

(1)先作自由网平差的点位变动量,如下:

$$\hat{d}=\hat{H}_2-\hat{H}_1=\begin{bmatrix}-0.441\\0.384\\0.461\\-0.405\end{bmatrix}$$

---

❶ 取自吴子安编的《工程建筑物变形监测数据处理》。

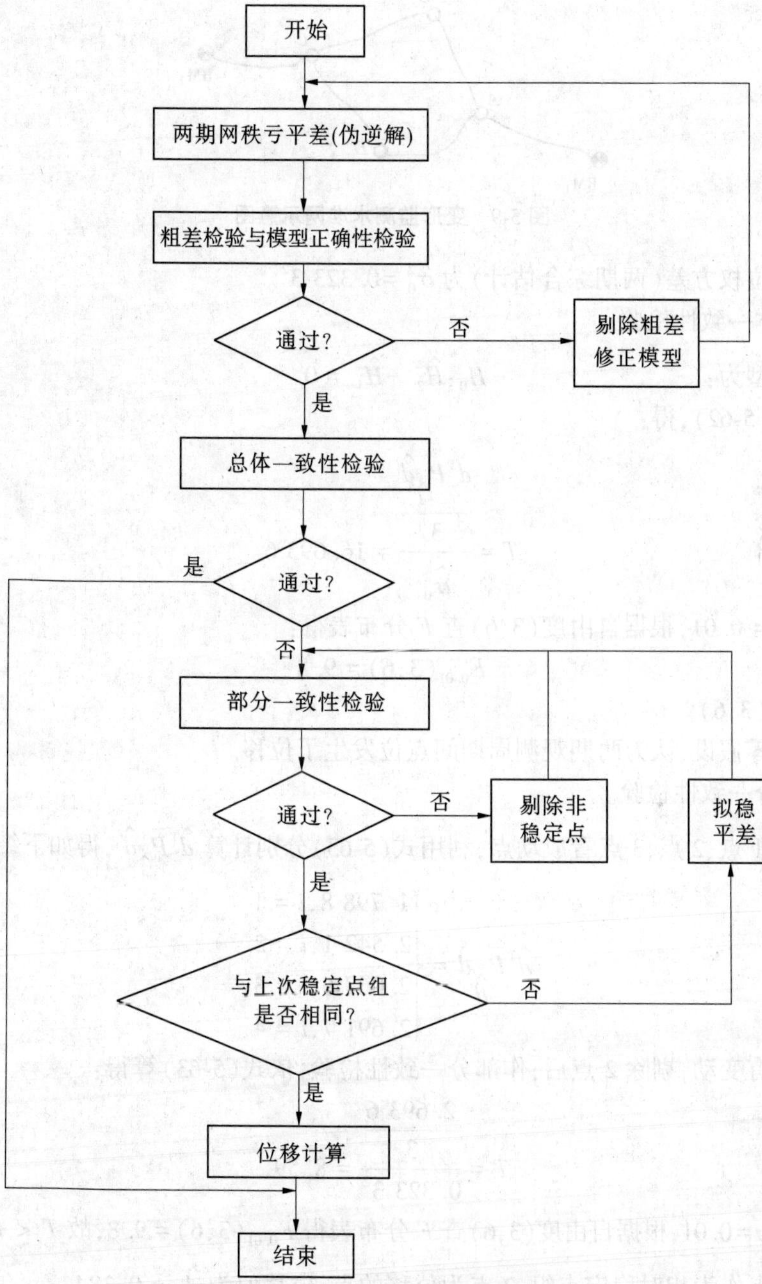

图 5-8　变形网几何分析过程框图

d 的权阵为：

$$P_{\hat{d}} = (Q_{\hat{H}_1} + Q_{\hat{H}_2})^{+} = \begin{bmatrix} 3.810 & -1.500 & -1.500 & -0.810 \\ & 4.999 & -0.500 & -2.999 \\ \text{对} & & 3.500 & -1.500 \\ & \text{称} & & 5.310 \end{bmatrix}$$

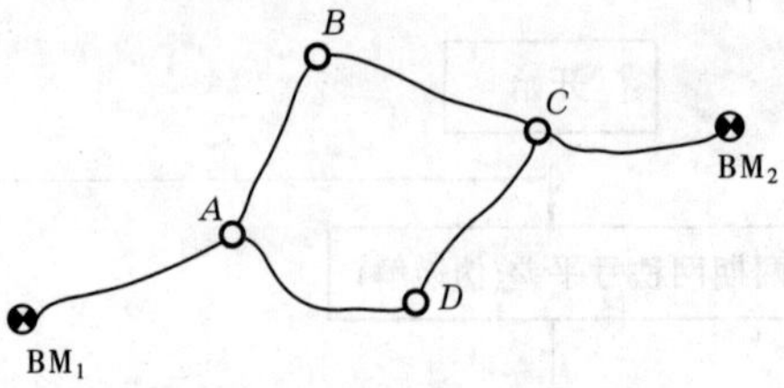

图 5-9　变形监测水准网示意图

验后单位权方差(两期综合估计)为 $\hat{\sigma}_0^2 = 0.323\ 3^2$。

(2)整体一致性检验。

检验模型为：
$$H_0: \hat{H}_2^- - \hat{H}_1^- = 0$$

利用式(5-62),得：

$$T = \frac{\dfrac{\hat{d}^{\mathrm{T}} P_{\hat{d}} \hat{d}}{3}}{\hat{\sigma}_0^2} = 16.693\ 6$$

选取 $\alpha = 0.01$,根据自由度(3,6)查 F 分布表得：

$$F_{0.01}(3,6) = 9.8$$

故有 $T > F_{0.01}(3,6)$。

故拒绝零假设,认为两期观测周期间点位发生了位移。

(3)部分一致性检验。

分别将 1 点、2 点、3 点看成动点,利用式(5-63)分别计算 $\hat{d}^{\mathrm{T}} \overline{P}_{\hat{d}} \hat{d}$,得如下结果：

$$\hat{d}^{\mathrm{T}} \overline{P}_{\hat{d}} \hat{d} = \begin{cases} 1.798\ 8, i = 1 \\ 2.542\ 1, i = 2 \\ 2.067\ 6, i = 3 \\ 2.691\ 7, i = 4 \end{cases}$$

故怀疑 2 点有变动,剔除 2 点后,作部分一致性检验,依式(5-63)算得：

$$T = \frac{\dfrac{2.693\ 6}{3}}{0.323\ 3^2} = 8.59$$

仍选取 $a = 0.01$,根据自由度(3,6)查 F 分布表得 $F_{0.01}(3,6) = 9.8$,故 $T < F_{0.01}(3,6)$,可取 1、3、4 点作为相对稳定点组,2 点为位移的点,位移值为 $\hat{d}_2 = 0.384$。

三、变形值的预测和控制

变形监测的一个重要目的就是保证建筑物的安全。为了达到这一目的,预测和控制是必要的手段,预测和控制都是建立在统计学基础之上的,以下分别予以介绍。

(一)预测

所谓预测就是根据已有的观测资料来预计未来某种情况下(这种情况用因素来描

述)变形体的状态和变形量的大小。由于变形量与因素之间的关系只是相关关系,所以预测一般是根据回归方程来进行的,预测的结果一般为统计意义下置信区间。

设回归方程为:

$$\hat{y} = \hat{a} + \hat{b}x$$

给定因素(自变量 X)的一个值 x_0,即可预报出变形量 $\hat{y}_0$:

$$\hat{y}_0 = \hat{a} + \hat{b}x_0 \tag{5-65}$$

称为在 x_0 处的预报值。

由于误差的存在及关系的非确定性,故应讨论 $\hat{y}_0$ 的置信区间。

在观测值 y_i 服从正态分布的假设下,平差结果 $\hat{a}$、$\hat{b}$ 也均为正态变量:

$$\hat{a} \sim N(a, \sigma_0^2 Q_{11})$$

$$\hat{b} \sim (b, \sigma_0^2 Q_{22})$$

于是预报值 $\hat{y}$ 也是正态变量,且

$$E(\hat{y}_0) = a + bx_0 \tag{5-66}$$

$$D(\hat{y}_0) = D_{\hat{a}} + x_0^2 D_b + 2x_0 D_{\hat{a}b} = \sigma_0^2 (Q_{11} + x_0 Q_{22} + 2x_0 Q_{12}) \tag{5-67}$$

其中,Q_{11}、Q_{12}、Q_{22} 可用式(5-7)计算。

将式(5-7)结果代入式(5-67),即可得到:

$$D(\hat{y}_0) = \sigma_0^2 \left[\frac{1}{n} + \frac{x_0 - \bar{x}}{\sum (x_i - \bar{x})^2} \right] \tag{5-68}$$

注意到预测对象 Y 本身也是正态随机量,它在 x_0 处的真值为:

$$y_0 = a + bx_0 + \varepsilon$$

数学期望和方差分别为

$$E(y_0) = a + bx_0 \tag{5-69}$$

$$D(y_0) = \sigma_0^2 \tag{5-70}$$

且 y 与 $\hat{y}$ 相互独立,于是令

$$Z = y_0 + \hat{y}_0$$

即可推得

$$E(Z) = 0 \tag{5-71}$$

$$D^2(Z) = \sigma_0^2 \left[1 + \frac{1}{n} + \frac{(x_0 - \bar{x})^2}{\sum (x_i - \bar{x})^2} \right] \tag{5-72}$$

由正态分布的中心化定理可知:

$$W = \frac{Z - E(Z)}{D(Z)} = \frac{Z}{D(Z)} \sim N(0,1) \tag{5-73}$$

同时

$$\hat{S}=\frac{\hat{V}^{\mathrm{T}}\hat{V}}{n-2} \tag{5-74}$$

作为 σ_0^2 的一个验后估计,应该有:

$$q=\frac{\hat{V}^{\mathrm{T}}\hat{V}}{\sigma_0^2}=\frac{(n-2)\hat{S}^2}{\sigma_0^2}\sim\chi^2(n-2) \tag{5-75}$$

且 q 与 W 相互独立。于是顾及式(5-73)和式(5-51)及 t 分布的定义,则有:

$$t=\frac{W}{\sqrt{\frac{q}{n-2}}}=\frac{\frac{Z}{D(Z)}}{\sqrt{\frac{\hat{S}^2}{\sigma_0^2}}}=\frac{y_0-\hat{y}_0}{\hat{S}\sqrt{1+\frac{1}{n}+\frac{(x_0-\bar{x})^2}{\sum(x_i-\bar{x})^2}}}\sim t(n-2) \tag{5-76}$$

由此可得 y_0 在置信度为 $1-\alpha$ 下的置信区间为:

$$[\hat{y}_0-t_{\frac{\alpha}{2}}(n-2)\hat{S}\sqrt{u},\hat{y}_0+t_{\frac{\alpha}{2}}(n-2)\hat{S}\sqrt{u}] \tag{5-77}$$

$$u=1+\frac{1}{n}+\frac{(x_0-\bar{x})^2}{\sum(x_i-\bar{x})^2} \tag{5-78}$$

由式(5-74)定义的区间被称为 y 在 x_0 处的预测区间。其中 $\hat{S}$ 根据式(5-74)计算。

由式(5-76)和式(5-77)可以看出,在相同的置信水平下,当 $x_0=\bar{x}$ 时,预测区间最短。也就是说,在参与回归的所有 x_i 值处在平均值附近时,具有最高的预测精度。

当 n 相当大时, $u\to 1$, $t\to N(0,1)$,因此可近似地将下面的区间作为预测区间:

当 $1-\alpha=95\%$ 时,为 $[\hat{y}_0-2\hat{S}$,为 $\hat{y}_0+2\hat{S}]$;

当 $1-\alpha=99.7\%$ 时,为 $[\hat{y}_0-3\hat{S},\hat{y}_0+3\hat{S}]$ 。

图 5-6 中的两条实线即是根据 $[\hat{y}_0-2\hat{S},\hat{y}_0+2\hat{S}]$ 绘出的。

(二)控制

控制是预测的反问题。它要解决的问题是:当允许 y 在一定范围内波动时,如何确定 $[y_1,y_2]$ 的允许变化范围。例如,当要求最大水平位移不超过 20 mm 时,库水位应控制在哪个临界值以下。

严格的解算控制问题是相当复杂的,近似的控制区间可由回归方程解出。

设 y 的允许区间为 $[y_1,y_2]$,取 $\alpha=5\%$,则可由

$$\left.\begin{aligned}y_1&=\hat{a}+\hat{b}x_1-2\hat{S}\\y_2&=\hat{a}+\hat{b}x_2+2\hat{S}\end{aligned}\right\} \tag{5-79}$$

解出 x_1 和 x_2,得到相应的控制区间 $[y_1,y_2]$ 。

【例 5-4】 设对于例 5-1 的水坝,要求最大坝基沉陷不超过 10 mm,试确定该水库的最高控制水位。

解：由例 5-1 的式(5-38)得回归方程为

$$\hat{y} = 12.25 - 0.13x$$

$$\hat{S} = \pm 0.813(\text{mm})$$

于是解方程：

$$-10 = 12.25 - 0.13x - 2 \times 0.813$$

得

$$x = 158.6(\text{m})$$

即当置信度为 95%时，最高水位应控制在 158.6 m 以下。

关于多元回归的预测与控制问题，严格讨论是很复杂的。不过当 n 很大时，预测问题的近似预测区间可直接采用上面的结果，控制问题则要解类似于式(5-79)的方程，由于存在一个因素，所以这个方程的解是不定的，应根据情况来具体讨论确定解问题。

四、确定性模型与混合模型

变形量与引起变形的因子之间的关系，既可以用回归分析法处理，也可以通过变形体或建筑物结构进行分析。根据各种荷载的组合情况，建筑物材料的物理力学特性以及边界条件的因素，计算出应力与变形之间的关系，从而建立变形体的确定性模型进行变形分析。这种处理变形分析的方法，能比较深刻地揭示建筑物结构的工作状态，对进一步理解和分析变形产生的原因有很大的帮助。

（一）载荷-变形关系的力学分析

材料力学理论告诉我们，如果对材料施加应力，则会使材料产生变形。在二维平面坐标中，只要知道应变向量 $\varepsilon(x,y) = W(\varepsilon_x, \varepsilon_y, v_{xy})$ 中的 3 个应变分量 ε_x 、ε_y 和 v_{xy} 就可以确定点的变化。如果在知道 $\varepsilon(x,y)$ 的同时，还知道作用于该点的应力向量 $\sigma(x,y) = f(\sigma_x, \sigma_y, \tau_{xy})$ ，即 2 个正应力 σ_x 、σ_y 和 1 个剪应力 τ_{xy} ，那么在二维分析中，该点应力-应变就可以完全定了。

在应力-应变的静力分析中，如果考虑为弹性变形，则由虎克定律可以得到

$$\sigma = E\frac{\Delta l}{l} = E\varepsilon \tag{5-80}$$

式中　E ——材料的弹性模量。

在二维应变中，如果材料的长度发生变化 ε_y ，其宽度同时发生变化 ε_x ，则这 2 个变化量的比值 $\mu = \dfrac{\varepsilon_x}{\varepsilon_y}$ 称为泊松比。在线性假设条件下，二维分析中应力-应变的关系表达式导出如下结果：

$$\left.\begin{aligned} \sigma_x &= E\frac{\varepsilon_x + \mu\varepsilon_y}{1 - \mu^2} \\ \sigma_y &= E\frac{\varepsilon_y + \mu\varepsilon_x}{1 - \mu^2} \\ \tau_{xy} &= E\frac{v_{xy}}{2(1 - \mu)} \end{aligned}\right\} \tag{5-81}$$

若以矩阵的形式表示，则为：

$$[\sigma] = [D][\varepsilon] \tag{5-82}$$

式中 D——弹性矩阵，它包含 E、μ 等元素，由材料的特性决定。

如果此点的应力-应变场确定了，且此点位移场函数形式已知，$d(x,y) = U(x,y) - V(x,y)$，则可计算出该点的预期位移值，即

$$\varepsilon_x = \frac{\partial U}{\partial x}, \varepsilon_y = \frac{\partial V}{\partial y}, v_{xy} = \frac{\partial V}{\partial x} + \frac{\partial U}{\partial y}$$

其矩阵形式为：

$$[\varepsilon] = [B][\delta] \tag{5-83}$$

式中 U 和 V 分别为 x、y 方向上位移的分量，$[\delta] = [u,v]^{\mathrm{T}}$。由式(5-80)和式(5-81)可以得应力和势位移之间的关系：

$$[\sigma] = [D][B][\delta] \tag{5-84}$$

对于一个较大体积的建筑物，要进行这种应力和位移结果是十分困难的，目前解决此问题的方法是利用有限元法在计算机上进行解算，从而求得与理论法十分接近的结果。

（二）确定性模型建立的原理

利用有限元法进行建筑物变形和外界作用因素间的定量分析工作，要做到准确通常是一件不容易的事情，甚至有时会与实际情况出入很大。造成这种现象的原因主要是在有限元计算中，建筑物材料的特性，如 E、a、μ 等参数不易确切地知道，尤其是对于体积大的建筑物更是如此。所以，在有限元计算中，只能根据一些现有的资料，凭借计算人员的经验来规定材料特性参数的近似值，从而使计算出的位移与实测值产生差异。同时，有些因素的作用，有限元计算也不能完全反映，如混凝土时效变形的影响很难用有限元计算出来。面对这些情况的资料分析，工作者提出了采用确定性模型的解决方法。

以坝体的变形模型为例，根据结构分析和变形因素的分析结果，可确定水平位移的数学模型为

$$y = y_H + y_T + y_\theta \tag{5-85}$$

式中 y_H—— 水位分量的作用，$y_H = \sum_{i=0}^{4} a_i H_i$；

y_T—— 温度分量的影响，$y_T = \sum_{j=0}^{k} b_j T_j$；

y_θ—— 时效作用分量，$y_\theta = c_1\theta + c_2\ln\theta$。

如果直接用式(5-85)进行回归分析，那么各因子间的相关性会使它们失去原有的含义。但是，如果用有限元法分别计算各种水位和各种温度作用下对应的变形值，那么就可求出水位分量和温度分量各自的表达式，然后建立确定性模型。

例如，坝体水位分量确切表达式可按下述方法建立：首先将坝体按一定要求划分成许多个有限元，并选定坐标系，求出各单元节点的坐标。根据现有的资料和经验选取恰当的材料特性参数，如 E、a、μ 等，并确定有限元计算中的边界条件，然后选取一定数量的特征水位值进行有限元计算，每一个水位值都可求得对应的坝顶水平位移。由结构和应力分析结果可知，水位分量的表达式如式(5-85)所示，以所计算的水位值和有限

元计算出的对应坝顶位移量作为已知值,按水位分量表达式进行曲线拟合计算,求出方程中的各待定系数 a_0、a_1、a_2、a_3 和 a_4,那么水位分量对坝顶位移作用的数学模型就可完全确定出来。

用同样的方法进行坝体测点处由温度变化而引起的坝顶位移有限元计算,按温度分量表达式进行曲线拟合,确定各温度因子的系数 $b_1,b_2,b_3,\cdots,b_k$,从而求得温度分量对坝体位移的确切表达式。如果温度计布置较多,那么温度分量的有限元计算工作量巨大。

前面已经提到,由于种种原因,坝体材料的物理特性参数 E、a、μ 等都不可能确切地预知,而有限元计算中所采用的 E_0、a_0 等是实际的 E、a 的近似值。所以,利用有限元计算值进行拟合后所得的水位、温度分量表达式也是近似的。从而使得以这些公式计算水位分量和温度分量产生的位移与实际值不符,它们之间的关系可以证明仅相差一个比例系数。为了对有限元计算而拟合得出的各分量表达式进行修正,必须再进行一次拟合计算,采用的模型如下:

$$y = A\sum_{i=0}^{4} a_i H_i + B\sum_{j=0}^{k} b_j T_j + c_1\theta + c_2\ln\theta \tag{5-86}$$

以选择的大量观测数据进行以上方程的拟合计算,就可求得 a 、b 、c_1、c_2 参数,使坝体水平位移的整个模型完全确定,并符合实际观测结果。

由于水位分量和温度分量表达式是根据结构力学的分析以有限元计算而得出的,所以用这种方法建立的变形模型,能基本反映建筑物的变形与作用因素间的内在关系。此外,可以证明,用这种方法解算出的水位分量和温度分量对坝体位移的作用是近于独立的。因此,确定性模型式(5-86)可以把各种因素的影响分离,使分析人员有可能正确评价各种因素独自对建筑物变形作用的大小,从而判断出变形的主要因素及安全运行中必须控制的有关条件。

此外,有限元计算还可以有目的地选择很多特殊条件下的结果,把这些特殊值包含在拟合的方程中,使确定性模型有较强的预报能力,且预报值的精度更高。

(三)混合模型

在变形分析中,统计模型(回归模型)和确定性模型各有不足之处。特别是在后者的温度分量表达式的确定中,计算工作量非常大。为了克服这种不利因素,研究者们提出了混合模型的处理方法。

若以坝体水平为例,混合模型建立的思路是:首先用有限元法计算多种水位情况下坝体的位移值,按式(5-85)中的水平分量表达式进行拟合,并算出 $a_0,a_1,\cdots,a_4$ 参数值,使水位分量表达式确定下来。由于温度分量计算工作量巨大,所以温度的影响不用有限元法计算,而是根据观测资料直接进行逐步回归计算,逐步数学模型的形式为:

$$y = A\left[\sum_{i=0}^{4} a_i H_i\right] + B\sum_{j=0}^{k} b_j T_j + c_1\theta + c_2\ln\theta \tag{5-87}$$

在逐步回归计算中,水位分量表达式 $[\sum_{i=0}^{4} a_i H_i]$ 已由拟合方法确定,所以它是看作一个因子参与逐步回归的,对它可不作显著性检验。而温度和时效因子在初选模型中是不确定的,因此必须进行显著性检验。

这种混合模型，由于水位分量由有限元独立计算，所以它不仅能较好地分离水位分量、温度分量对坝体水平位移各自作用的大小，而且可以选择尚未经历过的各种水位对坝体位移的影响，从而使最终的回归方程有较强的预报功能，同时计算工作量也将大大减少。

(四) 3 种变形模型的比较

统计模型(回归分析)、确定性模型和混合模型 3 种变形模型各有特点，为进一步比较它们的优缺点，现取某双曲拱坝第五坝段径向位移的观测资料，分别以 3 种不同模型进行计算，并建立最终的回归方程，其计算结果如下。

1. 统计模型分析结果

$$y_1 = 3.28 + 0.1921H + 0.5372T_2 - 0.1847T_3 + 0.3688T_4 + 0.1890T_7 - 0.4115T_8 - 0.5266T_9 - 0.2662T_{11} - 0.1902T_{14} - 0.15270\theta$$

复相关系数 $R=0.97$，中误差 $m=\pm0.81$ mm。

2. 确定性模型分析结果

$$y_2 = 3.43 + 0.43706y_H + 0.4293T_2 - 0.2071T_3 + 0.2763T_4 - 0.8296T_9 + 0.3637T_{10} - 0.12403T_{11} - 0.26725T_{14} - 0.29691\theta + 2.06108\ln\theta$$

复相关系数 $R=0.99$，中误差 $m=\pm0.75$ mm。

其中，$y_H = -0.389 - 0.0495H + 0.00284H^2 + 0.001120H^3 + 0.000051H^4$，$y_H$ 系取 15 个水位值有限元计算出相应的坝体位移，再拟合计算而得。

3. 混合模型分析结果

$$y_3 = 17.91 + 0.7279y_H + 0.2260T_5 + 0.2666T_8 - 0.5607T_9 - 0.2671T_{11} - 0.4508T_{15} - 0.44155\theta + 3.30338\ln\theta$$

复相关系数 $R=0.99$，中误差 $m=\pm0.76$ mm。

通过以上 3 种分析结果的比较可知，统计模型从整体来看仍是一种较好的分析模型。它的优点是对资料处理简便、通用，不需要非常复杂的计算，回归效果显著且精度高。对于工作形态稳定的建筑物，在具有长期观测资料的基础上建立的回归方程，仍有较长期的预报效果。但是，统计模型中各类作用分量有着较显著的相关性，这主要是由各观测量之间的相关性和模型的本质特性所决定的。因此，利用它估计各种作用分量对建筑物位移的作用大小时，存在不太确切的缺点。

混合模型的回归效果十分显著且精度高，最终确定的方程中，各类作用分量的独立性有明显提高，为正确评价它们各自对位移所作的贡献和所起作用的大小创造了条件，但计算工作量要比统计模型大得多。此外，由于建筑体内部的温度场分布极为复杂，若以有限元准确计算它们对位移的量值是很不容易的，且工作量相当巨大，而混合模型则避免了这一问题，使它有较好的实用价值。

确定性模型建立的关键是建筑体内部温度场和温度作用分量的确切表达，否则将直接影响此模型的效果。与前两种模型相比，计算工作量大，涉及面广，复相关系数和回归精度高。良好的确定性模型对全面考虑建筑体的结构形态和分析基础的工作状况、总结建筑体的活动规律以及其他多种重要的研究工作，具有其他模型不可比拟的优势。

【项目总结】

本项目主要学习了变形监测中的3种平差方法的计算原理与计算方法，以及3种平差方法的优缺点。通过本项目的学习使学生全面掌握变形监测的数据处理要领与方法，为学生全面利用知识处理工程问题夯实基础。

【学习重点和难点】

1. 3种平差方法的原理；

2. 3种平差方法的计算过程。

了解国测一大队

码5-1　国测一大队

国家测绘局第一大地测量队是全国测绘战线上一支思想作风好、技术业务精、艰苦奋斗、敢打硬仗、不怕牺牲、功绩卓著、无私奉献的英雄测绘大队。

国测一大队自1954年建队以来，先后完成和参与完成了全国大地测量控制网布测，中蒙、中苏、中尼边境联测，京、津、唐、张地震水准会战，2000国家重力基本网的布测，全国天文主点联测，珠穆朗玛峰高程测量，南极中山站建站和第21次南极科考测量，国家GNSS A、B级网、国家高程控制网、中国公路网GNSS测绘工程、中华人民共和国大地原点的建设、施测和管理等国家重点测绘项目，为国家的经济建设提供了有力的测绘保障。

量天测地50余载，大队为祖国的测绘事业作出了贡献，争得了荣誉，1991年国务院通令嘉奖，授予大队"功绩卓著，无私奉献的英雄测绘大队"荣誉称号。大队先后26次受到国家、省（部）级表彰，有25人获得国家、省、市级各种荣誉称号，2005珠峰复测有4人荣立一等功、12人荣立二等功、9人荣立三等功。

【项目知识检测】

1. 为什么要做变形分析？

2. 变形分析方法有哪几种？它们之间的相互关系如何？

3. 线性和非线性回归分析是基于什么条件下进行的？

4. 假设检验的目的是什么？

第二部分 各类工程变形监测项目

项目六 边坡工程变形监测

【项目概述】

我国地质环境复杂，多高山丘陵，容易发生滑坡、泥石流、崩塌、地面塌陷沉降等地质灾害，对人民生命和财产安全构成了巨大威胁。滑坡监测是对可能滑动的边坡或筑坡进行水平和垂直位移观测，并依此求得边坡的移动大小、方向、速度、时间等参数，分析其内在和外在变化规律，并进行较准确的预报。本项目重点讲述如何运用高精度的仪器设备和科学的方法，对可能发生滑坡的区域进行预警，实现对人民生命财产的保护。

【学习目标】

［知识目标］

1. 掌握边坡监测的目的及边坡监测的基本要求；

2. 掌握地质灾害（地灾）监测的原理与方法。

［技能目标］

能够运用高精度的仪器设备和科学的方法进行监测。

［思政目标］

1. 培养学生的安全责任意识，敬业和勤奋的工作精神，一丝不苟、精益求精的大国工匠精神；

2. 培养学生工程思维，科技强国的责任担当。

【考核内容】

1. 知识考核：地质灾害监测的原理与方法；

2. 技能考核：能够运用高精度的仪器设备和科学的方法进行监测。

【规范】

1.《滑坡防治工程勘查规范》（DZ/T 0218—2006）；

2.《滑坡防治工程设计与施工技术规范》（DZ/T 0219—2006）；

3.《崩塌、滑坡、泥石流监测规范》（DZ/T 0221—2006）；

4.《降水量观测规范》（SL 21—2015）。

任务一　GNSS 常规方法滑坡监测

【任务导学】

GNSS 全球导航卫星系统，作为一种传统的滑坡监测方法，具有测量精度高、范围广等优点，被广泛应用于地质灾害监测和研究中。做好滑坡监测、分析与预报工作，可以帮助决策部门尽早采取减灾防灾的措施和对策，使这类灾害造成的损失减小到最低程度。所以，滑坡监测与预报工作具有十分重要的现实意义和巨大的经济效益与社会效益。

滑坡监测是对可能滑动的边坡或筑坡进行水平和垂直位移观测，并依此求得边坡的移动大小、方向、速度、时间等参数，分析其内在和外在变化规律，并进行较准确的预报。

滑坡监测的开展和规模，应根据地形、地质和可能的危害程度而定。通常根据具体情况选定观测范围，布设垂直位移和水平位移标点，定期进行观测。垂直位移宜采用精密水准测量；水平位移一般采用传统组网方法进行观测、平差并计算各种位移量，条件许可时也可采用 GNSS、摄影测量等现代方法。滑坡监测的频率应根据实际情况而定，在降雨或融冻季节，位移出现异常时，要增加测次。

【任务要求】

使用 GNSS 进行常规边坡监测的具体方法。

本任务所说的常规方法是指使用 GNSS 仪器测量常规三维坐标的方法，最终实现滑坡监测与预报。以下以实例方式介绍使用 GNSS 进行常规滑坡监测的具体方法。

地球表面时常会发生一些山体滑坡，如 2002 年暴雨在云南山区诱发了多起滑坡或泥石流；同年湖北省恩施市咸丰县发生了一起山体滑坡事故，长 120 m，宽 8～10 m，约 2.5 万 t，山体在施工人员对其进行削坡减载时突然发生顺层滑移，造成多人伤亡的严重事故。

边坡通常包括河谷、水库、渠道、公路与铁路、露天矿山等的岸坡或人工筑坡。边坡变形的最终结果表现为坡体下滑，常称滑坡。通过滑坡监测，能发现边坡的变化状况和发展趋势。因此，做好滑坡监测、分析与预报工作，可以帮助决策部门尽早采取减灾防灾的措施和对策，使这类灾害造成的损失减小到最低程度。所以，滑坡监测与预报工作具有十分重要的现实意义和巨大的经济效益与社会效益。

滑坡监测是对可能滑动的边坡或筑坡进行水平位移和垂直位移观测，并依此求得边坡的移动大小、方向、速度、时间等参数，分析其内在和外在变化规律，并进行较准确的预报。

滑坡监测的开展和规模，应根据地形、地质和可能的危害程度而定。通常根据具体情况选定观测范围，布设垂直位移和水平位移标点，定期进行观测。垂直位移宜采用精密水准测量；水平位移一般采用传统组网方法进行观测、平差并计算各种位移量，条件许可时也可采用 GNSS、摄影测量等现代方法。滑坡监测的频率应根据实际情况而定，在降雨或融冻季节，位移出现异常时，要增加测次。

一、测量整体方案确定

(一)观测精度与方法

根据滑坡变形测量的技术要求和项目的实际情况,确定监测点的精度要求为 3 mm。变形监测网采用基准网与监测网两级布设形式,基准网覆盖全部滑坡地区,且每个滑坡体周围布设 3 个基准点,所有点位均埋设观测墩,采用强制对中装置,观测墩上设置天线指向标志。为减少仪器误差的影响,对于每个点只用同 1 台仪器进行观测,天线指向与标志对齐,精密测量天线高。

(二)坐标系的选择

由于滑坡监测的目的是监测点位的变化量,而不需要同国家坐标系发生联系,因此各期坐标和变形量的表示均采用 WGS-84 坐标系,用大地高代替正常高。

二、GNSS 网点布设

(一)基准网的布设

基准网点选择原则:基准网点一般选在距滑坡体 50~1 000 m 的稳定岩体上,且适合 GNSS 观测。每个滑坡体应有 2 个基准点,且最好位于该滑坡体的两侧。邻近滑坡体可共用同一基准点。

本基准网包含 6 个基准点,设置在滑坡变形区外的基岩上,南北最远点间距 10. 5 km,基准网布设如图 6-1 所示。

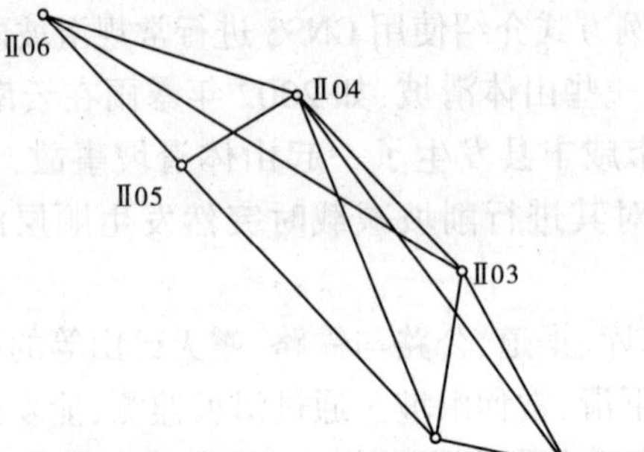

图 6-1　某电站滑坡监测 GNSS 基准网

全网由 12 条独立基线构成,每条基线观测 2 个时段,每时段长 5 h,采样间隔 10 s,卫星截止高度角 15°。为提高基线解算精度,位于测区中间的Ⅱ03 点连续观测 24 h,并与附近连续运行参考站进行联合解算,以求得该点在 WGS-84 坐标系下高精度的地心坐标。

(二)监测网的设计

监测网点选择原则:监测网点即为每个滑坡体的监测点,因此应根据滑坡体的形态特征、变形特征、动力因素及监测预报等具体要素(变形方位、变形量、变形速度、时空动态、施工动态及发展趋势等)确定点位,且这些点位能真实地反映灾害地质体变形敏感部位。每一崩滑体监测点数一般为 3~8 个,且能构成 1~2 条监测剖面。点位应位于阻滑段前缘、下滑段前后缘、索引段前缘和滑坡体的剪出口,且适合 GNSS 观测。

测区的 5 个滑坡体上共计布设了 36 个监测点,并按照滑坡体划分为 5 个监测网,每个监测网中包含有3个基准点和若干个监测点。监测点按一个时段观测,每时段2 h,采样间隔为10 s,卫星截止高度角15°。每个监测网观测时,2台GNSS接收机分别安置在2个基准点上,另外2台接收机依次安置到各监测点上观测,监测网内的第3个基准点与监测点一样,也按2 h进行测量。监测网中由于多余观测少,必须事先进行星历预报,要求避开GDOP较大的时间段。

三、GNSS观测数据处理

(一)基准网的数据处理

基准网解算采用随机软件和IGS精密星历,经同步环与异步环检验合格后,利用独立基线固定Ⅱ03点的地心坐标进行自由网平差,得到各基准点在WGS-84下的坐标,并以Ⅱ03点概略经度为中央子午线进行投影,各基准网点平面和高程坐标精度达到了2 mm,满足了方案要求。

基准网的稳定性是关系到所求的变形量是否合理的关键,因此对各期基准网应该进行稳定性检验。如果检验通过,则都采用第一期基准网平差结果作为变形量的基准,如果基准网中某些点发生了变动,则应在变形量中扣除这一部分,从而使所得到的变形量与实际变形量相一致。

(二)监测网的数据处理

测区5个滑坡体监测网的观测与数据处理均分别进行,每个监测网在基线解算前,首先固定一个基准点坐标作为网的位置基准,基线解算后在WGS-84坐标系下进行自由网平差,并对相应区域的中央子午线作平面坐标投影。

四、注意事项

由于监测点位于滑坡体上,选点的自由度较小,视场狭窄,卫星信号遮挡严重,基线处理时经常发现信号失锁,对测量精度造成了影响。从上述实例的结果来看,监测点测量精度一般在2 mm左右。

理论和实践都已证明,采用GNSS进行变形测量时,仅仅统一网的位置基准是不够的,由于卫星轨道误差、大气折射等因素的影响,不同期观测的GNSS网在方位和尺度上也存在微量的变化,如果用每期的自由网平差结果直接比较来计算变形量,将含有方位和尺度变化的影响,无法求得正确的变形量。因此,在监测网进行自由网平差后,应以第一期基准网平差结果为基准,利用监测网内的其他基准点作为公共点进行坐标转换,统一各期的位置基准、方位基准和尺度基准,从而求得合理的变形量。

任务二　智能全站仪在滑坡监测中的应用

【任务导学】

智能全站仪是一种集光学、机械、电子、计算机和通信技术于一体的多功能现代化测量仪器。在滑坡监测中,智能全站仪可以实现高精度的位移测量,对滑坡变形进行监测,具有非常高的位移监测精度,在现场进行3D数据采集,通过三维模型进行分析。

智能全站仪自动化测量,通过笔记本电脑实现全程控制,大大提高了测量效率。自带数据处理软件,可以对测量数据进行实时处理。智能全站仪采集到的各种数据经过计算分析可以得到切合实际的灾害分析结果和监测报告,方便相关人员及时、准确地掌握测站数据,做到快速响应。

智能全站仪在滑坡监测中的应用需要进行任务分析,明确监测目标、设计监测方案、安装配置智能全站仪,现场操作和数据采集,数据处理和分析,结果分析和实施应对措施。针对滑坡的特征和实际情况,制订出合理的监测方案,并对滑坡变位、变形进行实时检测分析。根据监测结果分析,确定措施,制订预警预测方案,预测滑坡发生的风险。并及时采取措施,深入研究和分析各种因素,提高预测的准确性和可靠性。

【任务要求】

智能全站仪在滑坡监测中应用。

一、监测系统组成

整个滑坡监测系统包括基准控制网(如图 6-2 所示)、变形网、观测仪器、数据传输线路、数据处理系统和报警系统等(如图 6-3 所示)。基准控制网由布设在露天矿周围稳定地点的埋石控制点 C1~C4 组成四边形。变形网由埋设在边坡上的混凝土强制对中点组成,每一个强制对中点上安装有棱镜或反射片。基准控制网和变形网的初始坐标采用 GNSS 进行测量,并且与国家和矿区控制网联测获得。

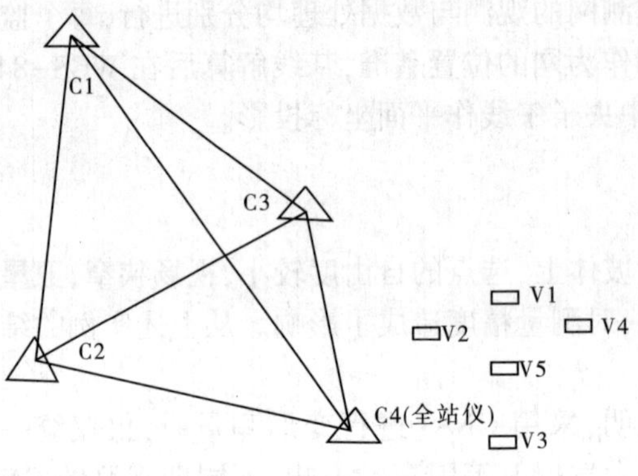

图 6-2 滑坡监测基准控制网与变形网

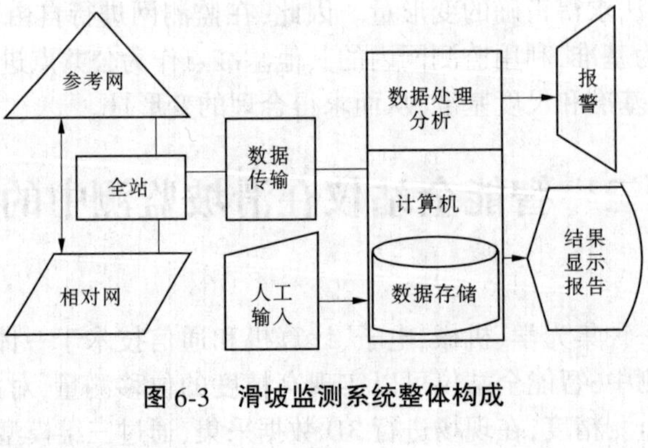

图 6-3 滑坡监测系统整体构成

二、观测仪器

观测仪器选用徕卡 TCA2003 全自动全站仪。采用 ATR(automatic target recognition)目标自动识别技术的 TCA2003 被称为测量机器人。ATR 部件同轴安装在全站仪望远镜里,仪器发射出的激光束被棱镜反射回望远镜内置 CCD 阵列,接收光点位置在 CCD 阵列上被计算。根据计算出的偏移量来改正水平角和垂直角,且控制仪器马达,使仪器望远镜中的十字丝和棱镜中心匹配,即自动搜索目标。

ATR 可实现高效测量,黑夜也不必间断工作;使用常规的棱镜,无须昂贵的特殊棱镜或添置电源等配件,并且可以用 RCS1100 远程遥控。TCA2003 的机载监测程序可以按自定义的时间间隔自动重复观测多达 50 个目标点,是目前世界上精度最高的全站仪之一,其角度精度达 0.5″,距离精度达±($1\ mm+1\times10^{-6}$)。

使用仪器时,在仪器 PC 卡内存储各点原始数据。安装好仪器和棱镜,进行"设站"、进入仪器的学习状态。先人工照准各点进行测量,使仪器记忆各点位置,然后设定观测时间、次数、观测时间间隔和测量方式(如方向观测或者测回法)等。开始观测后,仪器可以自动搜索棱镜,按照设定的观测顺序和观测时间进行测量。

三、仪器数据传输

根据现场情况,仪器数据传输可以采用如下几种方式。

(一)用"Y 电缆"实现供电和数据传输

用仪器配套的"Y 电缆"直接连接仪器和计算机,根据徕卡 GEOCOM 自行开发软件实现数据实时传输。此种方式投资小,中间环节少且可靠。计算机也可以通过局域网与其他计算机通信。

(二)采用电话线传输

仪器输出数据经调制解调器调制后,经过电话线传送至监测房中的调制解调器,还原为数字信号,再传入计算机。

(三)采用无线传输

监测地点条件通常很差,人员很难守着仪器。采用 TCA 数据无线通信,可以在 35 km 范围内实时掌握 TCA 的测量数据。利用全站仪数据线和无线电调制解调器连接线把 TCA 全站仪与无线调制解调器和 Null Modem 连接,在仪器菜单内设置数据输出方式为 RS-232,确定 GSI 和 GEOCOM 的参数设置一致。用无线调制解调器连接线把电脑和无线调制解调器连接上,设好电脑的传输参数,仪器自动记录的数据会传输到已经连接的电脑上。

(四)采用 GPRS 或 CDMA 数据传输

这种方法传输距离远,需要移动运营商的支持。可以用利事达 LT8030 GPRS IP 数传王,或者 LT8040 CDMA 无线 Modem。

三、数据处理

测量数据经检核,转换成徕卡 GSI 数据格式,存入数据库。数据库字段包括序号、点名、X 坐标、Y 坐标、高程 H、观测日期、时间、测回号等。建立点表、观测循环表等。

当室外全站仪开始观测时,室内监控系统随时调用传输来的数据,按照相应的模型进行滑坡分析、绘图、报告,并以声光、电话或手机短信等方式发出滑坡报警。

任务三　地灾/边坡自动化监测

【任务导学】

地灾/边坡自动化监测旨在通过设备自动采集、传输和分析地质信息,实现对地灾/边坡进行实时、准确监测。确定监测目标,选择监测设备,设计监测方案,安装配置监测设备,运行和数据采集,数据处理和分析,结果分析和应对措施。

【任务要求】

地灾/边坡自动化监测需要通过可靠的设备、科学合理的监测方案、稳定的数据传输和高效的数据处理来保障监测的准确性、可靠性和及时性。

一、地灾/边坡自动化监测

地灾/边坡自动化监测是指通过无线传输、自动采集、可视化处理等技术手段对地质灾害(如山体滑坡、泥石流等)和边坡(如高速公路边坡、河岸边坡等)的变形进行实时、自动化的监测。相比传统的人工监测方法,地灾/边坡自动化监测具有全天候、全天时、全方位监测的优点,可以提供更加准确、及时、可靠的监测数据,同时减轻人工监测的工作强度。该技术对于预防和控制地质灾害和边坡失稳等方面具有重要意义。地灾/边坡自动化监测任务包括以下几个方面。

(一)监测目标的确定

根据地质条件和历史数据分析,确定监测目标区域,包括监测点位和监测区域范围。同时,要考虑土地利用状况、附近交通情况等因素,确立监测目标的重要性和优先级。

(二)监测设备的选型和配置

根据监测目标、现有技术水平和预算等因素,选择适合的监测设备,常用的设备包括倾角仪、应变计、位移传感器、压力传感器等。设计合理的配置方案,包括设备数量、位置和布局等。要保证设备选型合理、工作可靠、数据精准。

(三)监测方案的制订

根据监测目标和现有技术水平、设备配置情况,制订监测方案,包括监测点位数量、布设方式、监测指标、监测周期、数据处理方法和监测结果分析等内容。要考虑监测设备的配置、数据传输通道、数据精度等问题,制订科学合理的方案。

(四)监测设备的安装和调试

根据监测方案的要求,对监测设备进行安装和调试,并测试和调试设备,保证设备正常运行。同时,要保证设备的安全性、可维护性和扩展性,为设备后期维修和升级打好基础。

(五)监测数据采集和传输

启动设备,进行现场操作和数据采集,并通过无线传输方式传输数据到数据中心。要保证数据采集的稳定性、完整性和准确性,及时处理和响应设备报警和故障信息,保障监测数据质量。

（六）监测数据的处理和分析

通过专业的软件解析数据，绘制监测曲线和地质图，形成监测报告，并根据报告指导实地工作。变形监测数据进行数据处理和分析常见的方法包括统计分析、变形趋势预测、变形量的空间分布图分析等，通过数据分析为工程设计和加固提供基础。要保证数据的准确性、可靠性和及时性，及时发现和诊断异常数据，并及时做出报告和响应。

（七）结果分析和应对措施

监测报告的撰写和汇总，将监测结果归纳整理，撰写监测报告，包括监测数据、分析结果和处理建议等内容。监测结果的应用，根据监测报告指导相应工程项目和应急措施，同时对监测方案和设备性能进行评估和改进。基于监测结果评估，制订应对措施，采取有效措施防止地灾/边坡发生或者缓解危害。要加强监测，不断提高监测数据的准确性、精度和及时性，根据监测结果不断调整。边坡工程变形监测应急措施包括监测报警及时响应、设立监测警告线、制订应急预案、加固措施、暂时性的施工措施等。

二、地灾/边坡自动化监测案例

杭州欧感科技有限公司提供的系统方案能因地制宜，集成深部位移监测、滑体地下水渗压监测、滑坡后缘拉张裂缝位移监测、雨量监测、地表水位监测、应力监测、地表水入渗监测等多种监测设备，为有关部门更全面地分析滑坡诱因，提前预警或工程治理设计，提供全面而准确的数据支撑。采用滑坡监测预警联动方式，可实时监控灾害现场各监测点数据的变化。边坡自动化监测如图 6-4 所示。

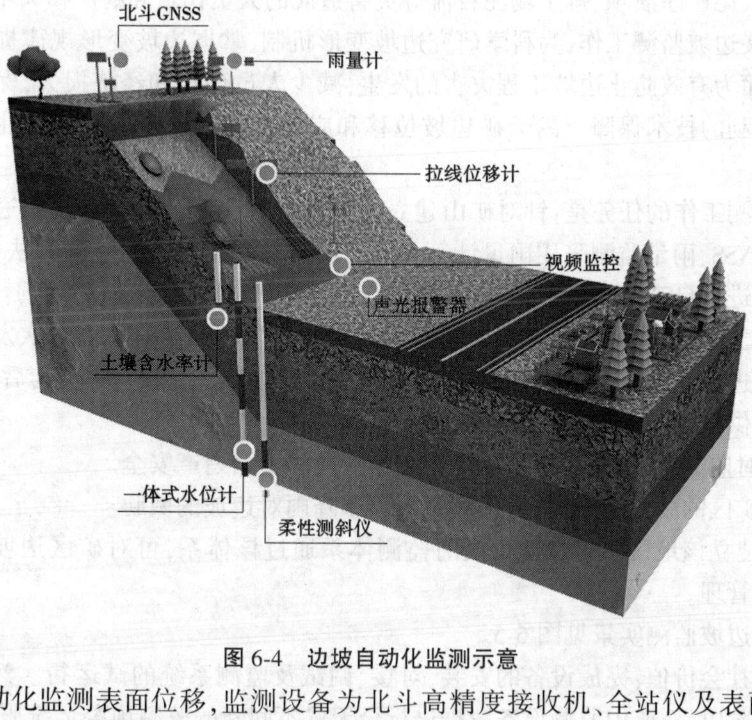

图 6-4　边坡自动化监测示意

边坡自动化监测表面位移，监测设备为北斗高精度接收机、全站仪及表面位移传感器，边坡内部位移监测设备为测斜仪。应力/应变及受力监测，使用锚索计、锚索应力计、土压力盒。环境监测:雨量监测使用雨量计,温度监测使用温度传感器或应变计等自带的温度传感器,并安置视频监控,见表 6-1。

表 6-1　监测内容一览

监测内容	监测参数	监测设备	监测位置
变形监测	表面位移	北斗高精度接收机	边坡关键位置
	表面位移	全站仪	边坡表面
	表面位移	表面位移传感器	边坡表面
	内部位移	测斜仪	关键位置的测斜管
应力/应变及受力监测	锚杆轴向应力	锚索计、锚索应力计	锚固段
	土体压力	土压力盒	挡土墙
环境监测	温度(环境温度)	温度传感器或应变计等自带的温度传感器	边坡坡体内部和外部
	雨量监测	雨量计	边坡空旷处

(一)某矿山边坡自动化安全监测

长期以来,矿山边坡的稳定性一直是露天矿开采中备受关注的重大问题。露天矿发生边坡滑坡、尾矿库溃坝、排土场泥石流等灾害造成的人员伤亡和财产损失不计其数。因此,积极开展边坡监测工作,为科学研究边坡变形机制、掌握边坡变形规律提供有效的理论基础,进而为有效防止边坡工程灾害的发生,减少人员伤亡和经济损失,保证工程安全运行提供有利的技术保障。露天矿边坡位移和应力监测是矿山边坡稳定性监测的重要内容。

本次监测工作的任务是:针对矿山建立完善的自动化监测预警系统。通过表面位移使用北斗 GNSS、雨量监测采用雨量计等合适的仪器设备及合理的监测方法,在监测期间内对高边坡进行自动化监测,对监测成果进行综合分析,达到以下监测目的:

(1)对已滑坡区域相关隐患位置进行高精度实时化监测。对可能再次发生滑坡变形破坏的位置进行预测预报;保障后期排危除险、塌方体清运工作的安全;为后期勘查设计、施工治理提供设计依据和安全保障。

(2)实时监测预报,保障整个矿区内工作人员的生命财产安全。

(3)对矿区的雨量进行监测,预测预报雨季降雨对边坡的威胁。

(4)拟建立该地区矿山自动化实时监测体系通过该体系,可对矿区边坡潜在风险区域进行统一管理。

某矿山边坡监测实景见图 6-5。

产生的社会价值:完成设备的安装、对接、调试及监测系统的试运行。然后进入项目的系统运营阶段,对矿山监测设备数据进行全天候不间断的监测预警运维服务,监测数据信息实现实时上传平台,在有风险预警信息时,第一时间通知现场作业人员及相关责任

图 6-5　某矿山边坡监测实景

人，实行紧急预案，组织受威胁人员避险转移，并上报相关主管部门。

（二）地灾在线监测预警项目

我国幅员辽阔，地质和地理环境复杂，气候条件时空差异大，复杂的地质地貌条件使我国成为世界上地质灾害最严重的国家之一。我国地质灾害主要包括崩塌、滑坡、泥石流、地面塌陷、沉降、地裂缝等，具有分布广泛、活动频繁、危害严重的特点，滑坡是地质灾害中最为严重的一类。据自然资源部统计，崩塌、滑坡和泥石流，分布范围占国土陆地面积的 44.8%，地质灾害对我国人民生命财产及国民经济的威胁极其严重，严重影响了我国经济社会的可持续发展。

根据现场实际情况，本工程初步设计主要监测项目包括：降雨量、GNSS 位移、裂缝、加速度、含水率、倾角、泥水位、土压力、地声、次声、视频及声光监测，并初步确定采用以下报警方法：①应急指挥中心负责人、监控管理中心值守人及社区负责人短信报警；②受影响乡镇或城镇 LED 屏显示，无线广播预警；监控管理中心及社区声光报警；③政府门户网站邮件报警及信息公示。

地质灾害在线监测预警系统主要监测项目如图 6-6 所示 。

图 6-6　地质灾害在线监测预警系统主要监测项目示意图

地质灾害预警系统将地质灾害监测与物联网结构体系、云计算、局域网/通信网等多网无缝连接技术、海量节点数据并行智能处理等技术结合,建立完整的地质灾害安全监测系统。地质灾害安全监测预警云平台,可实现各类预警信息的高效收集、发布、共享和互通,增强社会的防灾能力,降低地质灾害对公众产生的影响。系统优势:规范,系统自动采集,减少人工失误;实时,即时上传、即时计算、即时共享数据,手机随时查看;准确,系统按公式自动解算数据;高效,即时计算、自动生成各类报告(减轻技术人员烦琐、重复的工作);经济,大幅减少技术人员内、外业工作,降低人工成本;预警,结构监测数据异常时,系统第一时间自动通知用户,实现综合预警功能。

【项目总结】

滑坡监测是对可能滑动的边坡或筑坡进行水平位移和垂直位移观测,并依此求得边坡的移动大小、方向、速度、时间等参数,分析其内在和外在变化规律,并进行较准确的预报。滑坡监测的开展和规模应根据地形、地质和可能的危害程度而定。通常根据具体情况选定观测范围,布设垂直位移和水平位移标点,定期进行观测。垂直位移宜采用精密水准测量;水平位移一般采用 GNSS、摄影测量等现代方法。目前地质灾害安全监测预警云平台可实现各类预警信息的高效收集、发布、共享和互通,增强社会的防灾能力,降低地质灾害对公众产生的影响。

【学习重点和难点】

重点:边坡监测的目的及边坡监测的基本要求,如何运用高精度的仪器设备和科学的方法进行监测。

难点:对可能发生滑坡的区域进行预警,可实现对人民生命财产的保护。培养学生安全责任意识,敬业和勤奋的工作精神,培养工程思维与科技强国意识和一丝不苟、精益求精的大国工匠精神。

精测工程　匠心传承

陈翰新院长:工匠者,善用巧思、专注不移、追求极致。

有云:"匠",会意为背着工具筐篓的木工或木匠。无论木匠、瓦匠、铁匠、泥水匠等,但凡手艺人,都可归结于"匠"。工匠者,乃精雕细琢、精益求精之人。匠人有匠心,终善用巧思、专注不移、追求极致。

诚然,人才是第一资源,当今世界的竞争说到底是人才竞争。党的十八大以来,以习近平同志为核心的党中央高度重视人才培养,不断优化人才发展环境,培植人才成长沃土,激发人才创新活动。

"工程测量工匠"的独特之处就在于专注和植根于工程测量领域,坚持"择一事终一生"的执着专注,"干一行钻一行"的精益求精,"偏毫厘不敢安"的一丝不苟,"千万锤成一器"的卓越追求。以勤学长知识、以苦练精技术、以创新求突破,努力成为知识型、技能型、创新型测绘工作者。

陈翰新：在新一轮科技革命和产业变革深入发展下，创新驱动发展方式成为推动我国经济转型、产业升级和结构调整的主要动力。在这个大背景下，测绘行业也迫切需要更多高素质测绘技术技能人才、能工巧匠、大国工匠。“工程测量工匠”的评选对象是工程测量领域具备工匠精神的优秀职工，通过推选、激励和宣传工程测量工匠，能够吸引更多人才投身测绘工作一线，建设一支高素质的工程测量人才队伍。

记者：在您看来，“工程测量工匠”的评选起到了哪些促进作用？如何进一步加快测绘领域技能型人才的培养？工匠精神又将如何传承？

陈翰新：我认为，“工程测量工匠”评选是在新一轮测绘科技革命和测绘产业变革深入发展的大背景下，在工程测量行业中进行的一次大力弘扬“热爱祖国、忠诚事业、艰苦奋斗、无私奉献”的测绘精神，以及“执着专注、精益求精、一丝不苟、追求卓越”的工匠精神的活动。通过此次推选，将进一步推动测绘科技工作者践行工匠精神，不断刻苦钻研、立足本职，为国家经济社会发展作出更大贡献。

关于测绘领域技能型人才培养，陈翰新认为可以分为三个阶段：

在院校学习阶段测绘领域的科技创新和科技进步要求测绘类院校在课程设置、项目实践等方面积极与行业应用保持尽量同步，鼓励院校与行业测绘单位联建培养基地，强化学生实践动手能力和培养吃苦耐劳品质。

工作初期，测绘单位应注重对测绘技能人员工程意识和应用能力的培养，要以一线生产的实际需要为核心目标，以各类型工程为背景，鼓励“师傅带徒弟”，在挑战中不断磨炼坚韧不拔的意志品质，全方位提升技能水平。

工作成熟期要鼓励测绘技能人员坚持奋战在项目一线的意志品质，加强技术技能学习，支持他们在保持自身技术技能优势的同时，强化他们带团队和培养人才梯队的能力。

匠心筑梦，工匠之光照亮远方。在新时代征程上，工程测量高质量发展使命在肩，让我们携手同行，一起向未来。

【项目知识检测】

1. 什么是地灾/边坡自动化监测？
2. 常见的边坡工程变形监测仪器有哪些？
3. 边坡工程变形监测数据如何处理和分析？
4. 智能全站仪是如何实现数据自动采集和传输的？

项目七 隧道及地下工程变形监测

【项目概述】

隧道及地下工程监测解决方案是通过互联网、无线通信、云计算等技术,对隧道及地下工程进行24 h全方位在线监测,实现隧道及地下工程监测的信息化、三维化、实时化、网络化,使隧道及地下工程施工、安全管理人员,可以及时、直观地掌握安全参数的实际动态,避免事故发生。

【学习目标】

[知识目标]

掌握隧道及地下工程变形监测的方法与要求。

[技能目标]

能够运用高精度的仪器设备和科学的方法进行监测。

[思政目标]

培养学生安全责任意识,敬业和勤奋的工作精神,一丝不苟、精益求精的大国工匠精神。培养学生工程思维,科技强国责任担当。

【考核内容】

1. 知识考核:隧道及地下工程变形监测的方法与要求;

2. 技能考核:能够运用高精度的仪器设备和科学的方法进行监测。

【规范】

(1)《工程测量标准》(GB/T 50026—2020);

(2)《城市轨道交通工程测量规范》(GB/T 50308—2017);

(3)《铁路隧道工程施工安全技术规程》(TB 10304—2020);

任务一 常规方法监测

【任务导学】

通过对隧道及地下工程变形的持续监测,可以及时了解结构变形的趋势与程度,预测潜在危险,从而采取合适的措施解决问题,有效避免潜在的安全隐患。隧道及地下工程变形监测的常规监测方法主要有全站仪监测与精密水准测量法,安装在隧道顶部或侧壁的全站仪进行隧道内部变形的监测,可以获取隧道的三维坐标和姿态信息。精密水准测量常用来监测工程中的高程变化和沉降的情况。另外,常规方法监测还有放射形变仪监测、声纳波测量法、离散变形监测法等监测方法。

【任务要求】

隧道及地下工程变形监测的常规监测任务包括以下几个方面:监测隧道或地下结构的变形量和变形速率,了解结构内部的应力及变形分布情况;通过监测数据的分析,及时发现异常变化,及时采取措施防止事故的发生;判定监测数据的可靠性,对异常值进行剔除和处理,确保监测数据的准确度和真实性;将监测数据与设计数据进行对比和分析,及时发现设计与实际情况的差距并进行调整;实时记录监测结果,进行监测数据的处理和分析,及时编制监测报告并向相关部门汇报;系统化整理监测数据,建立和完善隧道及地下工程变形监测数据库,为相关领域的研究提供数据支持。

本实例以广州地铁 2 号线琶洲站沿新港东路向东延伸段为例,介绍地铁变形监测实施过程中,使用全站仪、水准仪分别测量水平位移、垂直位移的一般方法和全过程。这种方法在观测频率要求不大时,非常适合众多地下工程变形监测。

一、监测目的

(1)掌握地铁沿线因物业开发对地铁建筑结构产生的水平位移和竖向位移的变化量。

(2)掌握地铁在运营过程中,其建筑结构是否趋于稳定。

(3)及时预报地铁某一地段发生变形的趋势,以便及时采取有效的措施,确保地铁正常运营。

二、监测警戒值与周期

(一)警戒值

(1)平面位移监测的变形警戒值:角度按变化量换算成相对应的横向位移 2.0 mm 计,距离按 4.0 mm 计。

(2)竖向位移监测的变形警戒值按 2.0 mm 计。

(二)监测周期

监测周期为每 3 个月一次,稳定后每年一次。

三、观测仪器的选用

(1)平面位移监测使用徕卡全站仪 TC1800(1″,2 mm+2×10^{-6})及配套精密对点器。

(2)垂直位移监测使用徕卡 NA2 精密水准仪(±0.4 mm)+ GPM3 测微器(±0.3 mm)及配套 3 m 因瓦水准钢尺。

四、监测点埋设

(一)监测基准点

基准点边长不小于 120 m。琶洲站内利用原 2 号线首通段的基准点。在原 2 号琶洲站站后折返线及 2 号线调整工程万胜站站后折返线处各设 4 个工作基点。基准点包括平面点、高程点。

(二)变形监测点

考虑到施工缝的影响,变形监测控制点边长 110~120 m,变形监测控制点包括平面点、高程点。在变形监测控制点之间加一个平面位移监测(包括高),边长 50~60 m。再在平面位移监测点之间加一个竖向位移监测点,边长 20~30 m。

(三)点位埋设与编号

变形监测点均埋设 16 mm×60 mm 带螺纹的铜杆,平面监测点在铜杆中心钻一个 5 mm×10 mm 的小孔。变形监测点一般埋设于道床中央,统一连(按里)编号,并按左、右线号加前缀 Z、Y 字母以区分标识。监测点号规范地书写于隧道侧墙和道床上。

五、监测点施测

(一)平面位移外业施测

监测时遵循“以基准点为基础,先控制,后加密”的原则。为了能更客观地反映变形的实际情况,每次监测采用的仪器、设备、观测人员及观测程序均相同。每次作业前先检测工作基点间夹角、边长、高差,确认基准点稳定的情况下,再进行变形点的监测。

平面位移监测以附合导线形式作业,从一侧假定基线边附合至另一侧假定基线边。

(1)水平角观测:测回数 6,按单测回观测左角、双测回观测右角进行施测,每测回同方向正倒镜一次观测不调焦,以减小调焦的影响。左、右角之和与 360°之差小于±2.5″时取平均值。

(2)距离观测:往返观测各 2 测回取平均值,并进行温度、气压、投影改正。

为便于识别控制点,均用红油漆标“△”符号于侧墙或道床中央。

(二)高程沉降外业监测

(1)基准点稳定监测:每次监测前,先对使用的基点或工作基点间的几何关系进行检测,在满足规范要求($\Delta h_{检} - \Delta h_{理} < \pm 2$ mm)时,确认该基准点稳定可靠后,方可进行监测施测作业。

(2)监测点高程观测:监测时按附合水准方式往返作业,由一个工作基点开始附合到下一工作基点,按Ⅱ等水准作业要求进行施测,其限差应满足 $f_{h检} \leqslant f_{h理} = \pm 4\sqrt{L}$ mm(L 以 km 计)。

重复周期的沉降监测可采用单程附合水准观测,但在监测过程中若发现与上一次观测值相差较大,对该监测点或某一测段应往返观测,以确认该地段是否发生竖向位移。

(3)观测程序:往测为“后—前—前—后”,返测为“前-后-后-前”。每测站前后视距差不大于±1 m,每一测段前后视距累计差不大于±3 m。

(4)计算:沉降监测点按附合水准进行平差,计算出沉降监测点高程。

六、监测成果分析

(一)平面位移分析

制作平面成果比较表,依此分各桩位变形和累计变形,并换算为横向偏移值,当横向位移值小于前述警戒值要求(2 mm)时,说明该段趋于稳定,否则应继续进行跟踪监测,并确定继续观测的范围。跟踪观测范围一般以里程桩号段进行确定。

(二)沉降变形分析

Ⅱ等水准测量的精度为每千米高差中数的偶然中误差为 $M_{\Delta} = \pm 1$ mm,足够发现地铁工程中大于 2 mm 的变形;且建成后的地铁隧道发生或允许发生的垂直位移很难准确给出,难以确定沉降的测量精度,故沉降监测的变形监测警戒值按 2 mm 计。

沉降变形分析采用高程成果比较表进行,同样与警戒值比较来判断是否需要跟踪监测和确定跟踪监测的范围。

任务二　全站仪三维测量在地铁变形监测中的应用

【任务导学】

全站仪是地铁变形监测中常用的一种高精度测量仪器,能够提供准确、可靠、全面的监测数据和信息,实现三维空间坐标的高精度测量,利用其测量结果生成三维模型,帮助进行隧道内部变形情况的实时掌控和及时处置,有效保障地铁运行安全,对地铁隧道内部的变形进行全面的监测。

【任务要求】

全站仪三维测量在地铁变形监测中的应用任务分析,主要是要熟悉全站仪的使用方法,开展测量操作,并进行数据处理、分析、评估和预警等环节,利用全站仪提供的数据支持,为地铁的安全运营提供科学、准确的保障。

在隧道施工中,支护系统与围岩之间存在错综复杂的关系,这种关系并不能仅仅用"荷载-结构"这种力学模型加以概括。因此,在采用新奥法施工时,施工中对围岩应力调整过程和围岩变形情况进行监测是非常必要的。

传统的隧道变形监测,一般采用钢尺式收敛计和挂钢尺抄平等接触方式进行,这些方法具有成本低、操作简单和适应恶劣施工环境的优点,但这些接触法一般无法进行三维观测。若要了解隧道周边点的三维变化,这些传统方法显得无能为力。

三维测量技术实现的方法有多种,如近景摄影测量法等,但利用全站仪作为主要设备的隧道净空三维观测方法是一种成本较低且较易实现的方法,在生产实践过程中有着广泛的应用基础。

一、全站仪的基本功能要求

随着全站仪技术的快速发展,目前许多全站仪具有非常实用的机载程序。实现三维测量功能已经变得非常容易而且方便,而在隧道变形监测中使用最多的机载功能主要有如下两项:

(1)自由设站功能。该功能利用多点距离后方交会原理,实现任意仪器安置位置(站点)坐标的现场实时平差和计算。这一功能使在复杂隧道环境中的测量工作变得灵活、方便。

(2)坐标测量功能。利用极坐标原理的这一功能是测量工作使用最多的功能。

二、无接触测量的辅助设备

全站仪用目标反射片是一种具有回复反射性能的反射膜片。反射膜片由丙烯酸酯制成,背部为不干胶,厚度为 0.28 mm,呈银灰色,大小可根据目标的远近选择。测量中常使用的反射片的技术参数见表 7-1。

表 7-1　反射片技术参数

反射片大小/(mm×mm)	测量范围/m	测距精度/mm
20×20	2~40	3
40×40	20~100	3
60×60	60~180	3

值得一提的是,现在有许多高级全站仪具备了无棱镜反射测距功能,可以实现无棱镜、无反射镜片的目标测量。在高精度测量工作中,使用这种无棱镜全站仪时,必须注意解决目标照准的唯一性和准确性。

对于重大监测工程,在观测成本许可或需要长期观测时,可以直接将全站仪的测量观测棱镜或小棱镜作为直接目标点,永久性地固定在观测点上,以实现变形监测的自动化。

三、三维变形监测的自动化❶

(一)监测系统组成

如图 7-1 所示,监测系统由全站仪观测站、基准点(2 个断面,J_{11}、J_{12} 与 J_{21}、J_{22})、变形点(5 个断面,D_{11}、D_{12}、D_{13} 与 D_{21}、D_{22}、D_{23}、D_{24} 等)、中继站计算机和远程监控计算机等组成。全站仪观测站与中继站计算机由供电和通信电连接起来,远程计算机通过因特网控制中继站计算机,可监视并控制监测系统的运行。

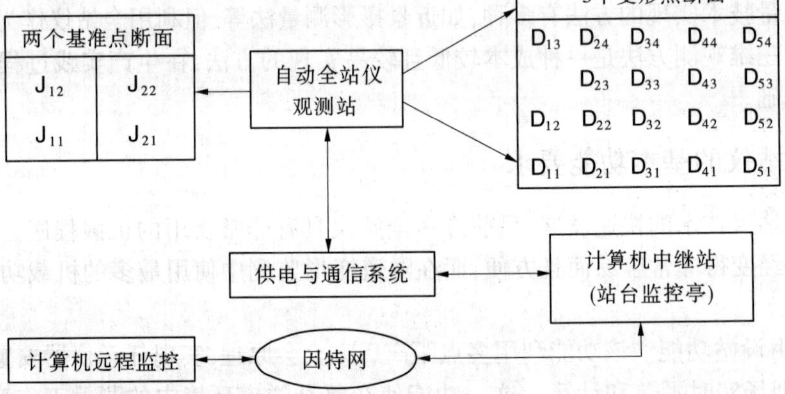

图 7-1　监测系统

(二)监测系统设备的安装

监测系统在地铁站的安装设备分布情况如图 7-2 所示。

1. 全站仪观测站

特制的仪器墩安装在地铁左行线的站台下,完全符合“区间直线地段矩形隧道及车辆界限”的有关安全规定,如图 7-3 所示。

❶　引自《测绘学院学报》2003 年第 2 期《自动变形监测系统在地铁结构变形监测中的应用》。

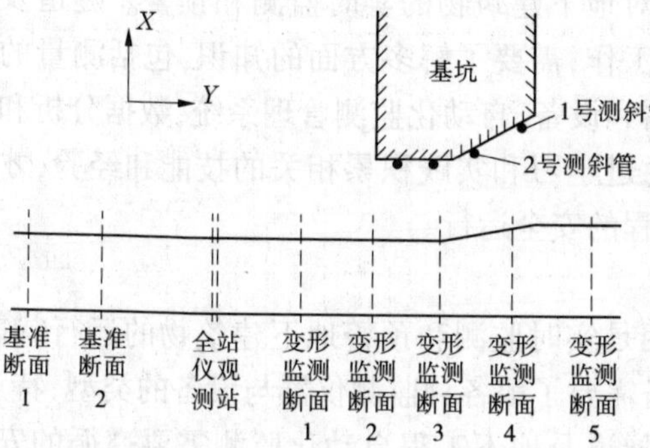

图 7-2　监测系统设备安装分布

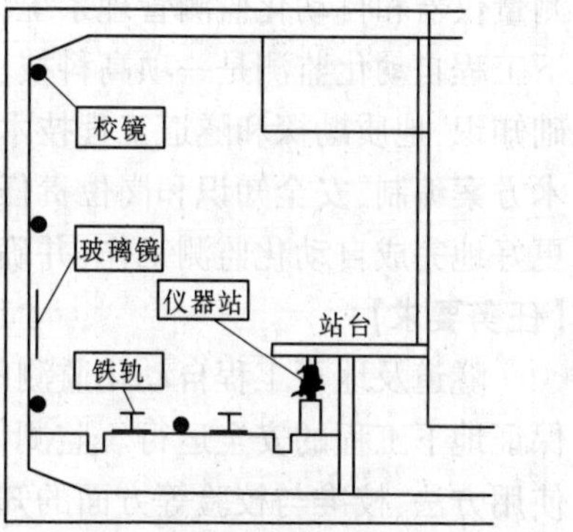

图 7-3　测站与监测点安装

自动化全站仪 TCA 通过基座固定在仪器墩上,并用特制的 D 型玻璃钢罩保护起来。为了便于观察监控,在站台对面的站墙上安装一块 60 cm×80 cm 的平面玻璃镜,在仪器站两边安装照明设备。这样管理人员在站台上就可通过平面镜来观察仪器的运行情况。

2. 基准点和变形点

基准点和变形点均设置在地铁站的左行线上。在仪器站到基坑的方向上,从 30 m 处开始,每隔 15 m 设置一变形点监测断面(见图 7-2),在每一个断面上安装 3~4 个反射棱镜,分布在铁轨中央 1 个,站墙上、中、下各 1 个(见图 7-3)。基准点设置在仪器站的另一侧,离仪器站 65 m 处为第 1 个基准断面,离仪器站 40 m 处为第 2 个基准断面。每个断面安装 2 个反射棱镜,分布在铁轨中及站墙下。所有反射棱镜均采用 52 mm 直径的角反射棱镜,有 L 形和 O 形两种,根据不同的现场条件来选用。设置基准点与变形点的位置特别要利用仪器的小视场功能,使之均匀分布在仪器望远镜的视场内,相互不受干扰。

3. 中继站计算机

中继站计算机设置在地铁站的监控亭内,使用的软件为信息工程大学测绘学院和徕卡郑州欧亚公司开发的 ADMS 自动变形监测软件。

4. 供电和通信系统

由于整个系统工作在地铁运行的环境中,220 V 主电网的供电应该是有保证的,因此无需设置 UPS 供电系统。220 V 的交流供电由站台照明配电室提供线路。由于全站仪观测站与中继站计算机的通信在 100 m 以内,经特殊处理后,RS-232 接口可直接通信。

(三)系统运行配置

系统的变形点 19 个、基准点 4 个,共计 23 个,每个点正倒镜观测 2 测回,全部测完 23 个点称为 1 个周期,用时约 20 min。每小时测量 1 次,每天可采集 24 个周期的原始数据。在每小时内,测量约占 20 min,观测结束后 15 min 全站仪自动关机,25 min 后再次开始下一个周期的测量。

任务三　隧道及地下工程自动化监测

【任务导学】

隧道及地下工程自动化监测是现代建筑施工领域中的一项先进技术,它利用先进的测量仪器和自动化监测管理系统,能够实现对地下建筑物的实时监测和预警。隧道及地下工程自动化监测是一项高科技、高要求的工作,需要了解多方面的知识,包括测量的基础知识,地质勘探和隧道工程技术,监测仪器和设备,自动化监测管理系统,数据分析和技术方案编制,安全知识和岗位责任等,需要通过学习和实践积累相关的技能和经验,才能更好地完成自动化监测工作,并确保地下工程的安全运行。

【任务要求】

隧道及地下工程自动化监测的主要作用是实时监测和预警地下建筑物的运行状态,保证地下工程的安全运行。监测仪器与设备需要了解各种监测仪器与设备的类型、特点、使用方法、校准与校验等方面的知识。实施隧道及地下工程自动化监测需要遵循的安全原则包括现场安全、设备安全和数据安全等。其中,现场安全包括设备的防雷保护、安全标志和人员安全保障等;设备安全包括设备的安装、调试和维护等;数据安全包括数据采集过程中的数据保护和数据共享等。

一、隧道及地下工程自动化监测

隧道及地下工程监测解决方案是通过互联网、无线通信、云计算等技术,对隧道及地下工程进行 24 h 全方位在线监测,实现隧道及地下工程监测的信息化、三维化、实时化、网络化,使隧道及地下工程施工、安全管理人员,可以及时、直观地掌握安全参数的实际动态,避免事故发生。

施工期的地铁在线监测:将监测数据与设计值相比较,判断施工工艺和施工参数是否符合预期要求,提前预知可能发生的危险并采取必要的工程措施。保证工程的顺利进行,确保施工质量和安全。

运营期的地铁在线监测:实现对区间水平及竖向位移的连续、精准监测,从而掌握地铁在运行过程中区间变形特征,达到信息化监测的目的。当变化数值超过预设值时,可及时预警。

隧道及地下工程自动化监测包括以下方面:

(1)制订监测方案:根据隧道结构、地质环境及设计要求等因素,制订合理的监测方案,明确监测仪器的数量和安装位置、监测频率及监测数据的分析与处理方法。

(2)安装监测设备:进行监测设备的选型、采购和安装,包括传感器、测量仪器、监测软件和数据处理系统等,进行校准和参数设置,确保设备的精度和稳定性。

(3)实施实时监测:实施隧道及地下工程自动化监测,通过监测设备采集相关数据,包括温度、湿度、位移等多项监测指标,并实时反馈到监测系统中。

(4)数据分析和处理:对监测数据进行分析、处理和评估,利用数据挖掘技术从数据中发现潜在的故障和问题,进行预警和防范措施的制订。

(5)编制监测报告:将监测数据和分析结果进行整合和汇总,编制监测报告,向相关部门和项目责任人进行汇报和分享,为实时监控和管控地下工程提供准确的数据和证据。

自动化监测岩土工程监测设备的研发,通过实时动态监测设备及管理平台,结合人工巡检的方式实现建筑物 24 h 无间断监测。监测内容主要包括房屋沉降、倾斜、裂缝、振动、环境等方面,数据无线自动化上传至云平台,数据自动分析报警。监控建筑物稳定性、可靠性等健康状况，提前预警，降低安全风险。隧道工程自动化监测示意见图7-4。

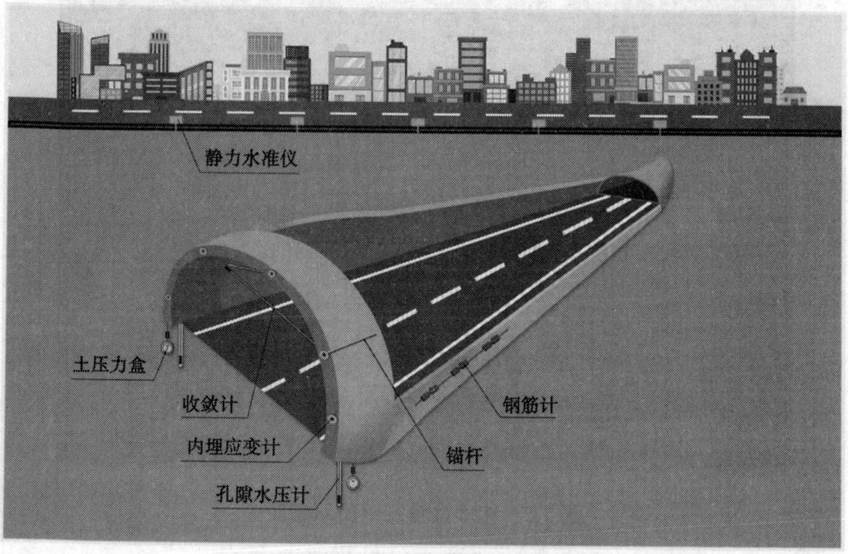

图7-4 隧道工程自动化监测示意图

方案优势：实时数据采集7×24 h实时在线监测，随时掌握结构状况；安全预警通知系统报警以短信、App推送等多种形式通知用户；结构安全评估可根据实时监测数据评估隧道结构安全状况；集群化管理实现对辖区内所有隧道进行集中监管；数据接入方便，完善标准的数据访问接口，满足第三方平台的数据融合要求，智慧网关能满足不同项目条件下的快速部署和便捷配置。

二、地铁出入口沉降监测案例

(一)项目概况

杭大江东储出4号地块项目即融创城地块位于杭州市钱塘新区大江东，东临青六北路及杭州地铁7号线北二路站，南侧为北一路，西侧为国纵二路，北至国环三路，该地块由北二路分割成南、北两部分。402地块地下室的下沉广场拟与地铁7号线启成站C出入口连通。405地块拟与地铁7号线启成路站B出入口连通。本项目在前期施工期间，7号线启成路站B、C出入口均出现较大沉降变形，为保护地铁设施，该项目后续施工顺利开展，现对上述两出入口进行注浆整治加固，如图7-5、图7-6所示。

根据《杭州市城市轨道交通管理条例》的要求，在注浆整治施工期间对附属结构进行自动化监测，结合相关规范、评估报告与地铁集团意见，制订了本监测方案。

(二)监测目的及意义

沉降监测在地铁车站监测中意义重大，对地铁车站的施工安全起到预警作用。结合杭州地铁景芳车站施工现场沉降监测的工程实践，对沉降监测在施工中的预警作用进行探讨。主要根据监测点的数据统计，应用回归分析法等数据处理方法，并结合施工现场的实地情况，说明沉降监测在施工中的指导意义和预警作用。根据杭州地铁景芳车站的沉降监测的应用现状，分析沉降监测中应持续改进的问题。

图 7-5　地理位置及平面示意图

图 7-6　现场施工安装

(三)监测内容及项目

针对注浆期间主要影响对象为 7 号线启成路站 B、C 出入口,自动化监测点布置在 B、C 出入口的结构上。基准点 3 个,7 号线启成路站 B 出入口,竖向位移测点 10 个;7 号线启成路站 C 出入口,竖向位移 10 个。

【项目总结】

隧道及地下工程监测解决方案常用的传统方法是使用全站仪、水准仪分别测量水平位移、垂直位移的一般方法和全过程。这种方法在观测频率要求不大时,非常适合众多地下工程变形监测。目前,通过互联网、无线通信、云计算等技术,对隧道及地下工程进行

24 h 全方位在线监测，实现隧道及地下工程监测的信息化、三维化、实时化、网络化，使隧道及地下工程施工、安全管理人员，可以及时、直观地掌握安全参数的实际动态，避免事故发生。

【学习重点和难点】

重点：掌握隧道及地下工程变形监测的方法与要求。

难点：能够运用高精度的仪器设备和科学的方法进行监测，培养学生安全责任意识，敬业和勤奋的工作精神，一丝不苟、精益求精的大国工匠精神。培养学生工程思维，科技强国责任担当。

为地铁隧道智慧化“体检”的年轻人 助地铁运营监测跑出“加速度”

近年来，随着运营线路和运营里程的增加，地铁的运营监测越来越重要。据交通运输部数据，2023 年 4 月，31 个省（区、市）和新疆生产建设兵团共有 54 个城市开通运营城市轨道交通线路 292 条，运营里程 9 652.6 km，实际开行列车 311 万列次。

地铁建设期和运营期的隧道结构安全监测及智能监测装备集成研发，是唐超带领的城市智能感知与精密测量工程技术中心（又称“唐超创新工作室”）的研究方向。唐超说：“随着城市的建设发展，地铁周边地上建筑物不断增多，很容易影响到地铁隧道的受力。我们的工作是通过监测手段对城市基础设施可能遭受的重大灾害进行预测和预警。”

在北京城勘院，这支由 12 名成员组成、平均年龄 33 岁的青年团队，一直在为地铁运营安全监测的智能化、智慧化发展而努力，他们将传感器技术、计算机技术等运用于传统工程测量，助力地铁运营监测跑出“加速度”。

研发点子从实践中来

如果把地铁隧道看成一个圆筒，那传统的地铁运营监测则是在隧道里每隔 40 m 测量 1 个截面，测绘人员拿着全站仪对截面上固定点进行坐标测量，通过多期对比分析隧道变形的趋势。

“如果截面上固定点的数据没有变化，一般就会认为这段隧道没有变化。”唐超说，这种测量方式忽略了 2 个截面之间可能发生的数据变化，隐藏着很大的安全风险。

虽然，当时架站式三维激光扫描仪（一种以激光测距为原理的测量仪器——记者注）已经逐步应用在地铁隧道结构检测领域，但是连续架站造成的时间浪费和连续拼站造成的精度降低，使得这种检测方式很难在生产上大规模应用。

2016 年，为了适应信息化、智能化的发展趋势，北京城勘院成立北京城建智慧工程院。作为新部门的一员，学测绘的唐超和另一名年纪更小的同事组成一个两人团队，开始进行隧道自动化检测方向的研究，这也是唐超创新工作室的雏形。

他们结合移动测量的优势，经过不断的努力，研发了移动式隧道结构病害三维激光扫描装备和技术。相较于常规测量单点采集的模式，它借助激光技术对隧道进行“实景复刻”，能快速获取被测对象表面的三维坐标数据及其他关键信息。“测量设备在隧道钢轨上跑一圈,就可以扫描出隧道整体的样子。"唐超表示,这是由无数点组成的连续数据,可以避免以前出现的测量盲区。

2017 年,这项技术开始被运用到生产项目中。在对某地地铁进行运营监测的过程中,唐超的团队利用这项技术,成功检测到传统测量方法忽略的、位于 2 个截面之间的隧道顶板上一个 17.8 cm 的凹陷,而这个变形数值已远超预警限值。以此次隧道安全隐患被顺利排除为契机,他们的这项技术得以推广。

之后,他们又研发了亚毫米级隧道裂缝检测系统,可实现机器识别 1 mm 以下裂缝,还研发了钢轨病害检测系统和扣件病害检测系统。

2019 年年底,唐超创新工作室联合武汉大学成功研发了全断面一体化隧道病害智能检测装备,它将移动三维激光扫描装置、地铁隧道高清相机装置、轨道道床表面检查装置、轨道扣件病害检查装置等集于一体。作为多位一体的应用于轨道交通隧道结构安全检测的移动测量设备,它解决了地铁安全测量长久以来"要素测全难、精确定位难、普查测快难"的问题,对隧道结构病害识别率达 95%以上。

"以前仅测量隧道截面,3 人一组测 1 个区间就得两天。现在用机器,一晚上可以完成 5 个区间。"唐超表示,这个设备跑一趟,可将隧道结构的、表观的、扣件的、钢轨的数据都采集回来,能解决地铁运营中最常见的问题,剩下的工作可以在电脑上完成。

目前,唐超创新工作室已经形成在生产中发现问题、到科研中去解决问题、再用解决方案到市场上去找新项目的良性运营模式。

校企合作,解决核心难题

回忆起研发初期的情形,唐超表示压力很大、很难。但幸运的是,当时已有一些高校的科研团队进行了相关研究。于是,他们一边去请教院士、专家,一边找相关的科研团队进行协作。最终,他们选择与武汉大学龚健雅院士、毛庆洲教授团队合作进行攻关。"武汉大学的测绘专业很厉害,能给我们提供解决问题的基础研究支持。"唐超提到,并不是有了基础研究,问题就迎刃而解,还需要不断去尝试、修改。所以,唐超和团队成员经常在隧道里一待就是三四个小时,"如果获得的数据不一致,就要从各种可能存在的问题上找原因,再去解决,这个实验是反反复复的"。随着双方合作的深入,2019 年 3 月,北京城勘院和龚健雅院士、毛庆洲教授团队正式组建城市智能感知与精密测量工程中心。同年,唐超工作室进行的全断面一体化隧道病害智能检测装备研发遇到了更关键、棘手的问题:它需要将 3 类传感器汇集到一个设备上,但这 3 类传感器无法实现时空同步。唐超解释说,每台传感器所记录的时间、空间要一致,才能保证所有数据计算时的可靠性,其中涉及的知识更综合、复杂。

对此,武汉大学为唐超团队提供了相关基础理论的支持,进而实现了数据的时空同步。这对设备的成功研发起到了重要作用。谈起合作经验,唐超说,企业主要是搞生产,没那么多基础研究,高校恰恰能弥补企业这方面的不足。通过校企合作进行技术成果转化,是值得持续做好的事情。

本文出自:中国青年网

【项目知识检测】

1. 隧道及地下工程自动化监测的主要作用是什么？

2. 监测仪器与设备是隧道及地下工程自动化监测的重要组成部分，需要了解哪些方面的知识？

3. 实施隧道及地下工程自动化监测需要遵循哪些安全原则？

项目八 基坑工程变形监测

【项目概述】

基坑为进行建筑物基础、地下建筑物施工所开挖形成的地面以下空间，基坑工程如果变形过大或者失稳，会导致周边环境和设施的沉陷、开裂、破坏，造成非常严重的问题。为保证基坑的稳定，基坑工程需进行必要的监测工作，基坑施工过程中，采用工程测量仪器和各类传感器，对围护结构内力和变形、基坑周边环境位移、倾斜、沉降、开裂、地下水水位的动态变化与土压力、孔隙水压力变化等，进行综合监视以指导施工，保证基坑及周边环境安全。在传授专业知识的同时融入思政教育，注意培养学生的职业道德、工匠精神、责任与担当，激发学生的工程安全意识、社会责任感，培养学生严谨认真的工作态度，强化对工程安全的理解，弘扬一丝不苟、爱岗敬业、精益求精的大国工匠精神。

【学习目标】

[知识目标]

1. 掌握基坑监测的目的，基坑工程支护结构的类型以及基坑监测的基本要求；

2. 掌握坡顶竖向、水平位移监测以及土体深层水平位移监测的原理与方法。

[技能目标]

1. 能够进行监测点的布置，竖向位移与水平位移的监测；

2. 会使用测斜仪进行围护墙和土体深层水位位移的监测。

[思政目标]

1. 培养学生严谨的工作态度，强化对工程安全的理解，以确保每一个环节、每一项工作都做到位，一丝不苟、爱岗敬业、精益求精的大国工匠精神；

2. 基坑工程监测不仅是工程建设的技术环节，更是关乎人民群众生命安全的重要问题，培养学生的社会责任感。

【考核内容】

1. 知识考核：基坑监测的目的，基坑工程支护结构的类型，基坑监测的基本要求，围护墙和土体深层水平位移监测的原理；

2. 技能考核：坡顶竖向与水平位移监测的方法，围护墙和土体深层水位位移的监测方法。

【规范】

1.《建筑变形测量规范》(JGJ 8—2016)；

2.《建筑基坑工程监测技术标准》(GB 50497—2019)；

3.《建筑基坑支护技术规程》(JGJ 120—2012)。

任务一 基坑工程变形监测概述

【任务导学】

基坑工程开挖是一项技术复杂、带有经验性和风险性的工程。基坑为进行建筑物基础、地下建筑物施工所开挖形成的地面以下空间,基坑工程如果变形过大或者失稳,会导致周边环境和设施的沉陷、开裂、破坏,造成非常严重的问题。为保证基坑的稳定,基坑工程须进行必要的监测工作。

【任务要求】

基坑工程变形监测首先需要确定监测目标和监测要求,根据监测目标和监测要求选择适合的监测方法,不同的监测方法需要不同的仪器和设备,如全站仪需要三脚架、反光棱镜等,倾斜仪需要水平仪、全站仪等,设置数据采集、传输和处理系统等。然后,基坑工程变形监测所得到的数据需要经过处理和分析,以判断基坑工程对周边环境的影响。最后,监测报告的编制与汇报,向有关部门和当事人汇报监测结果和建议,以监测数据为依据,提出必要的措施和建议。

一、基坑工程的现状

目前,我国基坑及其围护状况总的来说具有以下特点。

(1)基坑工程是个临时工程,安全储备相对可以小些,但又与地区性有关。不同区域地质条件不同,其特点也不相同。基坑工程是岩土工程、结构工程及施工技术互相交叉的学科,是多种复杂因素交互影响的系统工程。

(2)由于基坑支护工程造价高,开工数量多,是各施工单位争夺的重点,又由于技术复杂,涉及范围广,变化因素多,事故频繁,是建筑工程中最具有挑战性的技术难点,同时是降低工程造价、确保工程质量的重点。

(3)基坑工程正向大深度、大面积方向发展,有的长度和宽度均超过百余米,工程规模日益增大。

(4)随着旧城改造的推进,各城市的主要高层、超高层建筑大都集中在建筑密度大、人口密集、交通拥挤的狭小场地中。基坑工程施工地条件均很差。邻近常有必须保护的永久性建筑和市政公用设施,不能放坡开挖,对基坑稳定和位移控制的要求很严。

(5)岩土性质千变万化,地质埋藏条件和水文地质条件的复杂性、不均匀性,往往造成勘察所得的数据离散性很大,难以代表土层的总体情况,并且精确度较低,给基坑工程的设计和施工增加了难度。

(6)在软土、高水位及其他复杂场地条件下开挖基坑,很容易产生土体滑移、基坑失稳、桩体变位、坑底隆起、支挡结构严重漏水、流土以致破损等病害,对周边建筑物、地下构筑物及管线的安全造成很大威胁。

(7)基坑工程包含挡土、支护、防水、降水、挖土等许多紧密联系的环节,其中的某一环节失效将会导致整个工程的失败。

(8)相邻场地的基坑施工,如打桩、降水、挖土等各项施工环节都会产生相互影响与制约,增加事故诱发因素。围护基坑方法多,诸如人工挖孔桩、机械钻孔桩、预制桩、深层搅拌桩、钢板桩、地下连续墙、钢支撑、木支撑、沙袋堆撑、拉锚、机滑桩、注浆、喷锚网支护法等。

(9)基坑工程造价较高,又是临时性工程,一般不愿投入较多资金。一旦出现事故,处理十分困难,造成的经济损失和社会影响往往十分严重。

(10)基坑工程施工周期长。从开挖到完成地面以下的全部隐蔽工程,常需经历多次降雨、周边堆载、振动、施工失当等许多不利条件,其安全度的随机性较大。事故的发生往往具有突发性。

二、基坑监测的目的

基坑变形监测指在基坑施工过程中,采用工程测量仪器和各类传感器,对围护结构内力和变形、基坑周边环境位移、倾斜、沉降、开裂、地下水水位的动态变化与土压力、孔隙水压力变化等进行综合监视以指导施工,保证基坑及周边环境安全。

基坑监测的目的:

(1)为安全施工提供依据。避免支护结构和被支护土体的过大变形导致邻近建筑物、构筑物的破坏,确保基坑支护结构和相邻建筑物的安全。

(2)为优化设计提供依据,检验设计所采用的各种假设和参数的正确性,及时修正与完善,指导基坑开挖和支护结构的施工。

(3)积累工程经验,准确验证建筑物与构筑物的稳定与否,为提高基坑工程的设计和施工的整体水平提供依据。

三、基坑等级与监测项目

基坑工程现场监测项目的选择与基坑工程类别有关。基坑工程等级的划分方法根据现行国家标准《建筑基坑工程监测技术标准》(GB 50497—2019)确定,见表 8-1。

表 8-1　基坑工程类别

类别	分类标准
一级	重要工程或支护结构作主体结构的一部分; 开挖深度大于 10 m; 与邻近建筑物、重要设施的距离在开挖深度以内的基坑; 基坑范围内有历史文物、近代优秀建筑、重要管线等需严加保护的基坑
二级	除一级和三级外的基坑属二级基坑
三级	开挖深度小于 7 m,且周围环境无特别要求时的基坑

《建筑基坑工程监测技术标准》(GB 50497—2019)土质基坑工程仪器监测的项目,这些项目是经过大量工程调研并征询全国近 20 个城市的百余名专家的意见,结合现行的有关标准,并考虑了我国目前基坑工程监测技术水平后提出的,是我国基坑工程发展近 30 年来的经验总结。监测项目的选择既关系到基坑工程的安全,也关系到监测费用的大小。

盲目减少监测项目很可能因小失大,造成严重的工程事故和更大的经济损失,得不偿失;随意增加监测项目也会造成浪费。对于一个具体工程必须始终把安全放在第一位,在此前提下可以根据基坑工程等级有目的、有针对地选择监测项目。

土质基坑工程仪器监测项目应根据表 8-2 进行选择。

表 8-2　土质基坑工程仪器监测项目

监测项目		基坑工程安全等级		
		一级	二级	三级
围护墙(边坡)顶部水平位移		应测	应测	应测
围护墙(边坡)顶部竖向位移		应测	应测	应测
深层水平位移		应测	应测	宜测
立柱竖向位移		应测	应测	宜测
围护墙内力		宜测	可测	可测
支撑轴力		应测	应测	宜测
立柱内力		可测	可测	可测
锚杆轴力		应测	宜测	可测
坑底隆起		可测	可测	可测
围护墙侧向土压力		可测	可测	可测
孔隙水压力		可测	可测	可测
地下水水位		应测	应测	应测
土体分层竖向位移		可测	可测	可测
周边地表竖向位移		应测	应测	宜测
周边建筑	竖向位移	应测	应测	应测
	倾斜	应测	宜测	可测
	水平位移	宜测	可测	可测
周边建筑裂缝、地表裂缝		应测	应测	应测
周边管线	竖向位移	应测	应测	应测
	水平位移	可测	可测	可测
周边道路竖向位移		应测	宜测	可测

本标准共列出了 18 项监测项目,主要反映的是监测对象的物理力学性能——受力和变形。对于同一个监测对象,这两个指标有着内在的必然联系,相辅相成,配套监测可以帮助判断数据的真伪,做到去伪存真。

岩体基坑工程仪器监测项目应根据表 8-3 进行选择。

表 8-3 岩体基坑工程仪器监测项目

监测项目		基坑设计安全等级		
		一级	二级	三级
坑顶水平位移		应测	应测	应测
坑顶竖向位移		应测	宜测	可测
锚杆轴力		应测	宜测	可测
地下水、渗水与降雨关系		宜测	可测	可测
周边地表竖向位移		应测	宜测	可测
周边建筑	竖向位移	应测	宜测	可测
	倾斜	宜测	可测	可测
	水平位移	宜测	可测	可测
周边建筑裂缝、地表裂缝		应测	宜测	可测
周边管线	竖向位移	应测	宜测	可测
	水平位移	宜测	可测	可测
周边道路竖向位移		应测	宜测	可测

土岩组合基坑工程应根据基坑设计安全等级、岩体质量、土岩分布、土岩结合面及地下水状况、支护形式、周边环境变形控制要求，按照表 8-2、表 8-3 选择监测项目，围护桩嵌岩处岩体的水平向位移宜进行监测。

四、基坑支护结构

基坑支护，是为保证地下结构施工及基坑周边环境的安全，对基坑侧壁及周边环境采用的支挡、加固与保护措施。

基坑开挖是否采用支护结构，采用何种支护结构，应根据基坑周边环境、地下结构的条件、基坑开挖深度、工程地质和水文地质条件、施工条件、施工季节、地区工程经验等通过经济、技术、环境综合分析比较确定。

基坑支护结构体系一般包括两个部分，即挡土结构和降水止水体系。桩、墙式支护结构常采用钢板桩、钢筋混凝土板桩、柱列式灌注桩、地下连续墙等。根据土质条件及基坑规模，可以设计成悬臂式、内支撑式或锚拉式。重力式支护结构多采用水泥土搅拌桩挡墙、土钉墙等。当支护结构不能起到止水作用时，可同时设置止水帷幕或采用坑外降水，以达到控制地下水的目的，使基坑土方工程可在干作业条件下开挖。

（一）桩、墙式支护结构

柱列桩、板桩、地下连续墙等均属此类，支护桩、墙插入坑底土中一定深度，上部悬臂或设置锚撑体系,形成一梁式锚、撑受力构件。其结构计算简图,可将支护桩、墙简化成在土压力作用下的一静定梁或超静定梁,或按插入土中的竖向弹性地基梁求解。

此类支护结构应用广泛,适用性强,易于控制支护结构变形,尤其适用于开挖深度较大的深基坑,并能适应各种复杂的地质条件,设计计算理论较为成熟,各地区的工程经验也较多,是深基坑工程中经常采用的主要结构形式。

(二)重力式支护结构

水泥土搅拌桩挡墙、高压旋喷桩挡墙等类似重力式挡墙均属此类。此类支护结构截面尺寸较大,依靠实体墙身的重力起挡土作用。墙身也可设计成格构式或阶梯形等多种形式,无锚拉或内支撑系统,土方开挖施工方便。墙身主要承受压力,一般不承受拉力,按重力式挡墙的设计原则计算。土质条件较差时,基坑开挖深度不宜过大,其适用于小型基坑工程。土质条件较好时,水泥土搅拌工艺使用受限制。各地已有大量应用实体重力式支护结构的工程经验。

(三)组合式支护结构

按场地、地质及环境条件的不同,尚可采用多种形式组合的支护结构,如桩、墙式支护结构与土钉墙或重力式支护结构结合,以及与岩石锚杆组合而形成组合式支护结构。

任务二　基坑工程监测方法

【任务导学】

基坑工程监测常用方法有全站仪监测法、倾斜仪监测法、GNSS 监测法、钢丝绳测量法、降雨量监测法、地下水水位控制法及测斜、测深孔监测法等。根据实际情况灵活选择应用,常规情况下需要结合不同的监测方法进行综合监测。同时,在基坑工程施工过程中,也需要进行仪器校准、数据处理和结果分析等工作。

【任务要求】

熟悉基坑工程监测相关知识,了解基坑工程监测的意义、目的、方法和步骤等,掌握各种监测方法的特点和适用范围,掌握监测仪器和设备使用,能够进行监测数据处理和分析,能够编制监测报告。

在进行监测过程中,监测员能够注意安全问题,如设置警示标志、进行安全防护措施等,确保监测人员和环境安全。

一、概述

基坑工程的现场监测应采用巡视检查与仪器监测相结合的方法。

基坑工程现场监测的对象应包括:支护结构、地下水状况、基坑底部及周边土体、周边建筑、周边管线及设施、周边重要的道路。从基坑边缘以外 1~3 倍基坑开挖深度范围内需要保护的周边环境也应作为监测对象。

基坑工程的监测项目应与基坑工程设计、施工方案相匹配。应针对监测对象的关键部位,做到重点观测、项目配套并形成有效的、完整的监测系统。监测方法的选择应根据基坑类别、设计要求、场地条件、当地经验和方法适用性等因素综合确定,监测方法应合理易行。

对同一监测项目,监测时要遵循“五定”原则:①基准点、监测点的固定;②用相同的观测方法和观测路线;③使用同一监测仪器和设备;④固定观测人员;⑤在基本相同的环境和条件下工作。

监测项目初始值应在相关施工工序之前测定,并取至少连续观测 3 次稳定值的平均值。

基坑监测的要求可归纳为以下 7 条:

(1)计划性,根据设计要求、业主任务制订监测方案,并根据变体情况及时修正。

(2)真实性,监测数据必须可靠真实,不得更改、删除。

(3)及时性,监测数据须及时在现场计算处理,当天报表当天出,以便及时发现隐患并采取措施。

(4)匹配性,监测元件埋设与监测对象匹配。监测点便于观测,埋设稳固,有效保护。

(5)多样性,尽量实行多个项目和检测方法进行检测,可以互相印证。

(6)完整性,完整的记录表、数据报表、曲线图和监测报告。

(7)警示性,设定报警值与报警制度,包括累计变形与变形速率。

变形监测网的基准点、工作基点布设应符合下列要求:每个基坑工程至少应有 3 个稳定、可靠的点作为基准点。工作基点应选在相对稳定和方便使用的位置。基坑工程监测点的布置应能反映监测对象的实际状态及其变化趋势,监测点应布置在内力及变形关键特征点上,并应满足监控要求。基坑工程监测点的布置应不妨碍监测对象的正常工作,并应减少对施工作业的不利影响。监测标志应稳固、明显、结构合理,监测点的位置应避开障碍物,便于观测。

二、巡视检查

基坑工程巡视检查宜包括以下内容:

(1)支护结构:支护结构成型质量,冠梁、围檩、支撑有无裂缝出现,支撑、立柱有无较大变形,止水帷幕有无开裂、渗漏,墙后土体有无裂缝、沉陷及滑移,基坑有无涌土、流沙、管涌。

(2)施工工况:开挖后暴露的土质情况与岩土勘察报告有无差异;基坑开挖分段长度、分层厚度及支锚设置是否与设计要求一致;场地地表水、地下水排放状况是否正常,基坑降水、回灌设施是否运转正常;基坑周边地面有无超载。

(3)周边环境:周边管道有无破损、泄漏情况,周边建筑有无新增裂缝出现,周边道路(地面)有无裂缝、沉陷,邻近基坑及建筑的施工变化情况。

(4)监测设施:基准点、监测点完好状况,监测元件的完好及保护情况,有无影响观测工作的障碍物。

(5)根据设计要求或当地经验确定的其他巡视检查内容。

巡视检查宜以目测为主,可辅以锤、钎、量尺、放大镜等工器具以及摄像、摄影等设备进行。对自然条件、支护结构、施工工况、周边环境、监测设施等的巡视检查情况应做好记录。检查记录应及时整理,并与仪器检测数据进行综合分析。巡视检查如发现异常和危险情况,应及时通知建设方及其他相关单位。

三、仪器监测

(一)水平位移监测

建筑水平位移监测点应布置在建筑的外墙墙角、外墙中间部位的墙上或柱上、裂缝两侧以及其他有代表性的部位,监测点间距视具体情况而定,一侧墙体的监测点不宜少于3个。

测定特定方向上的水平位移时,可采用视准线法、小角度法、投点法等;测定监测点任意方向的水平位移时,可视监测点的分布情况,采用前方交会法、后方交会法、极坐标法等;当测点与基准点无法通视或距离较远时,可采用GNSS测量法或三角、三边、边角测量与基准线法相结合的综合测量方法。

水平位移监测基准点的埋设应符合国家现行标准《建筑变形测量规范》(JGJ 8—2016)的有关规定,宜设置有强制对中的观测墩,并宜采用精密的光学对中装置,对中误差不宜大于0.5 mm。基坑围护墙(边坡)顶部、基坑周边管线、邻近建筑水平位移监测精度应根据其水平位移报警值按表8-3确定。

表8-3　水平位移监测精度要求

水平位移报警值	累计值 D/mm	$D<20$	$20\leqslant D<40$	$40\leqslant D\leqslant 60$	$D>60$
	变化速率 v_p/(mm/d)	$v_p<2$	$2\leqslant v_p<4$	$4\leqslant v_p\leqslant 6$	$v_p>6$
监测点坐标中误差/mm		≤0.3	≤1.0	≤1.5	≤3.0

注:1. 监测点坐标中误差,是指监测点相对测站点(如工作基点等)的坐标中误差,为点位中误差的$1/\sqrt{2}$;

2. 当根据累计值和变化速率选择的精度要求不一致时,水平位移监测精度优先按变化速率报警值的要求确定;

3. 本规范以中误差作为衡量精度的标准。

(二)竖向位移监测

建筑竖向位移监测点的布置应符合的要求有:建筑四角、沿外墙每10~15 m处或每隔2~3根柱基上,且每侧不少于3个监测点;不同地基或基础的分界处;不同结构的分界处;变形缝、抗震缝或严重开裂处的两侧;新、旧建筑或高、低建筑交接处的两侧;高耸构筑物基础轴线的对称部位,每一构筑物不应少于4点。基坑周边地表竖向位移监测点宜按监测剖面设在坑边中部或其他有代表性的部位。监测剖面应与坑边垂直,数量视具体情况确定。每个监测剖面上的监测点数量不宜少于5个。

竖向位移监测可采用几何水准或液体静力水准等方法。坑底隆起(回弹)宜通过设置回弹监测标,采用几何水准并配合传递高程的辅助设备进行监测,传递高程的金属杆或钢尺等应进行温度、尺长和拉力等修正。围护墙(边坡)顶部、立柱、基坑周边地表、管线和邻近建筑的竖向位移监测精度应根据其竖向位移报警值按表8-4确定。

表 8-4　竖向位移检测精度要求

竖向位移报警值	累计值 S/mm	$S<20$	$20 \leqslant S<40$	$40 \leqslant S \leqslant 60$	$S>60$
	变化速率 v_s/(mm/d)	$v_s<2$	$2 \leqslant v_s<4$	$4 \leqslant v_s \leqslant 6$	$v_s>6$
监测点测站高差中误差/mm		≤0.15	≤0.3	≤0.5	≤1.5

注:监测点测站高差中误差是指相应精度与视距的几何水准测量单程一测站的高差中误差。

坑底隆起(回弹)监测的精度应符合表 8-5 的要求。

表 8-5　坑底隆起(回弹)监测的精度要求　单位:mm

坑底隆起(回弹)报警值	≤40	40~60	60~80
监测点测站高差中误差	≤1.0	≤2.0	≤3.0

各监测点与水准基准点或工作基点应组成闭合环路或附合水准路线。

围护墙或基坑边坡顶部的水平位移和竖向位移监测点应沿基坑周边布置,周边中部、阳角处应布置监测点。监测点水平间距不宜大于 20 m,每边监测点数目不宜少于 3 个。水平位移和竖向位移监测点宜为共用点,监测点宜设置在围护墙顶或基坑坡顶上。

(三)深层水平位移监测

围护墙或土体深层水平位移的监测宜采用在墙体或土体中预埋测斜管,通过测斜仪观测各深度处水平位移的方法。围护墙或土体深层水平位移监测点宜布置在基坑周边的中部、阳角处及有代表性的部位。监测点水平间距宜为 20~50 m,每边监测点数目不应少于 1 个。

用测斜仪观测深层水平位移时,当测斜管埋设在围护墙体内,测斜管长度不宜小于围护墙的深度;当测斜管埋设在土体中时,测斜管长度不宜小于基坑开挖深度的 1.5 倍,并应大于围护墙的深度。以测斜管底为固定起算点时,管底应嵌入稳定的土体中。

测斜仪的系统精度不宜低于 0.25 mm/m,分辨率不宜低于 0.02 mm/500 mm。测斜管应在基坑开挖 1 周前埋设,埋设时应符合下列要求:埋设前应检查测斜管质量,测斜管连接时应保证上、下管段的导槽相互对准、顺畅,各段接头及管底应保证密封。测斜管埋设时应保持竖直,防止发生上浮、断裂、扭转;测斜管对导槽的方向应与所需测量的位移方向保持一致。当采用钻孔法埋设时,测斜管与钻孔之间的孔隙应填充密实。

测斜仪探头置入测斜管底后,应待探头接近管内温度时再量测,每个监测点均应进行正、反两次量测。当以上部分管口作为深层水平位移的起算点时,每次监测均应测定管口坐标的变化并修正。

(四)地下水位监测

地下水位监测宜通过孔内设置水位管,采用水位计进行量测。

地下水位监测点的布置应符合下列要求:

(1)基坑内地下水位监测点,当采用深井降水时,水位监测点宜布置在基坑中央和两相邻降水井的中间部位;当采用轻型井点、喷射井点降水时,水位监测点宜布置在基坑中央和周边拐角处,监测点数量应视具体情况确定。

(2)基坑外地下水位监测点应沿基坑、被保护对象的周边或在基坑与被保护对象之间布置,监测点间距宜为20~50 m。相邻建筑、重要的管线或管线密集处应布置水位监测点;当有止水帷幕时,宜布置在止水帷幕的外侧约2 m处。

(3)水位观测管的管底埋置深度应在最低设计水位或最低允许地下水位之下3~5 m。承压水水位监测管的滤管应埋置在所测的承压含水层中。

(4)回灌井点观测井应设置在回灌井点与被保护对象之间。

地下水位量测精度不宜低于10 mm。潜水水位管应在基坑施工前埋设,滤管长度应满足量测要求;承压水位监测时被测含水层与其他含水层之间应采取有效的隔水措施。水位管宜在基坑开始降水前至少1周埋设,且宜逐日连续观测水位并取得稳定初始值。

(五)锚杆及土钉内力监测

锚杆及土钉的内力监测宜采用专用测力计、钢筋应力计或应变计,当使用钢筋束时宜监测每根钢筋的受力。

专用测力计、钢筋应力计和应变计的量程宜为对应设计值的2倍,量测精度不宜低于0.5%F·S,分辨率不宜低于0.2%F·S。锚杆或土钉施工完成后应对专用测力计、应力计或应变计进行检查测试,并取下一层土方开挖前连续2 d获得的稳定测试数据的平均值作为其初始值。

(六)土体分层竖向位移监测

土体分层竖向位移监测孔应布置在靠近被保护对象且有代表性的部位,数量应视具体情况确定。在竖向布置上测点宜设置在各层土的界面上,也可等间距设置。测点深度、测点数量应视具体情况确定。土体分层竖向位移可通过埋设磁环式分层沉降标,采用分层沉降仪进行量测;或者通过埋设深层沉降标,采用水准测量方法进行量测。磁环式分层沉降标或深层沉降标应在基坑开挖前至少1周埋设。采用磁环式分层沉降标时,应保证沉降管安置到位后与土层密贴牢固。土体分层竖向位移的初始值应在磁环式分层沉降标或深层沉降标埋设后量测,稳定时间不应少于1周并获得稳定的初始值。采用分层沉降仪量测时,每次测量应重复2次并取其平均值作为测量结果,2次读数较差不大于1.5 mm,沉降仪的系统精度不宜低于1.5 mm。

任务三　海太长江隧道江北明挖段主体结构及工作井基坑施工监测方案

【任务导学】

针对本工程基坑开挖深度、结构类型、工程地质、场地限制条件等情况,同时结合此种地质类似工程施工经验,采用明挖法施工,支护形式采用围护桩(墙)+内支撑。明确本工程监测项目及监测方法,包括支护结构顶部水平位移监测、深层水平位移监测和地下水位监测。

【任务要求】

需要对海太长江隧道江北明挖段主体结构及工作井基坑施工的概况进行认真分析,综合考虑海太长江隧道江北明挖段主体结构及工作井基坑施工过程中各方面的因素,制定合理的监测方案,通过精确的监测手段,准确地掌握各方面监测数据,以保障工程施工的顺利进行,从而达到更好的监测效果。

监测员应具有团队协作能力,具有良好的学习和创新能力,具有责任心和勇于承担责任的精神。

一、工程简介

海太过江隧道施工江北明挖段+后续段+工作井里程范围 K55+160~K56+105,全长 945 m。江北明挖段围护结构设计里程为 K55+160~K56+000,全长 840 m,基坑宽度 30.8~41.019 m,基坑深度 0.241~22.077 m。江北工作井+后续段围护结构设计里程为 K56+000~K56+105,全长 105 m,后续段基坑宽度 51.067~52.509 m;工作井基坑宽度 56.000 m,后续段基坑深度 28.109~29.851 m,工作井基坑深度 29.66~31.986 m。

针对本工程基坑开挖深度、结构类型、工程地质情况、场地限制条件等情况,同时结合此种地质类似工程施工经验,采用明挖法施工,支护形式采用围护桩(墙)+内支撑支护形式。海太过江隧道施工图江北明挖段线路平面走向见图 8-2。

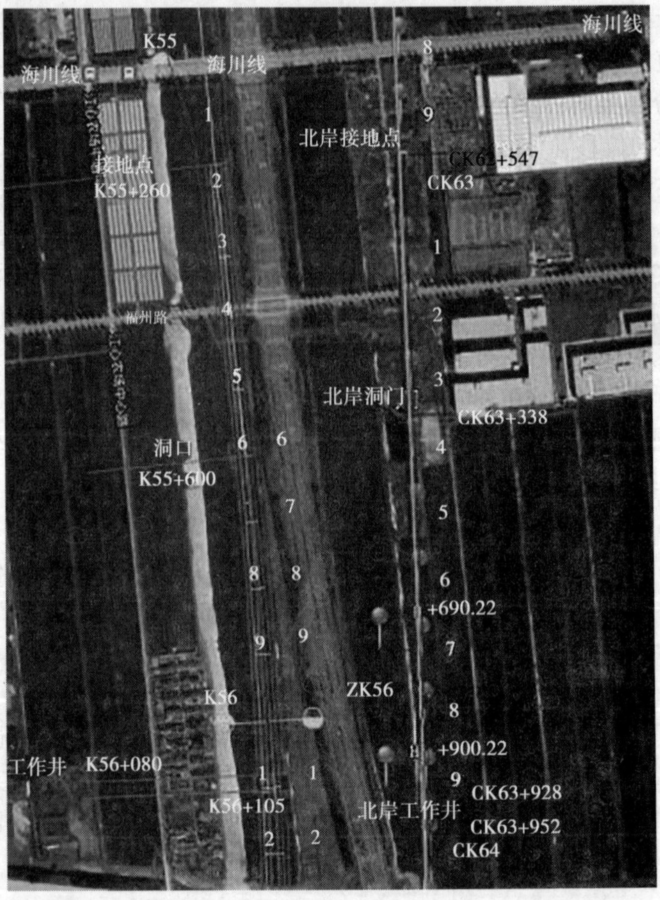

图 8-2　海太过江隧道施工图江北明挖段线路平面走向

(一)监测重点

基坑开挖施工是高风险工作,对于周边环境安全要求很高,为确保整个支护结构和周边环境的安全,必须控制支护结构和周边土体的受力、变形,掌握周边环境的变形情况和变形规律,对有风险部位提前预判,使后续的监测工作有的放矢。根据现场的环境条件、工程本身特点及完成类似工程的经验,梳理出以下监测重点:江北明挖段基坑深 0.24~22.074 m,基坑施工自身风险高且对周边环境影响大,超深基坑施工是本工程监测的重点。

(二)监测难点

根据以往经验,由于现场交叉施工作业多,现场施工人员对监测点的保护意识不强,监测点容易受到施工、挖土等操作影响损坏,对监测点的保护是监测工作的难点之一。因此,针对监测点的布设及保护做出以下几点建议:对于监测点的保护工作,在监测工作开始前由施工单位或监理单位牵头对参建单位进行技术交底;加强监测点保护意识,做到谁破坏谁负责;监测单位应在监测点布设完毕后在对应监测点附近较明显的地方挂设标识牌,防止现场因施工等情况造成人为破坏;平时多加强对基坑周边的巡视工作。若有造成破坏的监测点,第一时间到场,具备修复的监测点应第一时间修复,及时加测数据,以保证基坑变形数据的连续。

二、监测项目

根据相应工程概况、工程地质条件及基坑周边环境状况,经过现场踏勘及收集资料,并结合国家、省、市有关规范及设计要求,确定本工程监测的主要内容。工程监测的对象包括支护结构、地下水情况、周边建筑、周边重要管线、周边重要的道路及其他应监测的对象。

本工程监测项目主要包括:基坑周边地表沉降、周边建筑物竖向位移、建筑物裂缝监测、围护结构墙顶水平位移及竖向位移、墙体的深层水平位移、支撑轴力、立柱竖向位移、坑外地下水水位及现场巡视监测。

根据标段工程总体概况监控量测在设计时提出的相关要求(见表 8-6),设置监测项目见表 8-7。

表 8-6 监测工作量汇总

序号	监测项目	测点布置设计	方案内点	备注
1	地表沉降	监测剖面与坑边垂直,每个监测剖面的监测点不少于 5 个,剖面间距 15 m	610	增加重点区域测点
2	明挖段周边管线沉降	节点、转角,间距 15~25 m,延伸至坑外 20 m	70	明挖段周边管为燃气、电力、给水
	工作井周边管线沉降		12	工作井及后续段周边管为污水、给水

续表 8-6

序号	监测项目	测点布置设计	方案内点	备注
3	围护桩顶沉降	沿基坑边每 15 m 布设 1 个监测点	122	增加重点区域测点
4	桩顶水平位移	沿基坑边每 15 m 布设 1 个监测点	122	
5	深层水平位移	沿基坑边水平间距 15 m，同一孔竖向间距 0.5 m 观测一数据	122	增加重点区域测点
6	地下水位	沿基坑边水平间距 40 m	122	增加重点区域测点
7	支撑轴力		222	增加重点区域测点
8	围护墙钢筋应力		146	增加重点区域测点
9	立柱沉降	水平间距为 40 m,不少于总数的 10%	42	增加重点区域测点
10	坑底隆起（回弹）	间距 10~30 m	94	

表 8-7　基坑监测项目

序号	监测项目	一级基坑	二级基坑	三级基坑
1	围护结构顶部竖向位移	√	√	
2	围护结构顶部水平位移	√	√	
3	围护体深层水平位移(测斜)	√	√	
4	支撑轴力	√	√	√
5	支撑立柱沉降	√	√	√
6	地下水水位	√	√	√
7	坑底隆起(回弹)	√		
8	周边地表沉降	√	√	√
9	周边建(构)筑物变形	√	√	√
10	地下管线变形	√	√	√

由于本站施工对周边道路、管线影响较大,施工过程中须进行交通导改、管线改迁等,对现场监测点位,尤其是地表沉降及管线监测点的布设影响较大。因此,实际监测点数量需根据现场具体情况而定。

三、基准点、监测点的布设方法

(一)基准点的布设方法与保护

1. 平面控制点

水平位移监测控制网布设与联测。本工程平面坐标系统采用2000国家坐标系统。水平位移监测控制网由基准点和工作基点组成,基准点和工作基点尽量与第三方监测单位保持一致。选用3个第三方提供的控制点作为水平位移监测基准点。在远离基坑位置布设4个工作基点与基准点联测。

监测单位在正式监测工作开始前,在基坑周边稳定区域布设4个平面工作基点,监测期间应定期对控制网稳定性进行复测,复测周期一般为3个月。

2. 高程控制点

高程系统采用1985国家高程基准。在利用设计院提供的测量成果基础上,在基坑周边稳定建筑物上加密布设3个高程控制工作基点(T13S01、T13S02、T13S03),并与地铁沿线的高等级控制点布设成附合水准路线形式进行联测,确保测量成果的准确性和高程系统的统一性。基准点的复核联测频率为1月/次。

工作基点埋设、保护示意见图8-3。

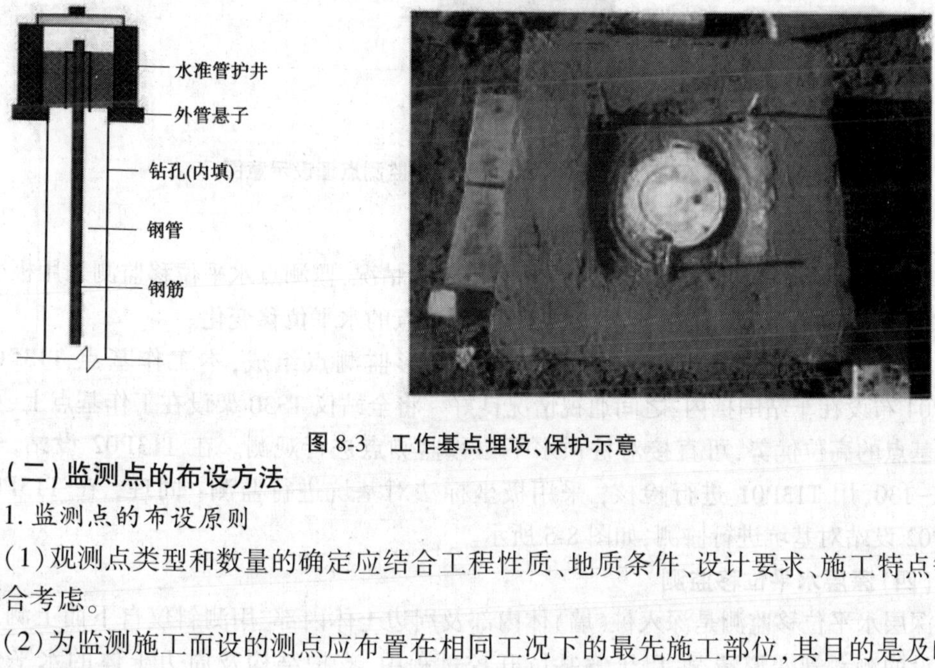

图8-3　工作基点埋设、保护示意

(二)监测点的布设方法

1. 监测点的布设原则

(1)观测点类型和数量的确定应结合工程性质、地质条件、设计要求、施工特点等因素综合考虑。

(2)为监测施工而设的测点应布置在相同工况下的最先施工部位,其目的是及时反馈信息,指导施工。

(3)地表面变形测点的位置既要考虑反映监测对象的变形特征,又要便于采用仪器进行观察,还要有利于测点的保护。

(4)埋设测点不能影响和妨碍结构的正常受力,不能削弱结构的刚度和强度。

(5)在实施多项内容监测时,各类测点的布置在理论和实践上应有机结合,力求使同一监测部位同时反映不同的物理变化量，找出内在的联系和变化规律。

（6）深层水平位移监测点在基坑支护结构施工期间预埋进支护结构内，以便监测工作开始时，监测元件能够进入稳定的工作状态。

（7）监测点在施工过程中遭到破坏时，应尽快在原来位置或尽量靠近原来位置布设测点（埋入地下的监测件除外），保证该点观测数据的连续性。

2. 支护结构顶部水平位移监测

监测基准点和工作基点采用强制对中设备，以减少对中误差对观测结果的影响。水平位移监测点应沿其结构体延伸方向布设，水平位移监测点的布设位置和数量按照设计要求布设，将监测点采用电钻钻孔方式布设 I 形标志点于支护结构顶部，方便小棱镜直接安放于监测点上，如图 8-4 所示。

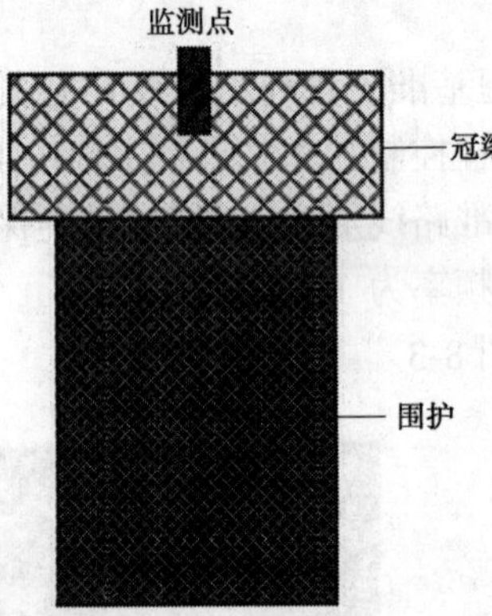

图 8-4 支护结构顶部水平位移监测点埋设示意图

（三）支护结构顶部水平位移监测

由于施工场地内环境条件一般较差，考虑现场情况，监测点水平位移监测采用极坐标法，使用工作基点或基准点为起算点，计算各监测点的水平位移变化。

水平位移监测网由基准点、工作基点和变形监测点组成，本工作基点 T13P01～T13P04 布设在车站围挡内，之间通视情况良好。将全站仪 TS30 架设在工作基点上，利用工作基点的高位优势，可直接对桩顶水平位移监测点进行观测。在 T13P02 设站，后视 DTIX-130，用 T13P01 进行检核，采用极坐标法对基坑进行监测；同理，在 T13P01～T13P02 设站对基坑进行监测，如图 8-5 所示。

（四）深层水平位移监测

深层水平位移监测是深入桩（墙）体内部及周边土体内部，用测斜仪自下而上测量预先埋设的测斜管变形情况，以了解基坑开挖过程中，支护结构及周边土体的水平位移情况。

深层水平位移监测点具体埋设要求如下：

（1）采用测斜仪在埋设于围护结构内的测斜管内进行测试，测点宜选在变形大（或危险）的典型位置；

（2）测斜管底宜与钢筋笼底部持平或略高于钢筋笼底部，管顶高出基准面 150～200

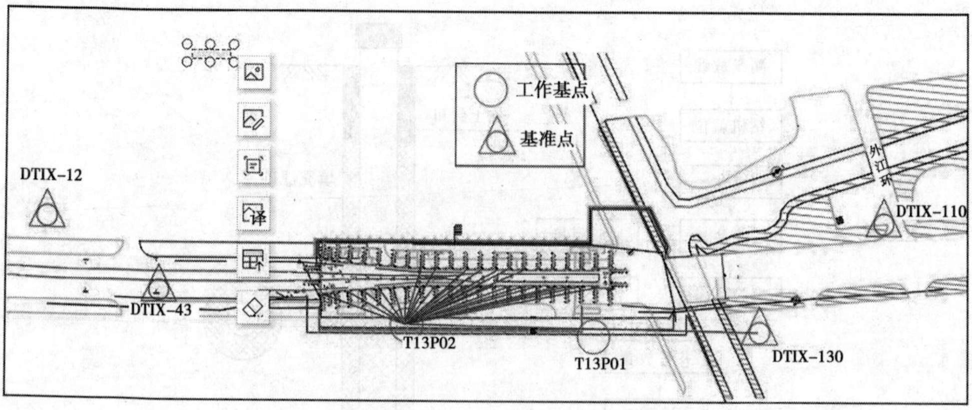

图 8-5　水平位移监测实施图

mm,在测斜管口段用混凝土墩子固定,保证管口段转角的稳定性;

(3)测斜管与支护结构的钢筋笼绑扎埋设时,绑扎间距不宜大于 1.5 m,原则是管子不移动、不松动;

(4)侧斜管的上下管间应对接良好,无缝隙,接头处牢固固定、密封;

(5)测斜管绑扎时应调正方向,使管内的一对测槽垂直于测量面(即平行于位移方向);

(6)封好底部和顶部,保持测斜管的干净、通畅和平直;

(7)做好清晰的标示和可靠的保护措施;

(8)对于已经施工围护结构情况,如需要采用钻孔埋设的方法,参照土体侧向变形测斜管埋设要求实施。

(五)地下水水位监测

水位孔采用小型钻机成孔,成孔深度应在设计最低水位之下。当水位管采用 ϕ 50 mm 时,水位孔采用 ϕ 100 mm 孔径。当钻进成孔至设计标高(基坑底部 3~5 m)后,放入裹有滤网的水位管。管壁与孔壁之间用净砂回填至离地表 0.5 m 处。再用黏土封填,以防地表水流入。坑内水位观测井均匀布设在基坑的两长边外的土体中,距围护墙外 2~3 m 处,每隔一定距离布设一根水位观测孔,如图 8-6、图 8-7 所示。

坑外水位测管预埋于基坑外的土体内,用水位计(见图 8-8、图 8-9)进行测量,了解基坑外水位变化情况,观测井深度超过开挖深度 3 m 或至基岩面(从自然地面算起)。坑内水位观测主要利用施工时基坑内的降水井,用水位计进行观测。

水位高程计算公式如下:

$$H_{水} = H_{管口} - h_{水位计读数}$$

监测过程中需要注意以下几点:

(1)水位管的埋设深度应根据不透水层的位置及设计而定;

(2)埋设时应注意水位管周围良好的透水性,并防止地表水进入孔内;

(3)水位孔滤管宜埋设在渗透系数大于 10^{-4} cm/s 的土层中;

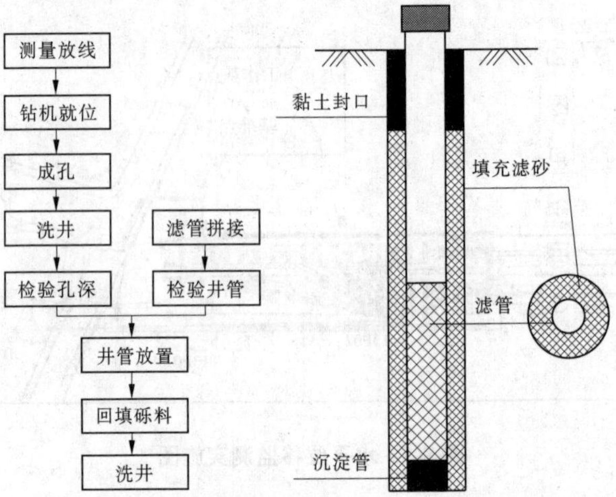

图 8-6　水位管埋设流程及安装示意图

图 8-7　水位管埋设实景

图 8-8　水位计

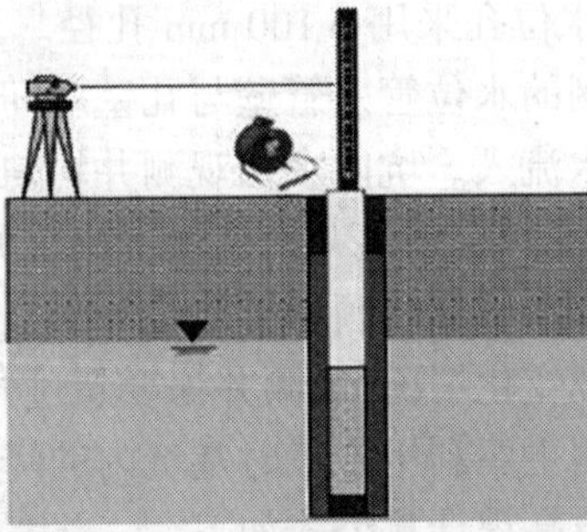

图 8-9　水位测量原理示意图

(4) 严禁特殊天气(各种影响地下水位的因素)后 1~2 d 测试初始值；
(5) 每周对管口高程与水准点联测一次；
(6) 观测精度为 1 mm。

任务四　基坑智能监测系统

【任务导学】

基坑智能监测系统是指利用互联网、物联网、大数据、云计算等技术，实现对基坑施工过程中各种参数的实时监测和数据分析，并提供相应的预警和管理服务。智能监测系统可以通过无线传输技术，将监测数据传输至集中监控中心，完成数据的存储、统计和分析等工作。

智能监测系统包括传感器、数据采集、通信和数据处理等模块，主要功能包括：地下水水位监测，地下水水位压力监测，地下渗流监测，基坑周边地表沉降监测，降雨量监测，振动监测，监测数据管理等。

城市基坑开挖具有施工风险高、施工难度大等特点。基坑监测与工程的设计、施工共同被列为深基坑工程质量保证的三大基本要素。

【任务要求】

掌握基坑监测的目的，基坑工程支护结构的类型以及基坑监测的基本要求，坡顶竖向位移、水平位移监测以及土体深层水平位移监测的原理与监测方法。

一、基坑自动化监测

下面以杭州欧感科技有限公司生产的基坑智能监测系统为例进行介绍。建设工程安全监测监管云平台、欧感项目管理系统、地质灾害安全监测预警云平台、欧感人工监测数据智能报表生成系统等智能云平台。

欧感人工监测数据智能报表生成系统如图 8-10 所示。本系统的作用是将人工现场采集的监测数据，自动生成各类报表。原始的人工数据可以通过模板上传，也可以通过仪器直接导入本系统。基坑智能监测如图 8-11 所示。

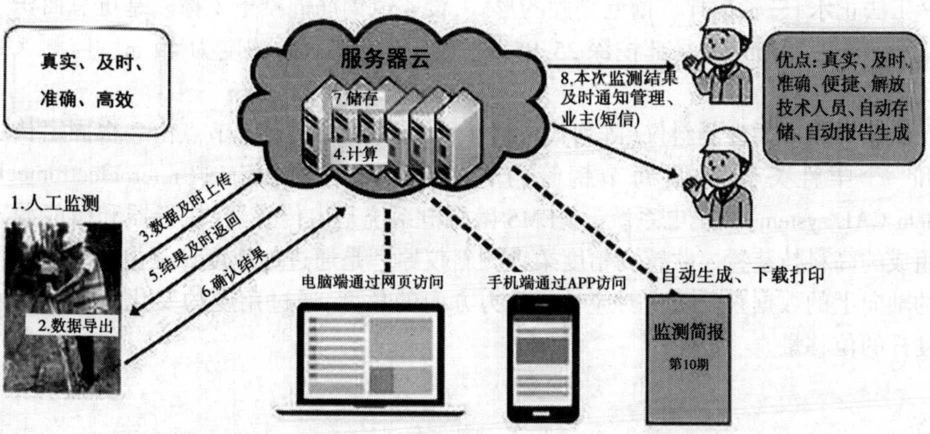

图 8-10　人工监测数据智能报表生成系统示意图

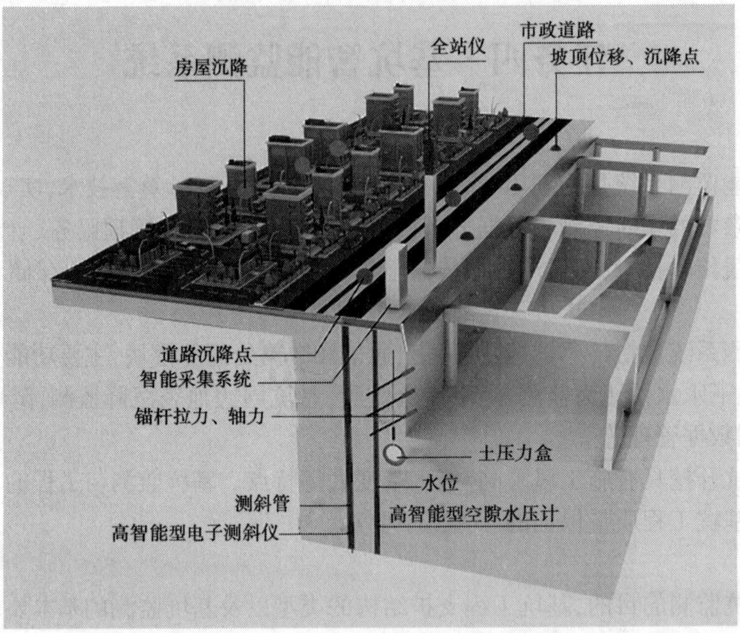

图 8-11　基坑智能监测示意图

二、基坑自动化监测案例——上海金桥美亚地块项目

上海金桥美亚地块项目位于浦东新区，东至金藏路，西临马家浜河，南至金科路，北至宁桥路。项目占地面积 20 573 m^2，总建筑面积 161 800 m^2，其中地上面积 101 100 m^2，地下面积 60 700 m^2。项目共包含 3 栋塔楼，建筑高度 100～170 m，另包含 3～8 层裙房，高度 24～50 m，场地下设 4 层地下室，底板埋 22～24 m。

本项目基坑工程采用厚度为 1 000 mm 的地下连续墙+ϕ 2 600 超高压旋喷注浆 180° RJP 工法止水+三轴搅拌桩槽壁加固的形式，设 4 道钢筋混凝土支撑。基坑总面积 18 609 m^2，开挖深度 20.55 m，局部挖深 25.95 m，地下连续墙有效浓度为 49 m。监测点数量统计见表 8-8。

欧感高精度柔性测斜仪（阵列式位移计）（见图 8-12），每个节点由一根固定长度的钢管和一个柔性关节组成，每节钢管内有一个独立智能 MEMS（microelectromechanical system CAL system）微机电系统。MEMS 微机电系统是由传感器、执行器和微能源三大部分组成的高科技装置。欧感高精度柔性测斜仪原理是通过加速度计测量重力加速度在不同的轴向上的数据来反映出对应轴与重力方向的角度，通过角度的变化从而计算对应的长度杆的位移量。

表 8-8　监测点数量统计

序号	监测项目	监测点数量	设备名称
1	围护墙顶垂直、水平位移监测	38 点	徕卡全站仪
2	围护墙体测斜监测	22 孔	柔性测斜仪
3	地表点监测	55 点	埋入式静力水准仪
4	支撑轴力监测	84 组	轴力计
5	坑外水位监测	22 孔	一体式水位计
6	立柱沉降	35 点	静力水准仪
7	坑底隆起	12 点	徕卡全站仪
8	周边地下管线沉降监测	130 点	埋入式静力水准仪
9	周边建(构)筑物沉降	69 点	静力水准仪
10	建(构)筑物倾斜	1 点	高精度倾角仪
11	裂缝监测	9 点	一体式裂缝计
12	坑外土体深层水平位移监测	2 孔	柔性测斜仪

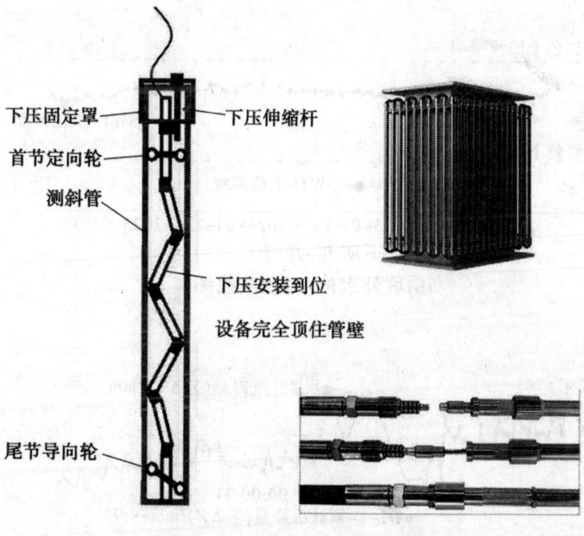

图 8-12　欧感高精度柔性测斜仪

自动化监测结合：24 h 监测，全面监测基坑。

信息化管理：实现测试数据信息化管理，相关人员可以通过不同权限登录以太网或者利用手机取得现场结构安全数据及安全评估信息。

报表推送：监测结果实时显示发布，定期将监测报表推送给用户。

多重分级预警：当结构出现异常信息时，系统自动进行预报警，并通过短信方式将信息及时转发给相关管理人员，并提示后台及时对结构当前状态进行安全评估。

监测项目趋势分析：通过监测项目的数据变化趋势（见图 8-13）对比，分析基坑与支护结构的稳定性，了解基坑的安全状况。

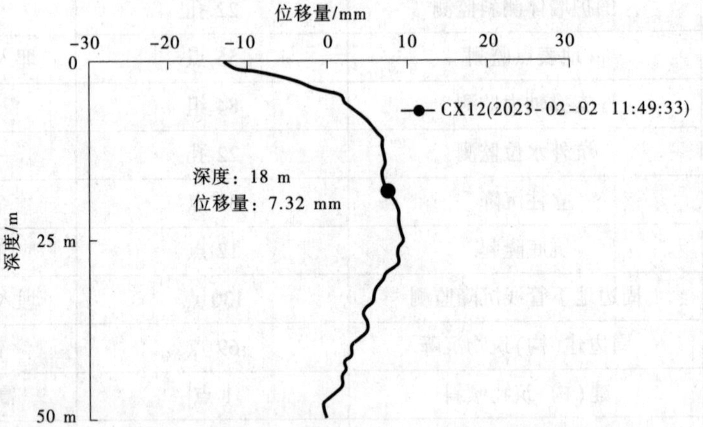

(a)CX12Y向水平位移–深度图

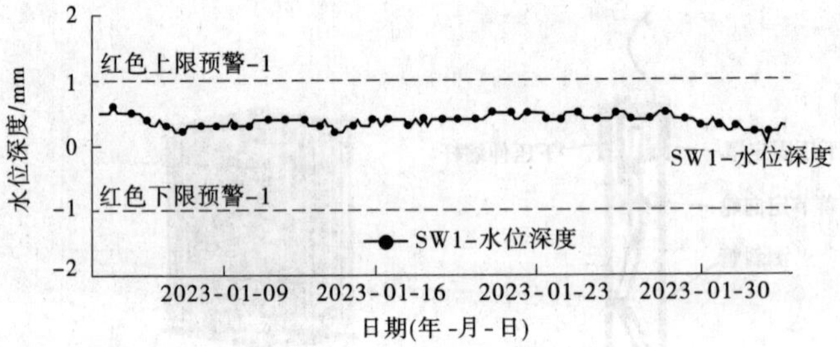

(b)坑外水位–时程曲线图

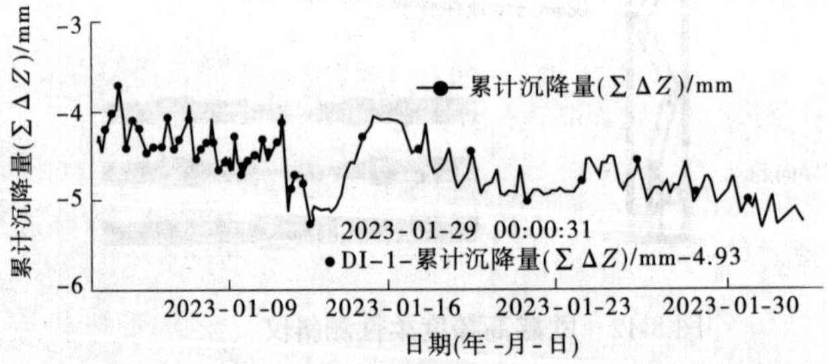

(c)地表沉降–时程曲线图

图 8-13　监测数据

【项目总结】

城市基坑开挖具有施工风险高、施工难度大等特点。由于地下土体性质、荷载条件、施工环境的复杂性，单根据地质勘察资料和室内土工试验参数来确定设计和施工方案，往往含有很多不确定因素，对在施工过程中引发的土体性状及邻近建筑物，地下设施变化的监测已成了工程建设中必不可少的重要环节，同时是指导正确施工的眼睛，是避免事故发生的必要措施，是一种信息技术。当前，基坑监测与工程的设计、施工共同被列为深基坑工程质量保证的三大基本要素。

【学习重点和难点】

重点：掌握基坑监测的目的，基坑工程支护结构的类型以及基坑监测的基本要求，坡顶竖向位移、水平位移监测以及土体深层水平位移监测的原理与监测方法。

难点：竖向位移与水平位移的监测技术方法，使用测斜仪进行围护墙和土体深层水位位移的监测。培养学生严谨的工作态度，强化对工程安全的理解，以确保每一个环节、每一项工作都做到位，一丝不苟、爱岗敬业、精益求精的大国工匠精神。基坑工程监测不仅是工程建设的技术环节，更是关乎人民群众生命安全的重要问题，培养学生的社会责任感。

新时代测绘人身上的测绘精神
——全国测绘技术能手何宗友和他的技能工作室

以广东省自然资源厅先进典型人物代表——全国测绘技术能手、广东省劳动模范、广东省国土资源测绘院技能工作室带头人何宗友的成长故事为主线，真实刻画了“技进乎道、精益求精、踏实专注、孜孜不倦”的工匠形象，充分展现了新时代测绘人身上的“热爱祖国、忠诚事业、艰苦奋斗、无私奉献”的测绘精神。

2022 年是党的二十大召开之年，是实施“十四五”规划关键之年，是全面贯彻落实省第十三次党代会精神的开局之年。

为引导自然资源广大职工更加紧密地团结在以习近平同志为核心的党中央周围，奋力推进自然资源高水平保护高效率利用示范省建设，以优异成绩迎接党的二十大胜利召开，厅工会组织开展“中国梦·劳动美——喜迎二十大建功新时代”主题宣传教育活动。本次活动聚焦迎接宣传贯彻党的二十大精神这条主线，把忠诚拥护“两个确立”、自觉做到“两个维护”作为根本政治要求，坚持用党的创新理论武装职工，用先进文化培育职工，用正确舆论引导职工，用高尚精神塑造职工，用优秀作品激励职工，用真诚服务赢得职工。

广东自然资源厅特开设“最美劳动者”专栏，通过展映自然资源基层一线职工、驻镇扶村工作者等微视频、微纪录片、微宣传片等，讲述宣传大家身边鲜活的劳模故事、劳动故事、工作故事，焕发广大职工群众立足岗位、开拓进取的劳动热情，进一步加强思想政治引领，为党的二十大胜利召开营造良好氛围。

粤测粤匠——何宗友和他的技术工作室，作品以广东省自然资源厅先进典型人物代表——全国测绘技术能手、广东省劳动模范、广东省国土资源测绘院技能工作室带头人何宗友的成长故事为主线，以“历练·成长”“匠心·筑梦”“创新·发展”“追梦·展望”四个维度，用“三带入（旁白）+三记录（现场）+三体会（感悟）”的拍摄方式，注重突出故事性，真实刻画了“技进乎道、精益求精、踏实专注、孜孜不倦”的工匠形象，充分表达了新时代测绘人身上展现的“热爱祖国、忠诚事业、艰苦奋斗、无私奉献”的测绘精神。

（本文来源：测绘之家）

【项目知识检测】

一、单选题

1. 基坑监测基准点应埋设在基坑开挖深度（　　）范围以外不受施工影响的稳定区域。

A. 1 倍　　B. 2 倍　　C. 3 倍　　D. 4 倍

2. 开挖深度大于 10 m 的基坑属于（　　）基坑。

A. 一级　　B. 二级　　C. 三级　　D. 特级

3. 基坑围护墙和土体深层水平位移监测采用的监测设备是（　　）。

A. 水准仪　　B. 全站仪　　C. GNSS 技术　　D. 测斜仪

4. 地基基础设计为甲、乙级的建筑的变形监测一般采用（　　）变形监测级别。

A. 一级　　B. 二级　　C. 三级　　D. 特级

5. 基坑侧向位移属于（　　）监测。

A. 裂缝监测　　B. 沉降监测　　C. 水平位移监测　　D. 挠度监测

二、简答题

1. 什么是基坑变形监测？
2. 基坑变形监测的基本要求有哪些？
3. 为什么需要进行基坑变形监测？
4. 论述深层水平位移的监测。

项目九　大型桥梁变形监测

【项目概述】

桥梁的基本类型主要有简支梁桥、拱桥、钢构桥、悬索桥、斜拉桥及其组合体系桥。大型桥梁是指在公路桥梁中多孔跨径总长于500 m或单孔大于100 m的桥梁，以及铁路桥梁中桥长大于500 m的桥梁，故大型桥梁主要是指拱桥、连续钢构桥、斜拉桥、悬索桥及由以上不同体系组合而成的桥梁。

桥梁变形监测是对桥梁整体性能的监测，是用工程测量原理、技术和方法以及特种精密工程测量技术，对大桥主梁各控制断面及索塔轴线的位移变形进行定期或实时监测，并绘编相应的位移变形影响线和影响面，以监测各控制部位位移变形状态。通过观测数据，对桥梁变形的显著性进行分析，从而为总体评估大桥的承载能力、营运状态和耐久能力，以及特殊气候、交通条件下或桥梁运营情况严重异常时发出预警信号，为桥梁的维修、养护与管理决策提供依据和指导。

近年来，随着桥梁建设事业的迅猛发展，桥梁结构形式与功能日趋复杂，工程的规模也越来越大，一些大跨度和超大跨度桥梁相继建成，使桥梁的最大跨径纪录都在不断被刷新。理论推算，混凝土拱桥的极限跨度可达500 m左右，钢拱桥的极限跨度可达1 200 m左右。目前，世界最大跨径的拱桥是上海卢浦大桥，主跨为550 m。随着高强度预应力钢材、高强度混凝土、大吨位张拉锚固体系的应用与发展，以及设计手段的计算机化、施工技术水平的提高，大跨度连续钢构桥取得了迅速发展，其中以1985年澳大利亚建成的主跨为260 m的门道桥(Gate-Way)和挪威1998年建成的主跨为298 m的Raft Sundet桥最为出名。

多年来，桥梁结构的安全状况一直是政府有关部门和公众特别关心的问题。虽然合理保守的设计是结构安全的根本保证，但是限于当前对大型复杂结构的认识程度，台风、地震、车载和温度变化，以及许多不定时或不可确定的因素诸如超期服役、飓风、腐蚀、疲劳甚至突发性地震，车、船的冲击、碰撞和爆炸等危害性事件，人们并不都能有效地控制或预测。1999年1月，重庆彩虹大桥倒塌的悲剧仍让人唏嘘不已。另外，近几年的铁路提速，对于那些设计最大时速仅有120 km/h的大批铁路桥梁来说也是严峻考验。为了确保诸如大跨度桥梁这种重要的大型结构设计的使用安全性和耐久性达到预期标准，建立“桥梁健康监测系统”很有必要。它对于了解桥梁结构内力的变化、分析变形原因无疑有着十分重要的作用。而“桥梁健康监测系统”包括了桥梁几何量变化测量的内容。因此，在建立“桥梁健康监测系统”的同时，研究采用工程测量原理、技术和方法以及特种精密工程测量技术，进行桥梁几何量变化的监视测量，对大跨度桥梁的健康监测系统是十分必要的。

本项目主要学习大型桥梁的监测方法，通过本项目的学习，掌握大型桥梁变形监测技术与监测方法。通过学习，提高学生坚守岗位的敬业精神，养成质量意识，增强学生拼搏向前的创新精神。

【学习目标】

[知识目标]

1. 了解桥梁的基本知识与结构;

2. 掌握桥梁变形监测的意义和基本原理;

3. 掌握桥梁变形监测中基准点与工作基点、变形监测点的埋设方法;

4. 掌握桥梁垂直位移监测、水平位移监测和挠度监测的实施方法。

[技能目标]

1. 能按规范进行桥梁沉降监测、水平位移监测、挠度监测和裂缝监测等;

2. 会进行桥梁变形监测控制网设计与观测;

3. 会进行桥梁变形监测数据处理。

[思政目标]

1. 提高学生坚守岗位、一丝不苟的敬业精神;

2. 培养学生追求卓越、拼搏向前的创新精神。

【考核内容】

1. 桥梁沉降监测、水平位移监测、挠度监测和裂缝监测;

2. 桥梁变形监测的数据计算与处理。

【规范】

1.《建筑变形测量规范》(JGJ 8—2016);

2.《工程测量标准》(GB 50026—2020);

3.《公路桥涵施工技术规范》(JTG/T 3650—2020);

4.《城市桥梁设计规范》(CJJ 11—2011)。

任务一 桥梁变形监测概述

【任务导学】

桥梁的特殊性对人们的生活具有巨大的影响,保证桥梁的安全性至关重要。桥梁在运行过程中会受各种不利因素影响发生各种变形,桥梁的变形监测是对桥梁的变形进行实时监测以把握桥梁的实时状态。那么,桥梁变形监测的内容有哪些?监测方法有哪些?监测的精度与频率有什么要求?

【任务要求】

1. 掌握桥梁变形监测中基准点与工作基点、变形监测点的埋设方法;

2. 掌握监测点的含义、布设要求与埋设方法(重点);

3. 掌握桥梁垂直位移监测、水平位移监测和挠度监测的内容与方法。

一、桥梁变形的类型

桥梁变形可分为静态变形和动态变形。

静态变形是指变形监测的结果只表示在某一期间内的变形值,即变形是时间的函数。

动态变形是指在外力影响下而产生的变形,它是表示桥梁在某个时刻的瞬时变形,是以外力为函数来表示的对于时间的变化。

桥梁墩台的变形一般来说是静态变形,而桥梁结构的挠度变形则是动态变形。

二、桥墩变形监测内容与方法

对桥梁墩台的静态变形观测,是对桥梁墩台上观测点的三维坐标变化的观测,包括如下2个方面:

(1)各墩台的垂直位移观测,其中包括各墩台沿水流方向(垂直于桥轴线方向)和沿桥轴线方向的倾斜监测。

(2)各墩台的水平位移监测,其中各墩台在上、下游的水平位移监测称为横向位移观测;各墩台沿桥轴线方向的水平位移监测称为纵向位移观测。两者中,以横向位移观测更为重要。

桥梁变形监测的方法需根据桥梁变形的特点、变形量的大小、变形的速度等因素合理选用,目前桥梁变形监测的方法有以下4种:

(1)大地控制测量方法,又称常规地面测量方法,它是变形监测的主要手段。其主要优点是,能够提供桥墩台和桥跨越结构的变形情况,能够以网的形式进行测量并对测量结果进行精度评定。

(2)特殊测量方法,包括倾斜测量和激光准直测量。

(3)地面立体摄影测量方法。

(4)GNSS动态监测方法。

后3种测量方法与第一种相比,具有外业工作量少、容易实现连续监测和自动化等优点。

桥梁变形监测通常要求观测次数既能反映变化的过程,又不遗漏变化的时刻。一般在建造初期,变形速度比较快,观测频率要大一些;经过一段时间后,变形逐步稳定,观测次数可逐步减少;在掌握了一定的规律或变形稳定后,可规定其观测周期;在桥梁遇到特殊情况时,如洪水、船只碰撞,应及时观测。

从对变形监测的分析中可归纳出桥梁变形的过程、变形的规律和幅度,分析变形的原因,判断变形是否异常。同时,可验证地基与基础的计算方法,桥梁结构的设计方法,对不同的地基与工程结构规定合理的允许变形值,为桥梁设计、施工、管理和科学研究工作提供资料。

研究桥梁墩台的空间位置变化和桥跨结构的挠度变化情况,可以通过对变形监测网的观测来实现。观测点布设在桥梁墩台选定的位置上,根据观测点在垂直方向和水平方向的位移值可分析研究桥梁的变形情况。基准点位于桥梁承压范围之外,被视为稳定不动的点。工作基点全部位于承压区之内,用以直接测定观测点变形。

下面从垂直位移观测和水平位移监测两方面来论述基准点、工作基点、观测点的布置以及监测网的布设等问题。

三、垂直位移观测

(一)垂直位移监测网

桥梁垂直位移观测主要用于发现桥梁墩台在垂直方向上的变化。布设的基准网点应尽量选在桥梁承压区之外,但又不宜离桥梁墩台太远,以免加大实测工作量及增大测量的累积误差,一般来说,以不远于桥梁墩台1~2 km为宜。

工作基点一般选在桥台上,以便于观测布设在桥梁墩上的观测点,测定各桥墩相对于桥台的变形。而工作基点的垂直变形可由基准点测定,以求得观测点相对于稳定点的绝对变形。

观测点的布设应遵循既要均匀又要有重点的原则。均匀布设是指在每个墩台上都要布设观测点,以便全面判断桥梁的稳定性;重点布设是指对那些受力不均匀、地基基础不良或结构的重要部分,应加密观测点,主桥墩尤应如此。

主桥墩台上的观测点,应在墩台顶上的上、下两端的适宜位置处各埋设1个,以便研究沉降与非均匀沉陷(倾斜变形)。

(二)垂直位移观测

垂直位移观测是定期地测量布设在桥墩台上的观测点相对于基准点的高差,求得观测点的高程,利用不同时期观测点的高程求出墩台的垂直位移值。

基准点的观测应每年定期进行一次或两次,各次观测的条件应尽可能相同,以减少外界条件对成果的影响。水准测量应执行的等级依据变形监测的精度要求而定。一般大型桥梁应按一等水准测量施测,它能满足变形监测精度1 mm的要求。

观测点观测包括引桥观测点观测和水中桥墩观测点观测,由于引桥观测点是在岸上,其施测方法可参照工作基点的施测方法进行。这里主要说明水中桥墩上的施测方法。

水中桥墩观测点观测的线路方案从一个墩到另一个墩的观测,可以采用跨河水准测量,但这样做工作量较大,故改为跨墩水准测量。即把仪器设置于一墩上,而后、前视观测2个相邻的桥墩,形成跨墩水准测量。按跨墩水准测量施测时,考虑到其照准误差、大气折光误差等急剧增加,因而对跨墩水准测量的作业,必须采取一定的措施来提高观测精度。这些措施有:

(1)选用i角变化小的仪器,这样在前、后视等距时可抵消其影响。

(2)仪器与微型水准尺应置于观测墩上,当采用3 m水准尺时,必须将尺固定于测点上,以保持仪器和标尺的稳定。

(3)增加观测测回数,测回间变动仪器高,测回互差严于跨河水准测量的规定。

跨墩水准测量的方法无规范可循,它是实际经验的总结。经验表明,在长视距测量中,以前、后视等距的跨墩水准测量代替跨河水准测量是可行的。

在主桥墩面上,由于其使用空间有限,变形监测点应遵循一点多用的原则,既是垂直位移的观测点,也是横向位移、纵向位移及倾斜的观测点。观测点可采用观测墩及强制归心装置。

四、水平位移监测

(一)水平位移监测工作基点的布设

测定相对位移时,工作基点一般处于桥台上或附近不远处,很难保证稳定不动,所以要定期测定工作基点的位移,以改正观测点测定的结果。工作基点位移可按如下方法测定。

1. 边角网法

该法是在桥址附近,建立一短边三角网,将此网起算点选择在变形区域以外,此网包括基准线的端点或前方交会的测站点,定期对该网进行观测,求出各工作基点在不同时期的坐标值,据此求出各工作基点的位移值;对工作基点进行稳定性检验,当检验出工作基点不稳定时,对因工作基点的位移值引起的观测点的位移值进行改正。

2. 后方交会法

在地形与地质条件适宜的地区,可以在基准线端点四周的稳定基岩上选择几个检校点,利用这些点用后方交会法来测定基准线端点的位置,但必须注意的是,测站点不能位于3个照准点所在的圆(危险圆)的附近。

3. 检核基准线法

在墩台面上所布设的基准线的延长线上,选择地基稳定处设置观测墩,以形成检核方向线,用此方向线来检核基准线端点在垂直于基准线方向的位移。

4. GNSS 网法

利用 GNSS 网法测定工作基点的稳定性,由于基准点不需要与工作基点通视,可以很方便地在桥梁承压区范围之外选择稳定的基准点,因此建网的工作量很小。目前,用载波相位观测相对定位精度可达1×10^{-6}。

(二)水平位移监测

测定相对位移的方法与桥梁的形状有关,对于直线型桥梁,一般采用基准线法、测小角法等;对于曲线型桥梁,一般采用前方交会法、导线测量法等。

1. 基准线法

对直线型的桥梁,测定桥墩台的横向位移以基准线法最为有利,而纵向位移可用高精度测距仪直接测定。大型桥梁包括主桥和引桥两部分,可分别布设3条基准线,主桥2条,两端引桥各1条。

2. 测小角法

测小角法是精密测定基准线方向(或分段基准线方向)与测站到观测点之间的小角。由于小角观测中仪器和觇标一般置于钢筋混凝土结构的观测墩上,观测墩底座部分要求直接浇筑在基岩上,以确保其稳定性。

3. 前方交会法

若桥梁难以直接用距离测量法和基准线法测定位移,可用前方交会法。该方法能求得纵、横向位移值的总量,投影到纵、横方向线上,即可获得纵、横向位移量。

4. 导线测量法

对桥梁水平位移监测还可采用导线测量法,这种导线两端连接于桥台工作基点上,每一个墩上设置一导线点,它们也是观测点。这是一种两端不测连接角的无定向导线。通过重复观测,由两期观测成果比较可得观测点的位移。

五、挠度监测

(一)观测内容

桥梁挠度监测是桥梁检测工作的重要组成部分。桥梁建成后,受静荷载和动荷载影响必然会产生挠曲变形,在交付使用前或交付使用后应对桥梁的挠度变形进行观测。

桥梁挠度监测包括:

(1)静荷载挠度监测:静荷载挠度监测时测定桥梁自重和构件安装误差引起的桥梁的下垂量。

(2)动荷载挠度监测:动荷载挠度监测时测定车辆通过时在其重量和冲量作用下桥梁产生的挠曲变形。

(二)观测方法

荷载试验时,挠度监测的方法应根据荷载试验理论计算结果和规范的规定,选择适当的方法和仪器。各种方法的特点概述如下。

1. 精密几何水准法

精密几何水准法是桥梁挠度测量的一种传统方法,该方法利用布置在稳固处的基准点和桥梁结构上的水准点观测桥体在加载前和加载后的测点高程,从而计算桥梁检测部位的挠度值。精密水准是进行国家高程控制网及高精度工程控制网的主要手段。

目前,高精度的光学水准仪已十分普遍,其精度已达到±1 mm 以内,许多光学水准仪已采用自动安平技术,使测量的速度得到进一步的提高。另外,近年来,电子水准仪也已在许多工程中开始应用,其观测、记录和数据处理将更方便简捷,大大提高了测量工作效率。由于大多数桥梁的跨径都在 1 km 以内,所以利用水准测量方法测量挠度,一般能达到±1 mm 以内的精度。

2. 全站仪法

全站仪法的实质是利用光电测距三角高程法进行观测。在三角高程测量中,大气折光是一项非常重要的误差来源,但桥梁挠度监测一般在夜里进行,这时的大气状态较稳定,且挠度监测不需要绝对高差,只需要高差之差,因此只有大气折光的变化对挠度有影响,而该项误差相对较小。当仅考虑测距和测角误差时,利用 TC2003 全站仪,在 1 km 以内可以达到±3 mm 左右的精度。

3. GNSS 法

目前,GNSS 法测量主要有 3 种模式:静态、准动态和动态,各种测量模式的观测时间和测量精度又有明显的差异。在通常情况下,静态测量的精度最高,一般可达到毫米级的精度,但其观测时间一般要 1 h 以上。准动态和动态测量的精度一般较低,大量的实测资料表明,在观测条件较好的情况下,其观测精度为厘米级。因此,对于大挠度的桥梁,应用 GNSS 观测还是可以考虑的。

4. 静力水准法

静力水准法的主要原理为连通管,利用连通管将各观测点连接起来,以观测各观测点间高程的相对变化。目前,静力水准仪的测程一般在 20 cm 以内,其精度可达±0.1 mm 以内。另外,该方法可实现自动化的数据采集和处理。

5. 挠度仪法

在专用挠度仪中,以激光挠度仪最为常见。该仪器的主要原理为:在被检测点上设置一个光学标志点,在远离桥梁的适当位置安置监测仪器,当桥上有荷载通过时,靶标随梁体振动的信息通过红外线传回监测头的成像面上,通过分析将其位移分量记录下来。该方法的主要优点是可以全天候工作,受外界条件的影响较小。

任务二　桥梁运营期间健康诊断监测

【任务导学】

桥梁诊断测量监测内容很多,从大的方面分类有动态监测和静态监测两种。为了及时、无遗漏地捕捉危及桥梁结构安全的信息,并最有效地运用投入监测的人力和经费,确定引起变形的内外因素,科学地选择监测项目是关键。如对于大型桥梁,除车辆运动外,风荷载也是引起主梁颤振的一个不可忽略的因素。在桥梁结构的发展历程中,曾上演了不少因空气静、动力荷载作用引发的桥梁结构失稳悲剧。因此,桥梁健康监测系统还必须监测风速和风向。

【任务要求】

1. 掌握桥梁变形监测中基准点与工作基点、变形监测点的埋设方法;
2. 掌握监测点的含义、布设要求与埋设方法(重点);
3. 掌握桥梁垂直位移监测、水平位移监测和挠度监测的内容与方法。

一、大型桥梁健康诊断测量的方法

(一)静态监测方法

静态监测一般有常规地面测量方法、特殊测量手段、摄影测量方法、测量机器人(TCA)及全球定位系统(GNSS)测量技术等。

码 9-1　大桥性能监测

(二)动态监测方法

根据最近几年的应用情况,用来对桥梁结构位移进行动态监测的装置主要有压力监测的液体填充系统、卫星定位系统(GNSS)、光谱干涉系统、光载波通信系统和测量机器人等。

虎门大桥、厦门海沧大桥的位移监测是采用 GNSS RTK 载波相位实时动态差分技术,江阴长江公路大桥、上海杨浦大桥则是采用测量机器人技术。国外在 20 世纪 80 年代开始了各种规模桥梁健康监测系统的建立;在 20 世纪 90 年代初,英国采用可视监测系统对 Humber 桥的静、动力位移进行监测;近年来又采用 GNSS 对该桥在重型荷载作用下的变形进行了测试,并将测试结果与有限元计算结果进行了对比,确认 GNSS 的测量精度很高,可用于大跨度悬索桥的位移测试,既适用于刚度较大的桥梁结构,也能获得比较满意的精度。

(三)桥梁工作环境监测

桥址处风速和风向监测主要由安装在桥身和桥塔顶上的风速仪完成。测量平均风速和风向,确定平均风速、平均风向和重现频率。桥址处环境温度和桥梁结构温度分布状况监测由安装在梁、塔及特制测温索内的温度仪完成。主要测量以下内容:桥址环境温度、混凝土箱梁内外表面和塔身内外截面温度分布状况以及斜拉索截面内温度分布状况。

日交通流量的统计由设在收费车道的传感器、摄像机及电脑系统自动进行。内容包括:测量各类车辆的流量及通过时间,记录和观察大桥上交通挤塞情况和车辆分布模式,以推算实时的大桥交通荷载。

二、桥面上部观测点的布设

观测点的布设可按桥形的不同区别对待,具体如下。

(一)拱桥

(1)对于下承式拱桥(见图9-1),上部结构观测点应布设在拱脚 $L/4$(L 为每跨桥的长度)、跨中和 $3L/4$ 处拱肋或拱圈截面以及墩台顶处,以求得以上各截面处的变形与挠度,必要时还可增加 $L/8$、$3L/8$、$5L/8$ 和 $7L/8$ 截面的挠度监测点。

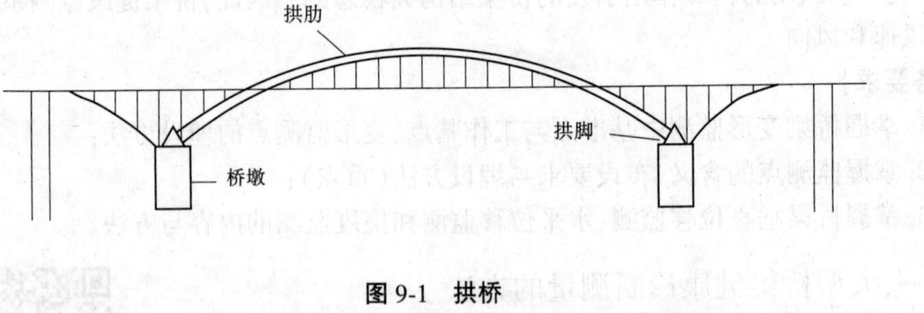

图 9-1　拱桥

(2)对于中承式或上承式拱桥,还应布设对于吊杆变形的观测点。

(二)连续钢构桥

连续钢构桥(见图9-2)控制截面的设计内力包括中跨跨中截面、中跨 $L/4$ 截面、中跨 $3L/4$ 截面的应变,零号块顶面、边跨(次边跨)跨中截面的弯矩和剪力。为此,测量监测点应布设在零号块顶面处,观测零号块的沉降。除此之外,在 $L/4$、跨中、$3L/4$ 截面处也应布设观测点,以便于观测 $L/4$、跨中、$3L/4$ 截面处的挠度。

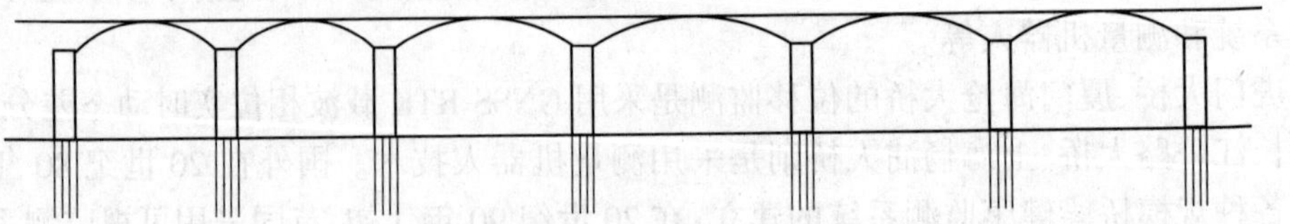

图 9-2　连续钢构桥

(三)斜拉桥与悬索桥

1. 主梁桥面线形测量与挠度监测点的布设

如图9-3所示,斜拉桥控制截面的设计内力包括加劲梁控制截面的弯矩、扭矩与轴力,索塔控制截面的弯矩与轴力,控制拉索的轴力,桥面系的局部弯曲应力等。挠度监测点应布设在斜拉桥各跨支点、L/4、跨中、3L/4 截面处，观测其截面处的竖向挠度，必要时还要观测上述部位的扭转角和横桥向的位移。

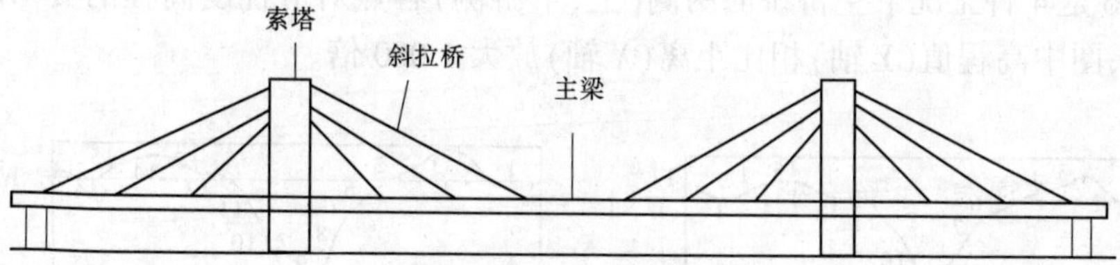

图 9-3　斜拉桥截面内力

如图 9-4 所示，悬索桥控制截面的设计内力包括加劲梁控制截面的弯矩、剪力，主缆的轴力、弯矩，吊杆的轴力，桥面系的应力等。监测点应包括加劲梁支点、L/8、L/4、3L/8、跨中、5L/8、3L/4、7L/8 截面的挠度监测点，求得上述测点的挠度以及在偏载情况下扭转角和横桥向位移。

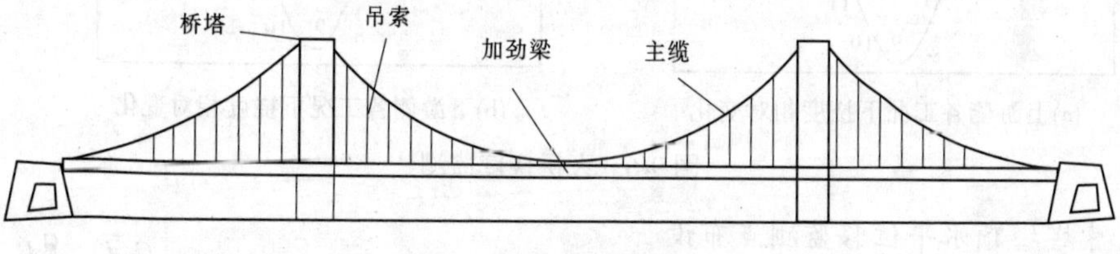

图 9-4　悬索桥截面内力

桥面线形与挠度监测点布置在主梁上。对于大跨度的斜面拉索，线形观测点还与斜拉索锚固着力点位置对应；悬索桥桥面水平位移监测点与桥轴线一侧的桥面沉陷和线形观测点。

胜利大桥是横跨黄河的大型公路桥，由主桥和两个引桥构成。由于主桥为双塔钢跨斜拉桥结构，受车辆载重和颠簸影响，桥面振幅还是很大的，为了了解不同车载位置对大桥挠度的影响，事先选取了主跨和两侧副跨挠度监测点位置，并用特制胶把钢筋头埋设在其上，考虑到以后长期观测的需要，所埋的各点都在桥两侧人行路下的下水孔钢板上。同时严格地标定测站位置，以提高观测精度和速度。图 9-5 即为主桥的挠度监测点分布。

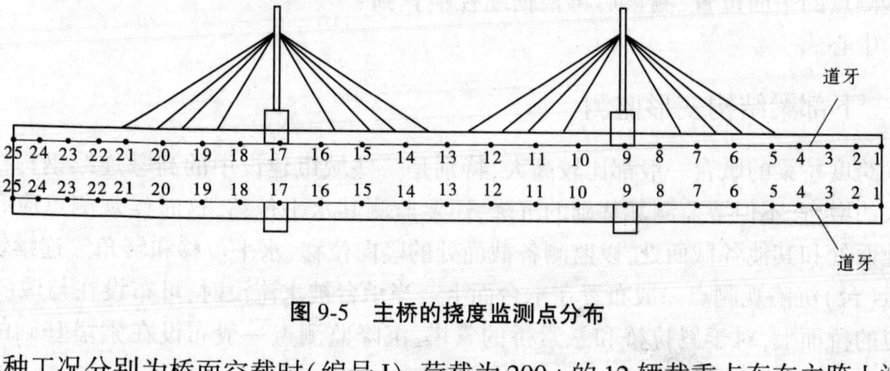

图 9-5　主桥的挠度监测点分布

4 种工况分别为桥面空载时（编号 I）、荷载为 200 t 的 12 辆载重卡车在主跨上沿中线对称分布时（编号 Ⅱ）、12 辆载重卡车在主跨上沿中线一侧（下游侧）对称分布时（编号

Ⅲ)，在第 3 种工况不变情况下在副跨(南侧)沿中线一侧(下游侧)增加 2 辆载重车时(编号Ⅳ)为第 4 种工况。观测采用的是 WILD 自动安平水准仪并按四等水准测量实施。

图 9-6 是 4 种工况下主桥桥面两侧(上、下游侧)各点对应挠度高程的变化情况。为比较方便，图中高程值(Y 轴)相比距离(X 轴)放大 1 000 倍。

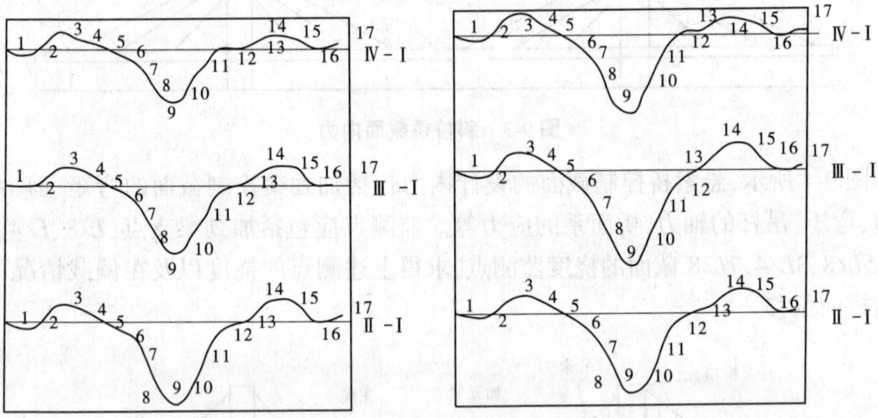

(a)上游侧各工况下挠度相对变化　　(b)下游侧各工况下挠度相对变化

图 9-6　大桥挠度监测

2. 索塔塔顶水平位移监测点布设

如图 9-7 所示，塔柱摆动观测点一般布置在主塔上柱顶部的侧壁或顶面上便于测量的地方，必要时应在塔柱的不同高度处布设多个截面的观测点。观测时可以采用 GNSS RTK 方法，也可以采用全站仪量测。

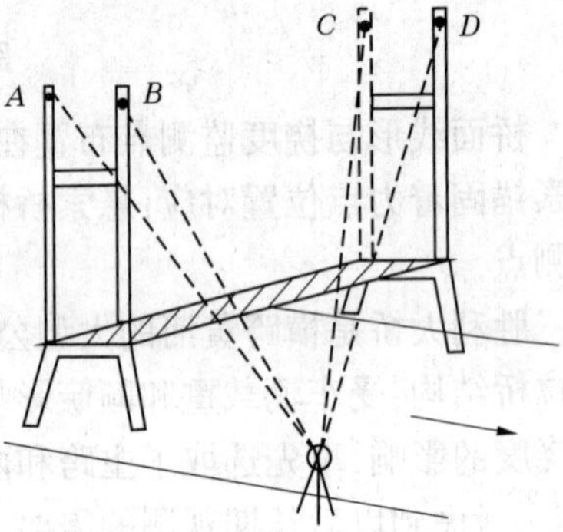

图 9-7　索塔塔顶水平位移监测

3. 悬索桥主缆线形观测点的布设

主缆线形观测点一般要分别布设在两边跨的跨中，中跨的 1/4、1/2 和 1/4 处，以及主缆在塔顶和锚锭出口处。观测缆顶标高前，一般在主缆上放样出这些测点的平面位置，测量后再根据缆径换算到主缆的中心。

三、下部梁结构变形监测

大跨度桥梁的墩台一般都比较高大，特别是一些城市建设中的高墩连续钢构桥。对于高大的墩台，不但要监测其基础的沉降，还要监测其水平位移，这时候观测点应布设在墩台地面处和其他各截面处，以监测各截面处的竖向位移、水平位移和转角。连续钢构桥的桥墩(台)沉陷观测点一般布置在承台面上。当承台被水淹没时，可布设在与墩(台)顶面对应的桥面上，对于斜拉桥和悬索桥的索塔，沉降监测点一般布设在索塔基础的承台面上。

任务三　GNSS 技术在桥梁变形监测中的应用

【任务导学】

采用 GNSS 卫星定位技术监测大桥在荷载下的位移,有一定的优越性和广泛的应用前景。用一个案例来说明如何用 GNSS 进行桥梁监测。

【任务要求】

掌握 GNSS RTK 法实时监测桥梁的方法。

一、GNSS RTK 法实时监测桥梁位移

(一)用 GNSS RTK 监测大桥位移的特点

利用 GNSS 载波相位实时差分即 RTK 技术(real time kinematic)监测大桥位移,具有如下特点:

码 9-2　GNSS 桥梁监测

(1)大桥上各点只要能接收到 5 颗以上 GNSS 卫星及基准站传来的 GNSS 差分信号,即可进行实时差分定位。各监测站之间毋需通视,是相互独立的观测值。

(2)受外界大气影响小,可以在暴风雨中进行监测。

(3)自动化程度高。从接收信号,捕捉卫星,到完成 RTK 差分位移都可由仪器自动完成。所测三维坐标可直接存入监控中心服务器进行大桥安全性分析。

(4)速度快、精度高。最快可达 10~20 Hz 速率输出定位结果,实时定位精度平面可达 10 mm,高程可达 20 mm。

(二)虎门大桥 GNSS RTK 实时位移监测系统

虎门大桥位于热带风暴多发区,监测台风、地震、车载及温度变化对桥梁位移的影响十分重要。悬索桥在风荷载下设计水平最大位移为 0.95 m,垂直最大位移为 1.29 m,大桥各点基振频率集中在 0.088~0.64 Hz。

1. 监测点布置

虎门大桥 GNSS 监测点和 GNSS 监测站分别布设在虎门大桥桥面上。测定位置见图 9-8。其中桥面布设 12 个 GNSS 监测点,在桥面的中点、1/4、1/8 处两侧对称安置 2 个监测点,在东西桥塔的塔上横梁中点处各安置 1 个监测点。在以上各位置均装有天线安装座、电缆、光缆及电源。一期工程在桥面中点、桥面以东 1/4 及桥面以东 1/8 处安装 6 台 GNSS 接收机,在东桥塔上横梁中点安装 1 台 GNSS 接收机,共 7 个 GNSS 监测站。图 9-8 实线标出的位置即为一期安装的 GNSS 监测站的位置。

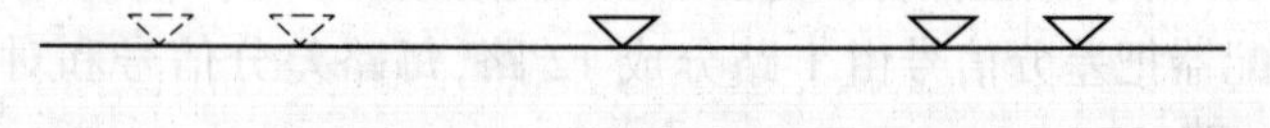

图 9-8　GNSS 监测站分布

2. 系统的组成

虎门大桥位移 GNSS 监测系统主要是由 GNSS 基准站、GNSS 监测站、光纤通信链路和 GNSS 监测中心 4 部分组成，而监测中心主要由工作站、服务器和局域网组成，具体见图 9-9。

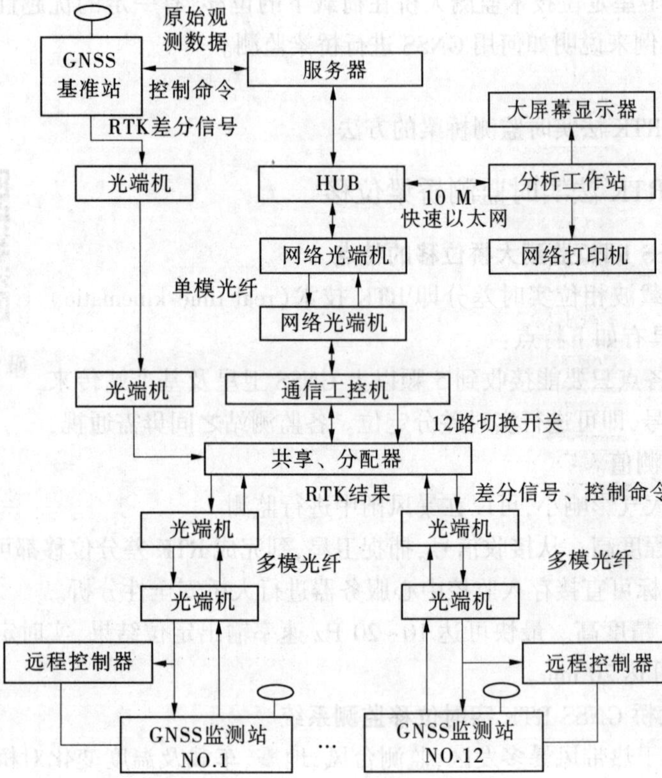

图 9-9　GNSS 监测系统构成

3. 系统的功能

(1) GNSS 基准站用于输出差分信号和原始数据。

(2) GNSS 流动站用于输出 RTK 差分结果和原始数据。

(3) 工控机用于采集 GNSS 流动站的原始数据和 RTK 差分结果，向 GNSS 流动站发送控制命令。通过切换开关控制共享、分配器的工作。

(4) 服务器用于运行数据库，处理工控机发送来的数据供工作站显示和分析。

(5) 远程控制器用于远程启动和复位 GNSS 流动站。

(6) 共享、分配器把差分信号由 1 路分成 12 路，每路差分信号和对应的控制命令通过切换开关共享一路。

(7) 局域网包括网络光调制解调器、光纤、集成器和网线等，是提供数据库存取和文件操作的通道。

4. 系统的信号流程

1) 差分信号的传送

由于大桥实时监测系统采用了 RTK 差分方式,差分信号传递的实时性比较强。为减少信号延迟,在系统设计时差分信号回路基本是很少控制的。差分信号的传递路径见图 9-10。

图 9-10　差分信号的传递路径

2) 控制命令的传递

根据数据的分析要求和监测系统的实际情况,GNSS 接收机应能单独输出 0~5 Hz 采样频率的 RTK 数据,也能同时输出 RTK 结果和原始数据,这样系统能根据实际的需求远距离设置桥上 GNSS 接收机的参数。该系统的实现是先由工作站的设置程序通过网络通信去控制工控机上的数据采集程序,再由采集程序根据工作站的命令控制切换开关,向各个 GNSS 接收机发送指令。控制命令的具体流程见图 9-11。

图 9-11　控制命令的具体流程

3) RTK 数据和原始数据传递

RTK 数据和原始数据的采集是系统工作的核心,通信回路上的数据量也是最大的。系统能处理两种数据任意频率的组合,通过工控机的处理,RTK 结果以数据库方式存入服务器,原始数据则以文件形式写入,具体流程见图 9-12。

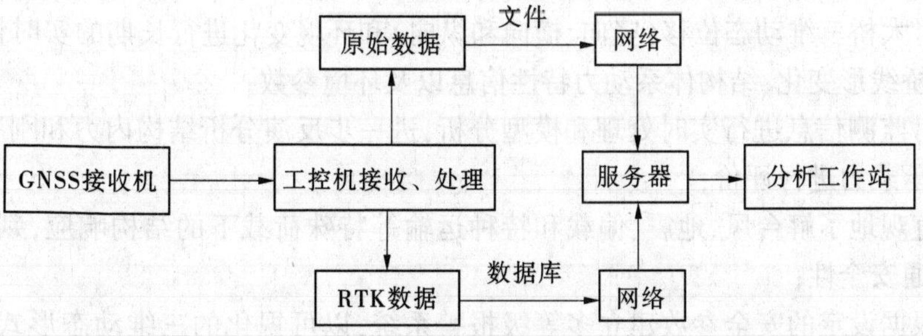

图 9-12　RTK 数据传递流程

系统可以实时监测各个观测点的 X、Y、Z 的位移,实时监测整桥 3 个方向的位移和大桥的扭角,并能对各点的数据进行记录回放。由于采样频率比较高,能完全对各点进行频谱分析,可以及时反映大桥的安全性;分析工作站上可显示观测点的时程曲线和频谱分析图,其中坐标先由经纬度、高程投影到当地坐标系,再通过大桥和东西方向的夹角,投影成大桥坐标,实时显示减去基准坐标后的变化部分。

二、GNSS 技术在大跨度斜拉桥动态变形监测中的应用

(一)GNSS 动态变形监测系统的建立

常规沉降监测设备包括几何水准仪、挠度仪和千分表等。近些年,GNSS 测量技术和 3D 扫描已用于桥梁动态变形监测中。GNSS 作业模式已从完全静态测量后处理数据模式发展到动态初始化(OTF)厘米级实时 RTK 测量模式。

大桥建成通车后在环境因素影响、运营荷载和特殊荷载(如台风、地震、特种运输等)作用下,其强度和刚度可能会降低,结构性能发生劣化,这将影响到行车安全和桥梁的使用寿命。因此,对大桥的结构特性和安全状况进行监测和评价是保证大桥安全检查的主要依据。而传统的桥梁检查方法难以达到这个目的,如大跨度悬索斜拉桥在强风作用下会产生振动式位移。经典位移测量方法一是光学仪器,当结构位移变化迅速时,这种测量方法通常是不适合的;二是采用近景摄影测量方法,但受场地条件限制,摄站到被研究的目标距离较远,因此精度不高;三是使用加速计表的物理测量方法,这种方法也存在一些问题,需要确定二重积分常数。因此,建立一个实时动态、自动并全天候的健康监控系统就十分有必要。而 GNSS 技术以其实时性好,可全天候工作,自动化程度高、精度高和观测点间无需通视等诸多优点,已在多座大桥上用于大桥动态位移监测。

除风力效应监测、温度效应监测、公路负荷效应监测、铁路负荷效应监测和大桥钢索索力监测以及大桥主要构件应力监测外,大桥主梁和索塔轴线的空间位置是衡量大桥是否处于正常运营状态的一个重要标志。因此,用测量手段获取不同工况下大桥主梁和索塔轴线特征点的空间位置变化是大跨度斜拉桥健康监测的重要组成部分。相对于传统桥梁变形监测手段, GNSS 技术有如下优点:直接获取独立的三维绝对坐标,增强对桥梁结构健康监测的可靠度;实时计算并显示三维位移;全天候 24 h 连续观测;与已有系统的绝对位置独立检核。

建立大桥三维动态位移 GNSS 监控系统的目的如下:

(1)对大桥三维动态位移(竖向、横向和纵向)和环境变化进行长期的实时性监测,实时获取大桥线形变化、结构体系动力特性信息以及环境参数;

(2)对监测信息进行实时处理和模型分析,进一步反演分析结构内力和刚度变化,从而对结构承载力进行评价;

(3)直观地了解台风、地震、偏载和特种运输等特殊荷载下的结构响应,判断结构安全性和交通安全性;

(4)根据设定的安全参数建立多等级报警系统,以可视化的三维动态形式及时了解和掌握大桥在各种条件下的工作状况,实现动态的结构危险分析、评价和预警。

如图 9-13 所示,GNSS 桥梁监测系统由 GNSS 传感器(天线)、通信链路、数据处理和管理软件、附件和分析软件等在内的一个完整的系统组成。

利用建立的 GNSS 监测系统实现了对桥梁的全天候自动监测和数据的实时获取。通信网络系统负责传输 GNSS 数据和遥控 GNSS 接收机,控制中心分析和管理系统可以实现对数据的实时分析,输出监测结果,并实现自动报警功能。系统通过对桥梁位移和变形的高精度实时监测和分析,为桥梁的管理和维护提供了科学的依据。GNSS 监测点位置分

布见图 9-14。

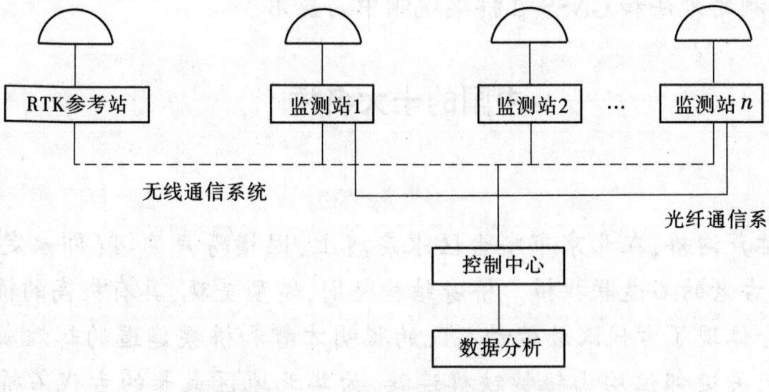

图 9-13　GNSS 桥梁监测系统组成

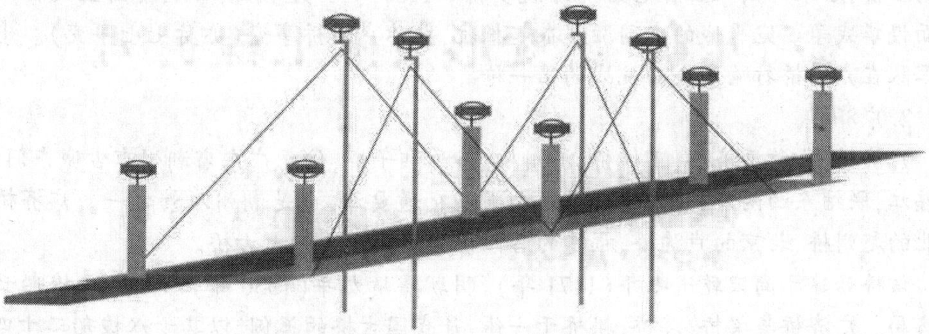

图 9-14　GNSS 监测点位置分布

（二）GNSS 用于桥梁结构动态监测

利用 GNSS RTK 实时定位技术可以按设定的采样频率采集桥梁动态变化时监测特征点的空间位置数据。目前，双频 GNSS 接收机的最高采样频率为 10 Hz（事后数据处理方式），这就意味着在实时监测点测量时，流动站上的 GNSS 接收机可以达到每秒 10 个数据的采集率。因此，它完全可以用于监测振动频率为 1 Hz 以下的桥梁振动变化。一般来说，在外力（如台风、地震和车载）作用下，大型桥梁的振动具有简谐性质，并且随着外力的变化其摆动（或振动）的幅度和频率也在变化。

通过国内外许多学者的试验可知，GNSS 动态试验的精度是可以评估的。可以利用观测的结果绘制变形体的位移与时间关系振动曲线图，估计这个图形的近似频率。再利用频谱分析工具，可以从桥梁水平振动和垂直振动过程中根据振幅和频率变化过程曲线得到更加精确的频率估计，结合不同条件下的振动状态，得到不同频谱特性曲线图。

【项目总结】

桥梁变形监测的内容主要包括沉降监测、水平位移监测、挠度监测等，对各种变形分别进行了深入分析，综合讲述了观测方法、观测技术、布点要求等，使学生全面理解桥梁变形监测的要领。通过本项目的学习，使学生对桥梁变形监测有系统的理解，掌握桥梁变形监测的主要方法。

【学习重点和难点】

桥梁变形监测的方法和GNSS在桥梁观测中的应用。

中国的十大名桥

1. 卢沟桥

卢沟桥,亦称芦沟桥,在北京市丰台区永定河上,因横跨卢沟河(即永定河)而得名,为北京市现存最古老的石造联拱桥。桥身结构坚固,造型美观,具有极高的桥梁工程技术和艺术水平,充分体现了古代汉族劳动人民的聪明才智和桥梁建造的辉煌成就。整个桥身都是石体结构,关键部位均由银锭铁榫连接,为华北地区最长的古代石桥。卢沟桥为11孔联拱桥,拱洞由两岸向桥中心逐渐增大。在《马可波罗游记》中,它被形容为一座巨丽的石桥,后来外国人都称它为马可波罗桥。1937年7月7日,日本帝国主义在此发动全面侵华战争。宛平城的中国驻军奋起抵抗,史称卢沟桥事变(亦称七七事变)。中国抗日军队在卢沟桥打响了全面抗战的第一枪。

2. 广济桥

广济桥,古称康济桥、丁侯桥、济川桥,俗称湘子桥,位于广东省潮州市古城东门外,横跨韩江,联结东西两岸,为古代广东通向闽浙交通要津,也是潮州八景之一。广济桥也与河北的赵州桥、北京的卢沟桥、福建的洛阳桥并称为中国四大古桥。

该桥始建于南宋乾道七年(1171年),明朝嘉靖九年(1530年)形成十八梭船廿四洲的格局。广济桥集梁桥、浮桥、拱桥于一体,是我国古桥的孤例,以其十八梭船二十四洲的独特风格与赵州桥、洛阳桥、卢沟桥并称中国四大古桥。被著名桥梁专家茅以升誉为世界上最早的启闭式桥梁。

3. 五亭桥

五亭桥有中国最美的桥之称,古代桥梁建筑的杰作,位于国家AAAAA级景区——江苏省扬州市瘦西湖内,是扬州市的地标建筑,五亭桥始建于清乾隆二十二年(1757年),是仿北京北海的五龙亭和十七孔桥而建的,又叫莲花桥。上建五亭、下列四翼,桥洞正侧凡十有五。建筑风格既有南方之秀,也有北方之雄。中秋之夜,可感受到面面清波涵月影,头头空洞过云桡,夜听人箫的绝妙佳境,具有极高的桥梁工程技术和艺术水平。

4. 赵州桥

赵州桥又称安济桥,坐落在河北省赵县的交河上,横跨在37 m多宽的河面上,因桥体全部用石料建成,当地称作大石桥。建于隋朝年间(595~605年),由著名匠师李春设计,距今已有1400多年的历史,当今世界上现存第二早(还有一座小商桥)、保存最完整的古代单孔敞肩石拱桥。赵州桥凝聚了古代劳动人民的智慧与结晶,开创了中国桥梁建造的崭新局面。约1397年(也有些资料为大约700年)后,欧洲才建成类似的石拱桥。它是中国历史上第一座石拱桥,在漫长的岁月中,虽然经过无数次洪水冲击、风吹雨打、冰雪风霜的侵蚀和8次地震的考验,却安然无恙,巍然挺立在清水河上。

5. 安平桥

安平桥是中国现存古代最长的石桥,是古代桥梁建筑的杰作。位于中国福建省泉州市晋江安海镇和泉州市南安水头镇之间的海湾上，享有天下无桥长此桥之誉，为全国重点文物保护单位。因安海镇古称安平道，由此得名；又因桥长约5华里❶，俗称五里桥。安平桥属于中国古代连梁式石板平桥，始建于南宋绍兴八年(1138年)，历时14年告成。明清两代曾多次重修。该桥是中古时代世界最长的梁式石桥，也是中国现存最长的海港大石桥，显示了古代劳动人民的聪明才智和桥梁建造的辉煌成就。

6. 十字桥

十字桥位于山西太原市晋祠内主体建筑圣母殿前，北宋崇宁元年(1102年)建。桥梁为十字形。全桥由34根铁青八角石支撑，柱顶有柏木斗拱与纵、横梁连接，上铺十字桥面，鱼沼飞梁，汉白玉栏杆，方砖铺面，南来北往、东去西行的游人都可以通过。因这桥构造奇巧，民间传说是鲁班建造的。桥梁多年经风雨，材质坚固，为中国古代十大名桥之一。

7. 风雨桥

坐落在广西三江林溪河上的程阳桥是风雨桥的代表。因桥上建有廊和亭，既可行人，又可避风雨，故称风雨桥。这座桥建于1916年，是一座四孔五墩伸臂木梁桥。其结构以桥墩、桥身为主。墩底用生松木铺垫，用油灰黏合料石砌成菱形墩座，上铺放数层并排巨杉圆木，再铺木板作桥面，桥面上盖起瓦顶长廊桥身。桥身为四柱抬楼式建筑，桥顶建造数个高出桥身的瓦顶数层飞檐翘起角楼亭、美丽、壮观。5个石墩上各筑有宝塔形和宫殿形的桥亭，逶迤交错，气势雄浑。长廊和楼亭的瓦檐头均有雕刻绘画，人物、山水、花、兽类色泽鲜艳，栩栩如生，是侗乡人民智慧的结晶，也是中国木建筑中的艺术珍品。程阳风雨桥与中国的石拱赵州桥、铁索泸定桥及罗马的钢梁诺娃上的沃桥齐名，为世界4座历史名桥之一，这在世界建筑史上都是一个奇迹。

8. 铁索桥

泸定铁索桥坐落在泸定县城大渡河上，为全国重点文物保护单位。该桥始建于清康熙44年，建成于清康熙45年(1706年)。康熙御笔题写泸定桥，并立御碑于桥头。桥长103 m，宽3 m，13根铁链固定在两岸桥台落井里，9根作底链，4根分两侧作扶手，共有12164个铁环相扣，全桥重40余t。两岸桥墩为木结构古建筑，风貌独特，为我国国内独有。自清代以来，此桥为四川入藏的重要通道和军事要津。1935年5月29日，中国工农红军长征途经这里强渡大渡河后飞夺泸定桥而使该桥闻名中外。

9. 五音桥

五音桥是古代汉族桥梁建筑的杰作。位于河北东陵顺治帝孝陵神道，此桥两侧装有方解石栏板126块，桥全长110.60 m、宽9.10 m，桥上有石望柱128根，抱鼓石4块，两边安设有方解石栏板126块，每块栏板的形状和大小相同，如果顺着敲击，会发出不同的声音，是一座能发出音响的建筑物，包罗中国古代声乐中宫、商、角、徵、羽五音，所以称此为五音桥。敲击时需用木质敲击器，以获得最佳效果。

10. 玉带桥

玉带桥在西堤六桥中是最令人喜爱的一座。它是西堤上唯一的高拱石桥，是当年乾隆从昆明湖乘船到玉泉山的通道。桥身用汉白玉和青白石砌成。洁白的桥栏望柱上，雕

❶ 1华里=500 m。

有各式向云中飞翔的仙鹤,雕工精细,形象生动,显示了雕刻工匠们的艺术才能。玉带桥为清乾隆时建造,距今已有200多年的历史。

玉带桥拱高而薄,形诺玉带,弧形的线条十分流畅。半圆的桥洞与水中的倒影,构成一轮透明的圆月,四周桥栏望柱倒影参差,在绸缎般的水面上浮动荡漾,景象十分动人。它是颐和园里著名的建筑物之一。尖形桥拱,特别高耸,好似玉带。此桥旧名穹桥俗称驼峰桥,均以形象命名。玉带桥的造型具有我国长江三角洲地区石拱桥的风格,以纤秀挺拔,轻巧为其之特色。拱高而薄,成流畅挺拔的曲线。桥身、桥栏选用青白石和汉白玉雕砌,洁白如玉,宛如玉带,故以此各名。桥下原为玉泉山泉水注入昆明湖的入水口,也是帝后乘船至玉泉山的通道。

【项目知识检测】

1. 简述桥墩变形监测的内容与方法。
2. 桥梁水平位移监测中工作基点布设方法有哪些?
3. 说明桥梁健康诊断监测的意义。

项目十　城市高层建筑物变形监测

【项目概述】

随着城市建设的高速发展,城市建筑逐渐向高层发展,由于荷载及基础等多方面原因,建筑物沉降及变形越来越引起人们的关注,因而及时地对建筑物进行变形监测,掌握变形规律,以便及时采取相应措施是非常必要的。同时,为检验设计的合理性、提高设计质量提供科学的依据。

本项目主要学习高层建筑物基本的监测方法,通过学习,在掌握变形监测方法的同时,增强学生的大局意识,培养学生爱岗敬业、艰苦奋斗、精益求精、一丝不苟的工作态度。

【学习目标】

[知识目标]

1. 领会高层建筑物变形监测的意义;
2. 掌握高层建筑物变形监测的基本原理;
3. 掌握高层建筑物变形监测的实施方法。

[技能目标]

1. 能按规范进行高层建筑物变形监测;
2. 能够做简单的观测计算;
3. 会进行观测数据处理。

[思政目标]

1. 使学生养成良好的自主学习习惯和认真严谨的工作态度;
2. 培养学生爱国主义精神,进一步传承北斗精神。

【考核内容】

变形监测的数据计算与处理。

【规范】

1.《建筑变形测量规范》(JGJ 8—2016);
2.《工程测量标准》(GB 50026—2020);
3.《高层建筑混凝土结构技术规程》(JGJ 3—2010);
4.《建筑结构荷载规范》(GB 50009—2012);
5.《建筑地基基础设计规范》(GB 50007—2011)。

任务一　高层建筑物变形监测

【任务导学】

随着国民经济的快速发展,高层建筑物越来越多,也越来越高。高层建筑物的安全监测主要包括两个方面:一是沉降监测,二是垂直度直接观测。建筑物的倾斜、裂缝等情况往往是由建筑物不均匀沉降引起的，所以对高层建筑作沉降监测尤为重要。

【任务要求】

1. 掌握基准点与沉降点的布设要求与埋设方法；

2. 掌握垂直度观测的方法。

一、沉降监测

（一）基准网点的布设

基准网的基准点通常布设在变形区域外，用于测量变形点的真实变形。水准基点一般埋设在变形范围以外便于长期保存的稳定位置，工作基点可埋设在变形建筑物附近便于引测的地方，也可利用便于联测的观测点，每一测区的水准基点连同工作点不得少于3个。

（二）沉降点的布设

沉降监测点都在变形体上，一般应选在变形体的关键位置和预期最大变形的地方。观测点的数目和位置与建筑物的大小、荷载、基础类型和地质条件有关，点位设定应符合如下要求：

（1）观测点本身应牢固，要确保点位安全，能长期保存；

（2）在建筑物的四角、大转角处以及沿建筑外墙每隔 10~15 m 处设一点；

（3）对于框架结构建筑物，每个承重柱基上或每隔 2~3 个柱应设置观测点；

（4）高低建筑物接合部、基础变化、地质条件差异、结构变化的分界处应设点；

（5）当房屋宽度大于 15 m 时，还应该在房屋内部纵轴线上、承重内墙中部和楼梯间、电梯间布设观测点；

（6）观测点标志的上部必须为突出的半球形状或设在有明显突出之处，并涂上防锈漆。

（三）沉降监测和频率

沉降监观测就是用精密水准测量方法定期测出观测点的高程，利用两次测量的高程之差计算出沉降量。

沉降监测的周期及频率，应根据工程性质、工程进度、地质和土质情况及基础载荷增加情况决定。在建筑物施工期间及建成初期，观测频率要大一些。

施工期间沉降监测的周期及频率参考如下：

（1）建筑物施工阶段的观测应随施工进度同时进行，高层建筑物可在基础垫层或基础底部完成后开始观测。观测次数与时间视地基与加荷情况而定，一般每加高 1~5 层观测一次。

（2）施工期间如遇停工时间较长，应在停工时和重新开工时各观测一次，停工期间每隔 1~3 个月观测一次。

（3）基础附近地面荷载突然增加，周围大量积水及暴风雨后，或周围大量挖方时，均应及时观测。

建筑物使用阶段的变形监测次数取决于沉降变形的大小、速度及观测目的。工程竣工初期的观测频率要稍大些，开始隔上 1~2 个月，或每季度观测一次，以每次沉降量在

5~10 mm 为限度,否则要增加观测数。竣工的第二年半年一次,第三年后每年一次,直至稳定。

观测过程中,如遇地震影响、连续大雨水浸透等情况,要及时增加观测次数。当建筑物突发大量沉降,严重裂缝应及时观测。

(四)沉降稳定阶段的判断

《建筑变形测量规范》(JGJ 8—2016)认为,沉降是否进入稳定阶段,应由沉降量与时间关系曲线判定。

对重点观测和科研工程,若最后 3 个周期中每周期沉降量不大于 $2\sqrt{2}$ 倍测量中误差,可认为已经进入稳定阶段。一般工程,若沉降速度小于 0.01~0.04 mm/d,可认为已经进入稳定阶段。具体取值宜根据各地区地基土的压缩性确定,如老土地区取 0.01 mm/d,软土地区取 0.04 mm/d。

(五)成果整理

每个测次都要检查记录与计算是否正确、精度是否合格、误差分配是否合理,然后根据平差计算得到相邻两次观测之间的沉降量,填入沉降监测成果表中,绘制时间-沉降关系曲线图、沉降点布置图和沉降曲线图等。

在上述计算和绘图基础上,对曲线变化作出合理的分析,并作出精确的变形趋势预报。

二、垂直度直接观测方法

测定建筑物垂直度(倾斜)的方法有两类:一类是通过测量建筑物基础的高程变化,即通过沉降监测来实现;另一类是直接测定建筑物的倾斜,该方法多用于高层建筑。

(一)激光垂准仪法

激光垂准仪法一般是在高层建筑的电梯井、管道井及特设开间的基部安装激光铅直仪,并在建筑物顶部安装接收靶进行建筑物垂直度的测量。

这种方法对较低的建筑物较为适用,对于高大建筑物(高度 300 m 以上)其衍射光斑可达 15~30 mm。另外,该法还会受到建筑物井筒内空气湍流的影响,造成光斑晃动,使测试精度受到影响。

图 10-1 为我国苏一光生产的 DZJ2 激光垂准仪,向上一测回垂直测量标准偏差 1/45 000,向下测回对径观测极限误差 1/2 000。

图 10-1　DZJ2 激光垂准仪

(二)全站仪法

全站仪法是将反光镜安放在建筑物楼顶,在远离建筑物高度 1~2 倍以上的地方架设全站仪进行数据采集。解算倾斜度的方法参阅本教材项目三任务三。在成本许可条件下,可以采用自动跟踪全站仪,人工瞄准目标后,仪器自动跟踪反光镜的采样数据,记录频率为 0.5 s,在恶劣气候条件(如台风、大雨等)下,激光跟踪目标较为困难。

(三)GNSS 法

1. 周期性重复测量法

周期性重复测量法是一种常用、低成本的方法,每一个周期测量观测点之间的相对位置,通过计算两个观测周期间的相对位置变化来测定变形。GNSS 的数据处理方式是静态相对定位。

2. GNSS RTK 法

对一些采样数据密度要求大的观测,如高建筑物的震动试验观测,静态观测难以胜任,此时使用 RTK 可以较好地完成任务。

任务二　高层建筑物沉降监测案例

【任务导学】

通过实际工程案例,使学生进一步了解变形监测的实施方法与实施步骤。

【任务要求】

掌握高层建筑沉降监测的方法。

一、工程概况与布点

某小区高层建筑,设计高度为 66 m,地上 19 层,桩基为钢筋混凝土沉管灌注桩,框剪结构。在桩基工程完成后开挖地下室的过程中,发现施工问题,要求在沉降监测的基础上进行改进。

沉降测量的基准点采用城市水准点,工作基点设置在其他幢先期施工的桩基承台上,沿建筑物对称布置了 12 个地面沉降监测点 C1~C12。

二、沉降监测等级的确定

(一)测量精度等级的确定原则

对一个实际工程,变形测量的精度等级应先根据各类建(构)筑物的变形允许值按《建筑变形测量规范》(JGJ 8—2016)的规定进行估算,然后按以下原则确定:

(1)当仅给定单一变形允许值时,应按所估算的精度选择满足要求的精度等级;

(2)当给定多个同类型变形允许值时,应分别估算精度,按其中最高精度选择满足要求的精度等级;

(3)当估算的精度低于四等精度的要求时,应采用四等精度(见表 10-1);

(4)对需要研究分析变形过程的变形测量项目,宜在上述确定的精度等级基础上提高一个等级。

(二)沉降监测中误差

该建筑物地面高度 66 m,设计允许倾斜度 α 为 0.15%,两沉降点的最短距离 L 为 8 m。则允许顶部极限偏移量为:

$$\Delta_{容} = \pm \alpha h = \pm 0.15\% \times 66 = \pm 99.0\ (\text{mm})$$

表 10-1　建筑变形测量等级及其精度

变形测量等级	沉降监测点测站高差中误差/mm	位移监测点坐标中误差/mm	适用范围
特级	不超过 0.05	不超过 0.3	特高精度要求的变形测量
一等	0.15	1.0	地基基础设计为甲级的建筑的变形测量重要的古建筑、历史建筑的变形测量；重要的城市基础设施的变形测量等
二等	0.50	3.0	地基基础设计为甲、乙级的建筑的变形测量，重要场地的边坡监测，重要基坑、重要管线的变形测量，地下工程施工及运营中的变形测量，重要的城市基础设施的变形测量等
三等	1.50	10.0	地基基础设计为乙、丙级的建筑的变形测量，一般场地的边坡监测，一般基坑三等监测，地表、道路及一般管线的变形测量，一般城市基础设施的变形测量，日照变形测量，风振变形测量等
四等	3.0	20.0	精度要求低的变形测量

注：1. 沉降监测点测站高差中误差：对水准测量，为其测站高差中误差；对静力水准测量、三角高程测量，为相邻沉降监测点间等价的高差中误差；

2. 位移监测点坐标中误差：指的是监测点相对于基准点或工作基点的坐标中误差，监测点相对于基准线的偏差中误差，建筑上某点相对于其底部对应点的水平位移分量中误差等。坐标中误差为其点位中误差的 $1/\sqrt{2}$ 倍。

容许误差按《建筑变形测量规范》（JCJ 8—2016）规定取允许顶部偏移量的 1/20，则测量容许误差为：

$$f_{\Delta} = \pm 99.0/20 = \pm 4.95\ (\text{mm})$$

取 3 倍的中误差为容许误差，则沉降监测中误差为：

$$m_{\Delta} = \pm 4.95/3 = \pm 1.65\ (\text{mm})$$

（三）相对沉降监测中误差

相对沉降监测中误差也叫差异沉降监测中误差，又叫监测点测站高差中误差（几何水准测量测站高差中误差），可用下述方法求得。

由差异沉降最大允许值来求得。差异沉降最大允值为：

$$\delta_{最大} = 2L/1\,000 = 2 \times 8/1\,000 = \pm 16(\text{mm})$$

取 $f_h = \delta_{最大}/10 = \pm 1.6$ mm 为差异沉降监测容许误差。

由于差异沉降可直接由两点间的高差来求得，如取 2 倍中误差为容许误差，则差异沉降监测中误差为：

$$m_{沉} = \pm f_h/2 = \pm 0.8(\text{mm})$$

(四)沉降监测等级

由于该工程的监测点测站高差中误差是±0.8 mm,比建筑变形测量的二级精度要求(相邻点±0.5 mm)和《工程测量标准》(GB 50026—2020)中变形测量的三等精度要求(相邻点±0.5 mm)稍低,故选用《工程测量标准》(GB 50026—2020)中要求的三等沉降精度之二等水准测量方法实施技术设计和沉降监测,仪器选用 DS_1 水准仪与因瓦水准尺。

三、成果检验与计算

按照二等水准测量要求,编制技术设计书和实施细则,观测成果的线路闭合差均必须在误差允许值内。水准线路每测站中误差为:

$$m_{站} = \pm\sqrt{(f^2/n)/N} \leqslant \pm 0.25\ \text{mm}$$

式中 f——线路闭合差;

n——线路中测站数;

N——监测次数。

观测成果合格后,可以进行相关的平差计算。平差计算时,先从基准点进行水准联测工作,按间接平差原理以节点法进行,得出工作基点的近似高程;复测后采用秩亏自由网进行平差来判断工作基点的稳定性,如果发现工作基点不稳定,一方面与基准点联测,另一方面可以采用拟稳平差的方法进行平差计算。

四、数据分析

(一)累计沉降量分析

从表 10-2 中可以看出,该建筑物累计沉降量最大值是-12.7 mm,C12 点的平均下沉速度为 0.047 mm/d;累计沉降量最小值是-5.3 mm,C2 点的平均下沉速度为-0.020 mm/d,累计沉降量的平均值是-9.0 mm,平均下沉速度为-0.034 mm/d,从累计沉降量和下沉速度来看,数值均较小,这些情况均属正常,且较为理想。

表 10-2 沉降监测累计沉降量成果 单位:mm

观测日期(年-月-日)	C1	C2	C3	C4	C5	C6	C7	C8	C9	C10	C11	C12
2003-11-09	0	0	0	0	0	0	0	0	0	0	0	0
2004-08-10	-9.2	-5.3	-10.2	-9.3	-5.4	-5.4	-7.1	-10.3	-11.5	-9.6	-8.1	12.7

(二)不均匀沉降分析

不均匀沉降(倾斜)对建筑物的结构影响较大,对多层、高层建筑由不均匀沉降引起的倾斜度可参考如下要求:

设建筑物总高度为 H,当 $H \leqslant 24$ m 时,限差为 4‰;当 24 m$<H\leqslant$60 m 时,限差为 3‰;当 60 m$<H\leqslant$100 m 时,限差为 2‰;当 $H>$100 m 时,限差为 1.5‰。

该大楼高为 66 m,最大斜度值为 0.42‰,故小于上述不均匀沉降引起的倾斜度 2‰的要求。

五、稳定期的判断

该工程的沉降处于稳定状态，以半年所测的沉降量不超过 2 mm 为宜，也就是取沉降速度 0.01 mm/d 为极限值。

【项目总结】

本项目主要介绍了高层建筑变形特征、变形监测的方法及实施。

【学习重点和难点】

变形监测网的布设。

传承北斗精神，争做新时代测绘人

习近平总书记指出：中国愿同各国共享北斗系统建设发展成果，共促全球卫星导航事业蓬勃发展。如今的北斗，已经向"一带一路"国家和地区亿级以上用户提供服务，相关产品出口 120 余个国家和地区。仰望星空、北斗璀璨，脚踏实地、行稳致远。大力弘扬新时代北斗精神，不忘初心、牢记使命，不懈探索、砥砺前行，我们就一定能为实现"两个一百年"奋斗目标、实现中华民族伟大复兴的中国梦作出新的更大贡献，为全球卫星导航系统更好服务全球、造福人类贡献智慧和力量。

码 10-1　北斗飞天，星耀全球

习近平总书记指出：参与北斗系统硬币建设的全体人员迎难而上，敢打硬仗，接续奋斗，发扬"两弹一星"精神，培育了新时代北斗精神，要传承好，弘扬好。

码 10-2　新时代北斗精神

北斗精神内涵：自主创新，开放融合，万众一心，追求卓越。

【项目知识检测】

1. 建筑物垂直度测定方法有哪些，说明它们的适用范围。

2. 高层建筑物沉降监测中精度等级如何确定。

项目十一 大型钢构建筑物变形监测

【项目概述】

随着鸟巢、中央电视台、水立方等大型钢结构(简称钢构)典型工程的建设,我国在体育馆、大型剧场等工程中已大量采用网架钢结构进行施工。这些钢结构在运营期间的安全状况对人身的危害极大,需要对其进行变形安全监测,以保证其安全运行。

本项目主要学习大型钢构建筑物变形监测,通过学习,掌握大型钢构建筑物变形监测内容有哪些?有什么要求?变形监测的方法有哪些?同时,通过本项目的学习,树立学生标准规范意识、质量意识;增强学生的职业精神,提高艰苦奋斗的工作作风,树立精益求精、质量第一的工匠精神。

【学习目标】

[知识目标]

1. 掌握大型钢构建筑物监测的目的与特点;
2. 掌握大型钢构建筑物监测的内容;
3. 掌握大型钢构建筑物监测的方法;
4. 掌握大型钢构建筑物监测的精度、控制值与频率。

[技能目标]

1. 熟知大型钢构建筑物的特点;
2. 会进行大型钢构建筑物变形监测网的布设;
3. 会进行大型钢构建筑物观测数据处理。

[思政目标]

1. 树立学生标准规范意识、质量意识;
2. 增强学生的职业精神,提高艰苦奋斗的工作作风;
3. 树立精益求精、质量第一的工匠精神。

【考核内容】

1. 变形监测的原理、步骤及方法;
2. 变形监测的数据计算与处理。

【规范】

1.《建筑变形测量规范》(JGJ 8—2016);
2.《工程测量标准》(GB 50026—2020);
3.《钢结构设计标准》(GB 50017—2017);
4.《钢结构通用规范》(GB 55006—2021)。

任务一　网架结构变形监测的任务

【任务导学】

我国第一个网架结构诞生于1964年，其用角钢焊成，跨度为31.5 m×40.56 m，用于上海师范学院球形房的屋盖上，当时这个新事物的出现似乎并没有引起人们的注意，但这样一个网架竟然掀开了中国空间结构发展史上新的一页。从20世纪60年代起，网架结构以其独特的优越性逐步成为我国发展最快的结构体系之一。1990年北京亚运会新建的13个场馆中有11个采用了网架与网壳，其中焊接球节点占绝大多数。目前，我国已建成8 000余座钢结构网架，其不仅适用于大跨度结构，对于30~60 m及30 m以下的中小跨度也极为适用。近年来，网架结构在工业厂房中的应用也得到了迅猛的发展，其建筑覆盖面积超过300万m^2，这在世界上是领先的。

要对网架结构进行变形监测，首先需要了解网架结构相关的概念。本任务我们主要介绍网架结构的基本概念。

【任务要求】

1. 掌握网架结构的基本概念；
2. 了解网结构变形监测的主要任务。

图11-1为大型场馆钢结构网架基本结构。在变形监测过程中，需要了解以下几个基本概念：

图11-1　场馆钢结构网架图

支座——悬空钢结构网架的支撑部，通过焊接在下弦球上的支座体和建筑物混凝土墙、柱上预埋件紧固连接。

下弦球——网架结构靠向地面部分的各连接杆结合点。通常采用钢球形式以螺栓或焊接方式与连接杆连接。

上弦球——网架结构靠向上部的各连接杆结合点。

连接杆——两下弦球之间的连接杆称为下弦杆；两上弦球之间的连接杆称为上弦杆；连接上、下之间的连接杆称为腹杆。

根据《建筑与桥梁结构监测技术规范》(GB 50982—2014)要求，网架结构主要变形监测的任务包括：

(1)测量网架跨度变形，即测量相应直线上的支座中心距离值的变化。

(2)测量网架支座的水平度变化，即测量网架支座球体中心位于同一水平面上的变化。

(3)测量网架的挠度变化，即测量下弦球体中心连线偏离设计高度的变化。

以上各种观测点位置布设方案由钢架结构技术人员具体提出，由钢结构和测量技术人员共同设置实施。

任务二　网架结构的变形监测

【任务导学】

网架建好交付使用后，要对其变形进行长期监测，要如何观测网架结构的变形，网架结构的变形监测内容有哪些？用什么方法进行变形监测呢？本任务我们一起来探讨这些问题。

【任务要求】

1. 掌握网架结构变形监测的主要内容；

2. 掌握网架结构变形监测的主要方法。

一、坐标系统的选择

(1)平面坐标系统一般采用独立坐标系。

(2)采用假定高程系统，通常以建筑物室内地平面为±0 标高。

二、高程基点及其观测

为保证测量数据的精度及数据的稳定性，在整个网架结构工程建筑体内、外应布设一定的基准点。基准点的数量视建筑结构的不同而不同，间距控制在 50 m 以内。

图 11-2 所示为某体育馆内水准基点布设，共布设水准基点 7 个，其中室内地坪面上按网架结构布局 A、B 和 C 区各一个(编号：J1、J2、J3)，看台区根据建筑间隔情况共布设 4 个(编号：J4、J5、J6、J7)。全部水准基点采用膨胀钢钉固定在水泥地面上或稳定混凝土楼板上。

基点高程观测分为地坪面闭合环和看台区闭合环，按三等水准要求进行高差测量。两环之间因高差过大，采用钢尺高程传递方法，使各水准点的高程形成统一的高程系统。

为便于今后对网架变形进行再次观测，在测区内 2 个高度区域分别布设永久性标志 BM_1、BM_2 水准点 2 个。

三、支座挠度和水平度观测

(一)挠度变形监测点位置布设

网架挠度监测点的布设一般由测量人员与网架检测或设计人员共同进行。布设的原则是：根据网架设计资料和图纸，从最大挠度设计值位置点开始，沿设计挠度变化方向由

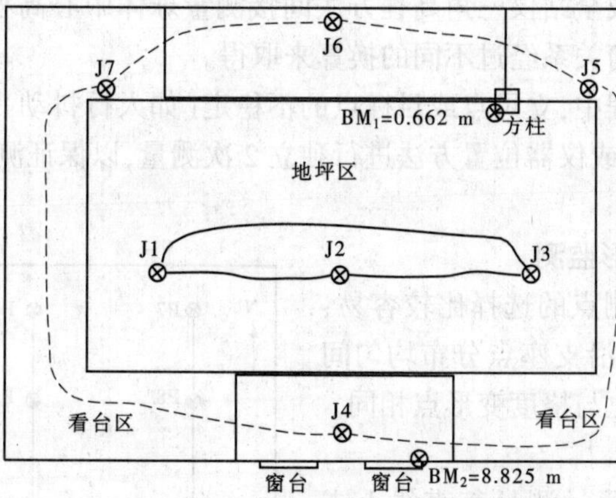

图 11-2　某体育馆水准基点布设

密到疏呈几何形状均匀布设。

如图 11-3 所示为某大楼网架挠度监测点的布设位置。

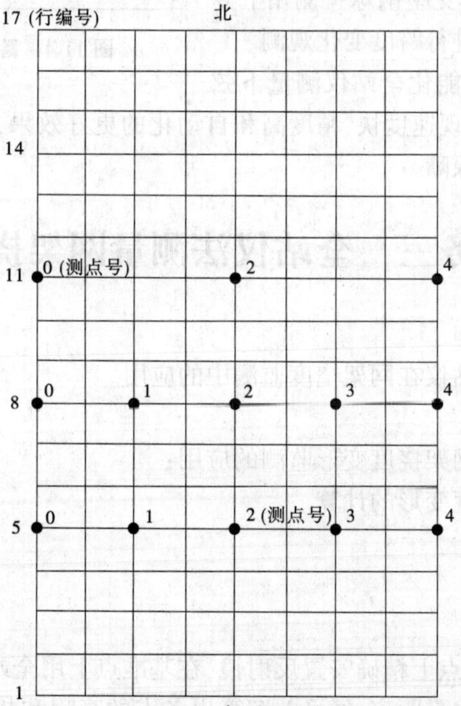

图 11-3　某大楼网架挠度监测点的布设位置

(二)挠度监测

网架挠度变形值一般采用水准测量方法对下弦球中心进行直接测量或间接测量。所谓直接测量是指在水准仪具有架设与观测条件的前提下，直接配合水准尺在下弦球顶面立尺进行读数以获得球体高程；而在许多不具备仪器高空作业和通视受阻严重的条件下，可以采用球体下挂钢尺或全站仪三角高程方法间接测量球体中心高程,其中心高程值需要根据观测时的各种几何关系经过不同的换算来取得。

为了避免在观测过程中,立尺点或目标点的不稳定(如人行抖动)而造成观测数据不可靠,应采用变动仪器高或仪器位置方法进行独立 2 次测量,以保证测量数据具有可靠的质量。

(三)支座水平度变形监测

支座水平度变形监测点的选择比较容易,一般根据工作量的大小,沿支座点分布均匀间隔选择即可。观测方法也与挠度变形点相同。

(四)跨度变形监测

网架跨度的变化是通过测量某直线上支座中心距离的变化获得的,一般采用全站仪对边测量等功能实现。

如图 11-4 所示,在某体育馆网架结构区内选择 3 排跨度观测点,在支座钢球一侧贴上专用测距反射片作为标记进行跨度变化观测。

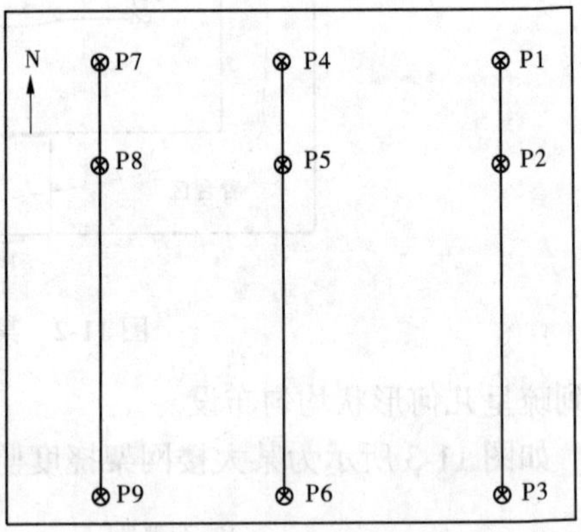

图 11-4　跨度变化观测点布设

测量过程中,采用智能化全站仪测量下弦球的坐标和高程,可以实现速度快、精度高和自动化的更好效果,为变形监测工程任务的顺利完成提供了可靠的保障。

任务三　全站仪法测量网架挠度

【任务导学】

本任务主要探讨全站仪在网架挠度监测中的应用。

【任务要求】

1. 掌握全站仪法在网架挠度变形监测的应用;
2. 掌握网架结构挠度变形的计算。

一、测量方法

首次观测时,在变形点上精确安置反射镜,在基准点上用全站仪测定每一变形监测点与基准点之间的高差和水平距离,经平差解算出各点的高程和相对于各基准点的水平距离,作为以后每次变形监测比较的依据,以后要定期进行检测。

这种观测精度要求较高,规范要求必须连续进行 2 次观测,互差小于限差时取其平均值作为最后结果。

挠度变形监测时,在一基准点上安置全站仪,精确对中,严格整平,在另一基准点上安置带有对中杆的三脚架和反射棱镜,精确对中和整平。首先观测测站基准点到镜站基准点 i 的斜距 S_i 及竖直角 α_i(见图 11-5),按式(11-1)计算出镜站水平视线相对于镜站点地面标志的高差。

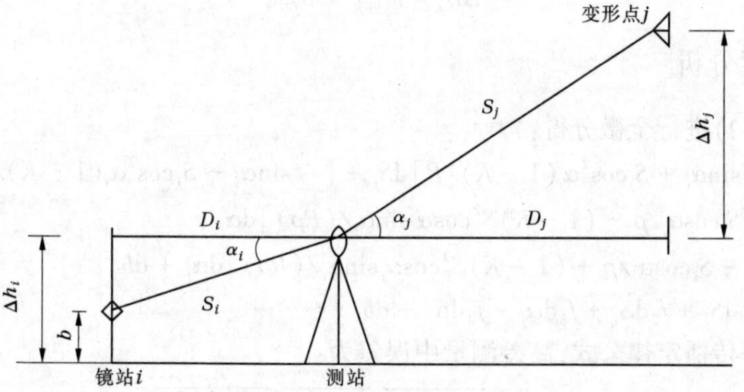

图 11-5　观测方法原理示意图

$$\Delta h_i = D_i \tan\alpha_i + (1 - K) D_i^2 / (2R) - b \tag{11-1}$$

式中　α_i——视线 i 与水平线之间的竖直角；

b——反射镜高；

K——大气折光系数；

R——地球的平均曲率半径；

D_i——测站、镜站两点间的水平距离。

注意，图 10-5 中 α_i 为负，所以高差为负值。

对观测点的观测，只需在测站基准点上观测变形监测点 j 的竖直角 α_j，由于其相对于测站点的水平距离 D_j 已知（首次观测时已得到），且观测棱镜直接安置在观测点上，则采用式（11-1）计算变形点 j 相对于测站点水平视线的高差时，取 $b=0$。

此时变形点相对于镜站点的高差为：

$$\Delta h_{ij} = \Delta h_j - \Delta h_i = D_j \tan\alpha_j - D_i \tan\alpha_i + (1 - K)(D_j^2 - D_i^2)/(2R) + b \tag{11-2}$$

依次在每个测站分别观测每个变形监测标志的竖直角，计算各观测点相对于测站点水平视线的高差 Δh_{ij}。采用多次测量时，如互差小于方案中的要求，取其平均值。

为了保证监测精度，对每一个变形点都要在 2 个基准点上进行观测，以便进行检核，在两测站上测得同一点的高程差互差小于 1.4 mm 时，取均值为最后结果。

对于挠度变形监测来说，由于观测目标固定，反射镜镜高固定，测站固定，目标的挠度变形是上下垂直位移，所以测站至目标的水平距离是不变的。每次观测时水平距离的变化主要是仪器对中误差的影响。大气折光对观测点测量高差值的影响，在变形量比较时可以互相抵消。因此，在进行变形量比较的每次测量高差计算时，式（11-2）的后两项基本可以不参加计算。

二、挠度计算

某次观测点 j 的高程为：

$$h_j = h_i - \Delta h_{ij} \tag{11-3}$$

则某一次的挠度变形量为：

$$\Delta H_j = h_{j初次} - h_{j本次} \tag{11-4}$$

三、精度分析

对式(11-2)进行全微分得：

$$\begin{aligned} d\Delta h_{ij} = & [\sin\alpha_j + S_j\cos^2\alpha_j(1-K)/R]dS_j + [-\sin\alpha_i - S_i\cos^2\alpha_i(1-K)/R]dS_i + \\ & [S_j\cos\alpha_j/\rho - (1-K)S_j^2\cos\alpha_j\sin\alpha_j/(R\rho)]d\alpha_j + \\ & [-S_i\cos\alpha_i/\rho + (1-K)S_i^2\cos\alpha_i\sin\alpha_i/(R\rho)]d\alpha_i + db \\ = & f_1dS_j + f_2dS_i + f_3d\alpha_j + f_4d\alpha_i + db \end{aligned}$$

根据误差传播定律公式，高差测量中误差为：

$$m\Delta h_{ij} = \sqrt{f_1^2m_{Sj}^2 + f_2^2m_{Si}^2 + f_3^2m_{\alpha j}^2 + f_4^2m_{\alpha i}^2 + m_b^2} \tag{11-5}$$

在使用高精度全站仪时，如测角中误差 $m_\alpha = \pm 0.5''$，$m_s = \pm 1\ \text{mm} + 1\times10^{-6}$，并控制边长在 50 m 之内，精度基本可达到《建筑变形测量规范》(JGJ 8—2016)中测站高差观测中误差≤±0.5 mm 的二级要求。

【项目总结】

本项目主要学习大型钢构建筑物变形监测，掌握大型钢构建筑物变形监测的相关知识与计算。

【学习重点和难点】

变形监测中的计算。

测绘工匠精神

什么是工匠精神？一种注重细节、锲而不舍的精神。

“工匠精神”主要表现在敬业、精益、专注、创新等方面。

“工匠精神”的内涵是执着专注、精益求精、一丝不苟、追求卓越。其中，执着专注是精神状态，是时间上的坚持、精神上的聚焦。精益求精是品质追求，是质量上的完美、技术上的极致。一丝不苟是自身要求，是细节上的坚守、态度上的严谨。追求卓越是理想信念，是理想上的远大、信念上的高远。工匠精神既体现敬业之美的精神原色，又表现创造之美的品质追求，更展现追求之美的价值升华。

码 11-1 工匠精神

砥砺奋进的测绘人将秉承着精雕细琢、精益求精的“工匠精神”，以工匠的态度打造诚信为本、追求卓越的核心理念，成就一个个高质量的测绘成果质量管理的优秀工程。

【项目知识检测】

1. 网架结构的组成部分及其基本概念。
2. 网架变形监测的主要内容有哪些？
3. 简述全站仪法观测挠度的原理。

第三部分　变形测量信息系统及工程案例

项目十二　变形测量信息系统

【项目概述】

随着我国经济和社会的快速发展,出现了大量的体量大、超高、异型等建(构)筑物,对结构体变形监测要求越来越高,大型建筑物(如地铁施工变形监测、混凝土大坝安全性监测、特大型桥梁变形监测等)工程,变形监测周期长、监测内容复杂、监测数据种类繁多,而且要求掌握变形体的实时变化,传统的监测手段和监测数据管理方法很难适应建筑物施工、运营等变形监测的要求。科学技术和测绘仪器的发展,对大型建筑物的变形监测逐步由人工观测转向人工观测和自动化观测相结合,如采用 GNSS 观测技术和测量机器人实现实时数据采集,结合通信和计算机技术可实现变形数据的实时采集和处理。同时,由于采用自动化观测技术,加之观测周期长,积累了大量的观测数据,仅采用人工对观测数据进行整编和分析,观测资料的管理和分析预报工作十分繁重,而且不能自动进行变形分析预报。目前,大型复杂的工程施工监测和运营,多采用自动化数据采集,并在其基础上实现自动化监测。变形监测信息系统成为大型工程施工运营监测的方向,变形监测系统是一个集结构分析计算、计算机技术、通信技术、测量传感器、系统控制等高新技术于一体的集成系统,是实现信息化监测的必要手段,系统对各种观测数据进行科学系统的组织、管理和分析。实现变形监测数据的采集、处理、分析以及信息的发布与预警一体化,并向数字化、智能化方向发展。

本项目主要学习变形测量信息系统,掌握变形信息系统的功能、设计及特点。通过本项目的学习,增强学生关心时事,养成良好的自主学习习惯和认真严谨的工作态度;增强学生拼搏向前、进取人生的决心和创新精神、创业意识、创业能力。

【学习目标】

[知识目标]

1. 掌握变形测量信息系统的功能与特点;
2. 掌握变形测量信息系统的设计内容。

[技能目标]

1. 熟知变形测量信息系统的特点;
2. 会设计变形测量信息系统。

[思政目标]

1. 增强学生关心时事,养成良好的自主学习习惯和认真严谨的工作态度;

2. 增强学生拼搏向前、进取人生的决心和创新精神、创业意识、创业能力。

【考核内容】

1. 变形测量信息系统的功能与特点;

2. 变形测量信息系统的设计内容。

【规范】

1.《建筑变形测量规范》(JGJ 8—2016);

2.《工程测量标准》(GB 50026—2020)。

任务一　变形监测信息系统实现的功能

变形监测信息系统应包括外业观测数据的自动采集、变形监测数据的处理和分析、变形监测原始数据和处理成果的保存、建立数据库、各类变形图件的绘制、预警预报等内容。

建立变形测量系统的目的在于采用计算机技术、通信技术、系统集成技术,实现对数据采集、数据传输、数据分析处理、信息发布的信息化管理。不同的工程在不同的阶段对变形监测系统的要求各不相同,但是要满足3个基本功能:变形信息获取、变形信息的分析、信息的发布与预警。一个变形监测系统要满足以下功能要求。

一、外业观测数据的自动采集

变形监测数据采集分为静态和动态两种形式,采集的频率一般可以分为周期性变形监测和非周期性变形监测。周期性变形监测即静态变形监测,主要是采用传统的地面测量方法进行周期性的观测。地表沉降监测、工业与民用建筑物变形监测等常采用这种方式。对大型复杂建筑网施工和运营安全监测,大型桥梁实时安全监测,大型深基坑监测等采用传统的人工数据采集方法受观测时间、频率的限制,则无法满足施工和安全运营的实时监测需要,需要采用GNSS、测量机器人以及其他专用电子仪器进行连续数据采集、实时数据处理方式,同时采用网络通信技术实时把观测信息传输到计算机进行实时处理,及时对建筑物的变形信息实时处理。变形监测系统要实行数据的自动采集功能,能够实现连续、准确、可靠的监测数据采集,满足工程施工、运营等不同阶段对变形监测的要求。

二、变形监测数据的自动处理和分析

各种测量传感器采集的各种数据通过有线或者是无线系统实时传入系统的中央控制系统,并根据系统主机指令按时间和方式进行自动采集数据,中央控制系统能够自动对接收到的监测数据进行分类,存储到数据库中,并对数据进行自动地检验、识别等各种处理。系统使用多种变形分析方法对观测数据进行处理,如时间序列分析、系统辨识、卡尔曼滤波等。

三、数据维护功能

变形监测系统涉及的数据繁多,包括自动观测的原始数据和人工观测的原始数据、变形监测成果数据和工程本身的设计施工信息,数据维护功能能够对各种数据进行汇集、整理,使之系统化、规格化,便于使用分析。系统能够自动接收各种自动测量传感器的数据,也能够以一定的格式接收人工观测数据,特许用户可以通过人机交互方式对数据进行编辑、整理。

四、各类报表和曲线的自动生成功能

变形监测信息系统应该可以自动从数据库中提取监测数据,生成常用的周报、月报和各类曲线。

五、相关信息查询功能

监测数据分析人员可以方便地查询到任何监测数据,如某测点在某时间段的观测值、某区段有哪些测点等;监测工作管理人员可以方便地查询到想要的监测相关文档,如某次的监测周报、某标段的监测工作实施方案、某次监测项目部的工作报告等。

在数据管理界面输入监测数据后,系统将自动生成各点位变形发展曲线;以计算机动画形式显示"施工工程—变形发展"过程;并实现变形监测数据在互联网上的传输、共享、查询、下载等服务。

任务二　变形监测信息系统建立的方法及整体设计

一、变形监测系统需求分析

需求分析是数据库设计的基础阶段。这一步的目标是通过对用户的信息需求及处理需求的调查分析,得到数据库设计所必需的需求信息,即数据库中需存储哪些数据、输入数据的来源、输出的数据格式。

变形监测的主要作用是通过分析监测数据,为监测对象的施工和运营提供安全保障,监测的内容一般包括施工期间水平位移、垂直位移、地表裂缝,运营期间包括水平位移、垂直位移等,采用的仪器包括水准仪、全站仪、测缝计、传感器等。根据监测项目的要求、监测仪器的特点及不同的监测阶段等综合考虑来满足施工阶段安全监测要求,满足运营阶段安全监测要求。考虑该分析系统的通用性,结合安全监测的功能与特点,能够对变形体的各种监测数据进行导入、人工输入,能对数据实施数据管理功能,通过查询可方便查出某个测点某个时间段的监测信息,并能对监测成果进行图形化展示,同时能便利地查询到工程相关的设计、施工以及科研文档、设计图纸和相关照片等多媒体资料,能够通过分析模块的预测预报建模对变形体的稳定状态给出直观的显示,为施工管理和运营提供可行、可靠的依据。

二、系统结构与功能设计

(一)系统设计原则

从工程建设和变形监测的功能需求出发,变形信息系统的开发应遵循如下原则:

(1)变形监测系统的设计和建立与工程的设计建设同步进行。在建筑物施工阶段为施工控制服务,提供安全监测,如在大型建筑物深基坑开挖期间要求为施工提供安全监测,确保施工顺利进行, 运营期间为建筑物安全运营提供连续的安全监测。

(2)遵循简洁、实用、性能可靠、经济合理的指导思想。贯彻面向最终用户的原则,建立友好的用户界面,使用户操作简单直观,易于学习掌握。注重采用成熟而实用的技术,使系统建设能产生良好的社会效益和经济效益。系统应具有较高的容错能力,有较强的抗干扰性。对各类用户的误操作应有提示或自动消除的能力,应保证长期安全地运行。系统中的硬、软件及信息资源应满足可靠性设计要求。系统应具有必要的安全保护和保密措施,有很强的应对计算机犯罪和病毒的防范能力。

(3)标准化原则,系统应具有可扩展性。任何一个软件都有一个不断使用、扩展、完善的过程,系统的硬、软件应具有扩充升级的余地,不可因硬、软件扩充、升级或改型而使原有系统失去作用。

(4)模块化原则。将待开发的软件系统分解成若干个小的简单模块,每个模块独立地开发、测试,最后组装成完整的程序,结构清晰,易于理解、维护。

(5)先进性。在实用的前提下,应尽可能跟踪国内外最先进的计算机硬、软件技术、信息技术及网络通信技术,使系统具有较高的性能指标。变形监测技术将向高精度、自动化、智能化方向发展。一方面监测仪器的性能(精确性、稳定性、耐用性等)将不断提高,从而提高监测系统的整体可靠性;另一方面监测仪器的自动化水平也将不断提高,并向智能化方向发展。

(二)系统总体结构设计

1. 硬件系统

硬件系统主要包括各种测量传感器、中央控制系统、通信系统、供电系统以及其他防护系统。

(1)测量传感器主要是指安装在变形体上的各种测量仪器,用于监测数据的自动化采集。如 GNSS 接收机采集三维形变数据,测量机器人定期采集角度、空间边长、垂直角等观测量,液体静力水准测量系统采集高程变化量等,传感器还包括轴力计、温度计等其他设备,传感器的选取对监测数据采集质量至关重要,要根据变形量的大小、工程要求来选取满足精度、可靠性要求的测量设备。

(2)中央控制系统(服务器)由布置在监控中心的小型机系统、服务器系统及软件系统组成,用于指挥控制、数据处理分析和预警预报。

(3)通信系统主要功能是根据相关协议建立各设备之间的物理联系,进行信息传递,负责将传感器采集的各种数据以一定的格式实时传输到中央控制系统,并进行实时处理分析发布。

(4)辅助系统主要用于系统供电、系统日常安全维护等。

2. 软件系统

软件系统部分包括数据采集系统、数据存储系统、数据分析系统、帮助系统等。

(1)数据采集系统:完成数据采集、传输和本地存储的工作。

(2)通信接口系统:实现中央控制系统计算机与传感器之间的数据传输。

(3)数据处理服务器软件:完成数据接收、控制、数据处理、数据显示、数据评估及预警等工作。

(4)数据存储系统:完成数据存储和管理工作,对原始观测数据、历史数据、成果数据、报警信息进行管理和保存。

三、系统功能模块设计

监测数据管理采用工程化管理方法,针对每个监测工程,建立不同的数据文件。数据和信息均以数据库形式进行存储,按监测点名、监测周期建立数据索引。在对监测数据进行计算、查询或分析时,统一从数据库文件中调用数据。同时,所有的数据和信息文件都可以进行实时的修改和更新。

(一)监测数据采集模块

采集模块的功能主要包括检测数据的自动化采集、自动测量传感器的设置、手工数据录入、数据维护等。

(二)信息查询

(1)监测工程项目有关的工程文档查询,工程设计图纸,监测实施方案,监测周报、月报记录。

(2)监测数据查询,可以查询任意测点在任意时间段的监测数据和监测结果。

(3)外业监测信息查询,监测仪器的运行状态。

(三)数据处理分析模块

本模块主要对数据进行处理,为数据输出做好准备。

(四)报表及各种曲线生成

(1)周报、月报生成及输出,实现每周、每月月报的自动生成。系统根据用户的需求选择周报、月报,自动从后台数据库中调出监测结果,按照一定的格式形成表格,供用户浏览、打印。

(2)各类报表和曲线的自动生成,根据用户选择的测点、测段,在选定的时间段自动生成该点的变形-时间折线图,选定特定模型自动绘制各种拟合曲线。对监测数据采用多种模型绘制变形回归曲线用于用户分析决策。

(五)帮助系统

帮助系统提供了在线帮助文件,对软件的操作进行说明,并对常见问题进行了详细的解释。

四、变形监测信息系统的特点

(1)在每一个监测工程下,所有的监测点属性数据、初始数据、观测数据和原始观测数据都可以进行统一管理,同时以监测点名和监测周期为数据库索引,提高了数据查询和分析的效率。对于数据查询得到的数据表格及变化曲线图,可以有选择地存储到数据库中。

(2)集成化的数据处理。施工变形监测项目多,数据采集除使用常规的测量仪器外,还有测斜仪、频率接收仪等仪器设备。为了对观测数据进行统一数据处理和成果管理,系统数据处理模块集成了边角网、水准网、测斜仪数据、频率仪数据、分层沉降仪数据和水位仪数据的计算和平差功能。用户可以在一个软件平台上进行所有观测数据的导入和处理,不同数据间的调用也更为方便,极大地提高了数据处理工作的效率。

(3)全面直观的数据查询与分析。在施工变形监测时,我们更多的是对观测数据进行查询和分析。系统数据查询和分析模块除可以进行多种数据报表查询外,还提供了监测点过程曲线、变化曲线、分布变形曲线的图形绘制功能,并对超出警戒值的监测点进行红色报警标记,从而保障用户可以全面准确地掌握基坑的结构状态和变化趋势。

(4)方便快捷的成果报表打印。变形监测时需要进行大量的日报、周报和月报的成果输出和打印。在施工变形监测数据处理系统中,用户只要在数据查询和分析模块中输入日报、周报和月报的起止周期,保存查询的图表结果,然后在成果输出模块中导入存储的图表结果文件,即可以按自定义的文件格式进行报表打印。

任务三　工程实例

实例一　沉降信息化管理平台

一、平台作用

沉降信息化管理平台隶属于工程管理平台,为集权限管理、数据管理、外业采集、数据分析于一体的管理系统,以图形化的方式管理沉降测量进度、沉降数据质量等。

在平台初始化后,项目指挥部使用相应的管理员账户向测量人员授权其所管理的工点,在授权之后测量人员根据各自工点类型建立相应的断面测点信息、水准线路信息等,然后使用手机 App 进行外业测量并上传服务器数据。每条线路测量完成后,可以导出测量原始记录,测量人员可以自己进行数据解算平差,提交平差成果。

二、平台应用

(一)应用管理员功能

1. 工作基点管理

管理员统一录入和修正工作基点,保证工作基点的一致性,避免不同测量人员使用不一致的基点高程导致的错误。

2. 观测人员管理

测量人员统一由标段管理员进行添加、管理,设置为测量人员后可以上传测量证书等信息,便于管理人员复核资质。

3. 仪器设备管理

管理测量仪器的校验、使用,在外业测量中不使用没有在此备案的仪器。

4. 工点权限

可以设置为测量人员和管理人员,并为每个人员设置需要接触管理的工点,如测量人员 1 只管理工点 1,测量人员 2 只管理工点 2,如图 12-1 所示。

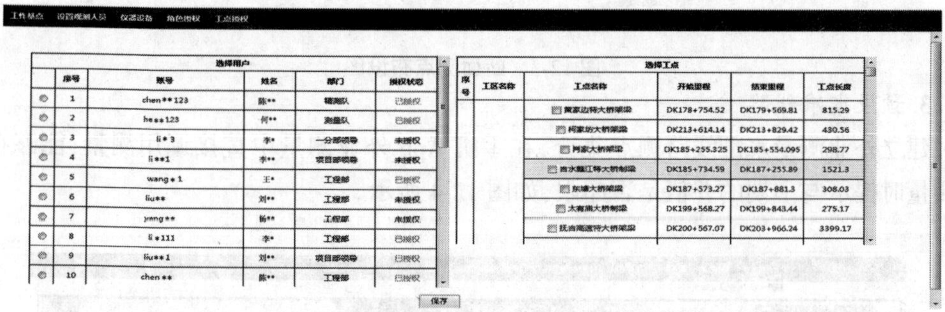

图 12-1　工点授权图

(二)测量人员功能

1. 工点测量概况

图形化显示每个断面测点的沉降量、测量周期,汇总每个测点历史测量记录和成果,是否有超限的测点存在等,如图 12-2 所示。

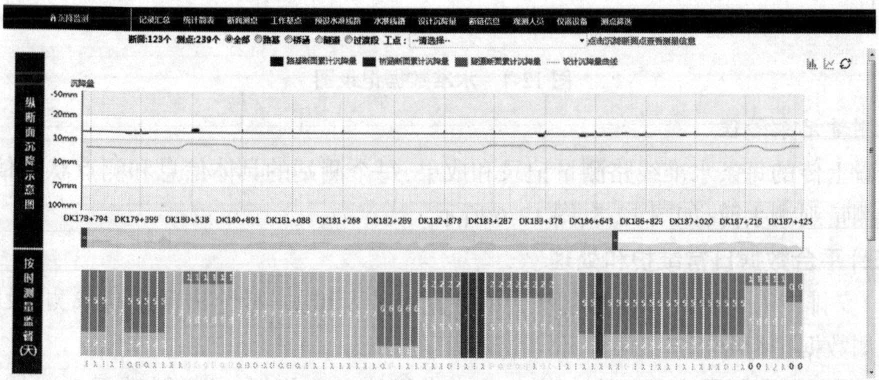

图 12-2　测量概况图

2. 断面测点管理

在相应的工点中添加断面和测点,设置测点的类型名称等信息,以便外业测量和内业数据整理使用,如图 12-3 所示。

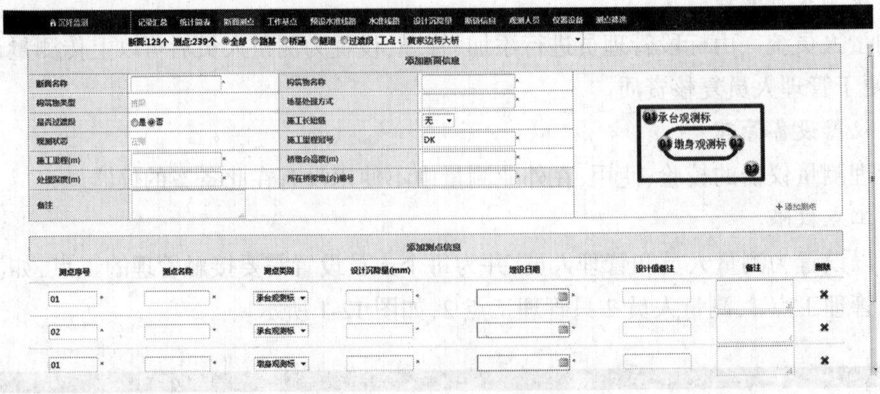

图 12-3 断面测点布设图

3. 预设水准线路

建立外业测量水准线路测点集合,在手机 App 外业测量中直接调用测量,能够在现场测量时提示与上期的差值是否超限,如图 12-4 所示。

图 12-4 水准数据记录图

4. 测量记录管理

查看上传的每条水准线路测量记录和成果,每个测站的具体信息和测点状态信息,可以导出测量观测手簿,如图 12-5、图 12-6 所示。

(三)平台数据日常维护和处理

(1)安排专人负责沉降信息化平台的数据上传及维护,杜绝出现逾期未测,及时对上传的观测数据进行分析。

(2)对于沉降超限点和关注点信息及时进行处理和分析,必要时进行二次复测和基准点复核,对于沉降异常数据,依次报监理、评估和建设单位审查,并制定相应的加密观测方法及技术要求,保证数据质量可靠性、真实性。

图 12-5　成果数据记录图

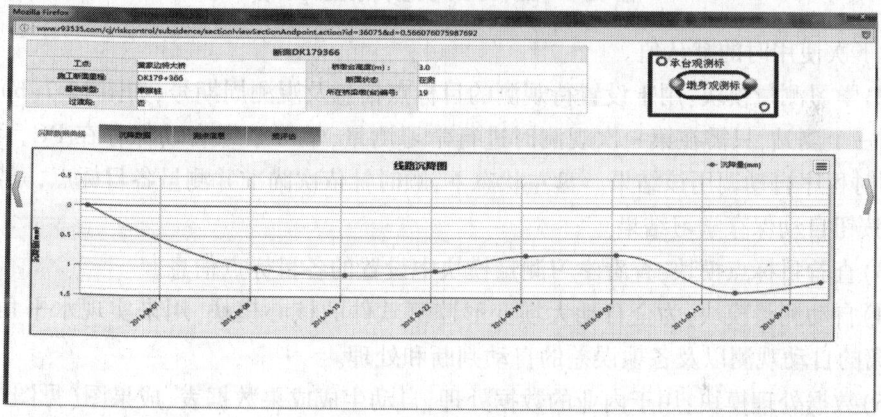

图 12-6　测点沉降曲线图

实例二　徕卡 TCA 机载自动监测系统

一、徕卡 TCA 机载自动监测系统简介

徕卡 TCA 机载自动监测系统(见图 12-7)主要实现变形监测中对水平角、垂直角、距离的自动化监测,并通过数据处理软件对数据进行后处理,通过友好的用户界面,尽可能减少用户的操作和干预。用户只需输入测站名、各项限差(仅第 1 次)、学习测量各目标点(仅第 1 次)、概略瞄准第 1 个方向后,即可完成所有测回的观测;处理包括观测中突然断电在内的多种意外情况;观测结果以二进制格式存储,避免人为篡改。

二、系统构成

采用徕卡 TCA 系列全站仪作为硬件平台,GeoBasic 2.29 作为开发工具,软件由 5 个模块构成:配置模块、学习测量模块、查看目标点模块、自动测量模块和数据处理模块。

(1)配置模块:用于设置测站名、各项限差及总的测回数,每次观测前必须进行正确设置,各项的默认值为最近使用的设置,如图 12-7(a)所示,通常情况下,用户只需修改测站名或直接确认即可。各项限差和测站名不得为空,设置完毕后按 CONT 按钮自动保存,

(a)　　　　　　　　　　(b)

图 12-7　徕卡 TCA 机载自动监测系统

并作为下次使用时的默认值。

(2)学习测量模块:用于设置待观测的目标点信息及观测周期号,如图 12-7(b)所示。对于同一个测站,只需在第一次观测时进行学习测量,学习结果自动保存在 PC 卡内,自动观测时程序自动调用该结果。盘左状态下,顺时针依次瞄准并测量各目标点,完毕后按 CONT 按钮自动保存学习结果。

(3)查看目标点模块:查看学习测量模块中设置的各目标点信息。

(4)自动测量模块:为全自动大坝变形监测软件的核心模块,用来实现水平角、垂直角、距离的自动观测以及各项误差的自动判断和处理。

(5)数据处理模块:用于内业的数据处理,自动生成成果数据表、成果图(见图 12-8)。

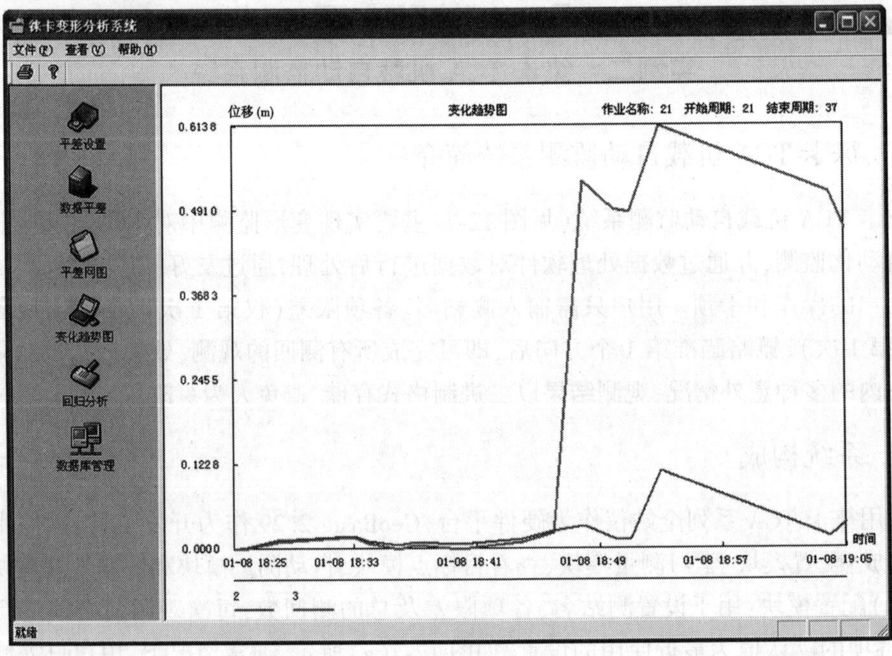

图 12-8　自动生成成果图

实例三　滑坡隐患灾害防治工程变形监测系统

滑坡隐患灾害防治工程变形监测工作主要包括钻孔深层位移监测和监测点平面位移监测两部分。截至目前,已进行了9个月的变形监测工作。本次监测区域为安置点西北方向的一个山体,山体滑坡范围约20 000 m^2,高差约80 m,山体平均坡度为30°,在半山坡处有一平均宽30 cm、长约30 m的裂缝。

作业区属亚热带季风气候,四季分明,雨量充沛,年平均气温14.2 ℃,1月为最冷月,平均温度3.2 ℃,具有冬长、夏短、秋早、春晚的特点。

滑坡地表位移监测点的布设应能反映滑坡表面位移,而滑坡体表面裂缝的张合、上下错动跟滑坡表面位移有直接关系,所以监测点需要参考裂缝进行布置。因此,在容易发生山体滑坡的主方向上及裂缝两边布设了32个监测点,编号为C1,…,C11,C16,…,C26,C28, D1,…,D9。

根据已施工钻孔的实际位置,选择有代表性的5个钻孔作为深层位移监测孔,钻孔依次编号为A、B、C、D、E。为了获得更全面、更可靠的各种监测数据,于2011年7月22日在村庄后山增加9个平面位移监测点,同时布设了6个深层位移监测孔,设计深度为40~50 m(钻探任务已于2010年8月18日完工,监测孔依次编号为JC1、JC2、JC3、JC4、JC5、JC6)。

部分数据成果(以E号孔为例)见表12-1。

自动监测处理系统的优点总结如下:

(1)不需要接触测点,从而避免了传统监测方法的缺点,同时具有快速、省力、数据处理自动化程度高等优点。

(2)建立高精度的基准点,采用实时差分式的测量方案,可以最大限度地消除或减弱多种误差因素,从而大幅度地提高测量结果的精度。

(3)简化了气象等附加设备,为系统在计算机的控制下实现全自动、高可靠的变形监测,创造了有利条件。

(4)在无人值守的情况下,可以实现全天24 h连续的自动监测,节约了大量的人力。

(5)实时进行数据采集、数据处理、数据分析、报表输出及提供图形等。

(6)在短时间内同时求得被测点位的三维坐标,因此根据设计方案的要求,可作全方位的预报。

(7)针对变形监测任务,专门设计了“汛期监测”子模块。

表 12-1　*E* 号孔位移新缆绳观测数据(第 38 次)　　观测日期:2011-09-26

孔底/m	仪器观测值/UV		变化值						
	A 正	A 负	第一次观测值/mm	上一次观测值/mm	本次观测值/mm	本次位移量/mm	新缆绳累计位移量/mm	旧缆绳累计位移量/mm	累计位移量/mm
28.5	620	-526	28.725	28.650	28.650	0	-0.075	0.250	0.175
28.0	601	-571	29.850	29.375	29.300	-0.075	-0.625	0.425	-0.200
27.5	617	-587	30.825	30.000	30.100	0.025	-1.350	0.175	-1.175
27.0	627	-600	33.050	30.525	30.675	0.175	-3.725	-2.675	-6.400
26.5	669	-632	38.175	32.925	32.525	-0.225	-9.375	-3.225	-12.600
26.0	783	-749	38.075	38.200	38.300	-0.125	-9.150	-2.825	-11.975
25.5	781	-743	38.325	38.150	38.100	-0.175	-9.375	-2.025	-11.400
25.0	777	-743	35.650	38.225	38.000	-0.400	-7.025	2.275	-4.750
24.5	738	-715	27.775	36.225	36.325	-0.300	1.525	4.000	5.525
24.0	579	-547	28.200	27.975	28.150	-0.125	1.475	4.050	5.525
23.5	577	-545	27.975	27.925	28.050	0	1.550	4.250	5.800
23.0	564	-539	27.575	27.850	27.575	-0.275	1.550	4.250	5.800
22.5	571	-538	29.375	27.425	27.725	0.025	-0.100	3.100	3.000
22.0	608	-568	30.575	29.425	29.400	0	-1.275	2.900	1.625
21.5	626	-589	31.850	30.200	30.375	0.175	-2.750	2.650	-0.100
21.0	657	-622	33.400	31.725	31.975	0.425	-4.175	2.400	-1.775
20.5	689	-651	30.225	33.775	33.500	0.150	-0.900	3.900	3.000
20.0	619	-585	28.875	30.100	30.100	0.150	0.325	4.250	4.575
19.5	591	-556	27.050	28.500	28.675	0.325	1.950	4.375	6.325
19.0	556	-520	27.375	26.875	26.900	0.350	1.475	2.475	3.950

【项目总结】

本项目主要介绍了变形监测信息系统的建立、功能、特点,数据采集,处理分析等知识,通过学习使学生掌握相关理论知识,培养学生对知识的应用能力和创新能力。

【学习重点和难点】

信息系统的功能、特点、整体设计。理解变形监测信息系统在实际工程中的应用。

测绘创新精神

党的十八大作出了实施创新驱动发展战略的重大部署，强调科技创新是提高社会生产力和综合国力的战略支撑，必须摆在国家发展全局的核心位置。

创新是一个民族进步的灵魂，是一个国家兴旺发达的不竭动力，也是中华民族最深沉的民族禀赋。把创新摆在国家发展全局的核心位置，贯穿党和国家一切工作，必然给发展全局带来根本变化、整体变化、长远变化。

当创新作为第一动力与人们对社会发展越来越高层次的需求相结合，就爆发出势不可挡的革命性力量。科技创新进入经济领域后，加快了生产力的更新升级；管理创新、制度创新引发生产关系的变革，为形成新的生产力创造广阔空间和良性环境。

理论创新成为社会发展和革新的先导，引领人们的思想观念和社会意识形态作出改变，从而反作用于科技创新和制度创新，为其指引发展方向、提供思想武器；随着各领域的创新活动常态化、长效化，人们的思维方式和行为方式也趋向于尊崇创新、自觉创新，导致文化也开始广泛地创新。

文化创新能最终作用于生活在其中的社会成员，涵育个体的创新精神和创新思想，培养整体的创新氛围和创新风尚，为科技创新、制度创新、理论创新等创新实践活动的顺利开展培土育苗、厚植优势。

创新精神表现为如下几个方面：

(1)敢为人先、敢于冒险的勇气和自信；

(2)探索新知的好奇心和挑战权威的批判精神；

(3)承受挫折的坚强意志和沟通合作的团队精神；

(4)舍我其谁的责任担当和造福人类的济世情怀。

【项目知识检测】

1. 变形监测信息系统的功能有哪些？
2. 变形监测信息系统的结构包含哪些？
3. 变形监测信息系统硬件系统包含哪些，其各自的功能是什么？
4. 简述徕卡 TCA 机载自动监测系统在工程实际应用中的优势。
5. 比较自动变形监测系统与传统监测系统的不同。
6. 查阅相关资料了解国内外自动变形测量系统，总结比较其不同点。

项目十三　工程案例

案例一　地下结构空腔项目基坑工程施工监测方案

一、工程概况

江北新区中心区地下空间二期工程三区甲段地下结构空腔项目位于江北 CBD 中心，整体位于定山大街与横江大道交叉西南象限(见图 13-1)。现状车站周边无重要建(构)筑物，场地以市政道路及征收土地为主，车站周边为在建江北 CBD 地下空间；三区甲段地下结构空腔项目沿规划道路布设，与 4 号线二期滨江站平行设置，车站东端横跨胜利路，西临横江大道，呈西北—东南方向。

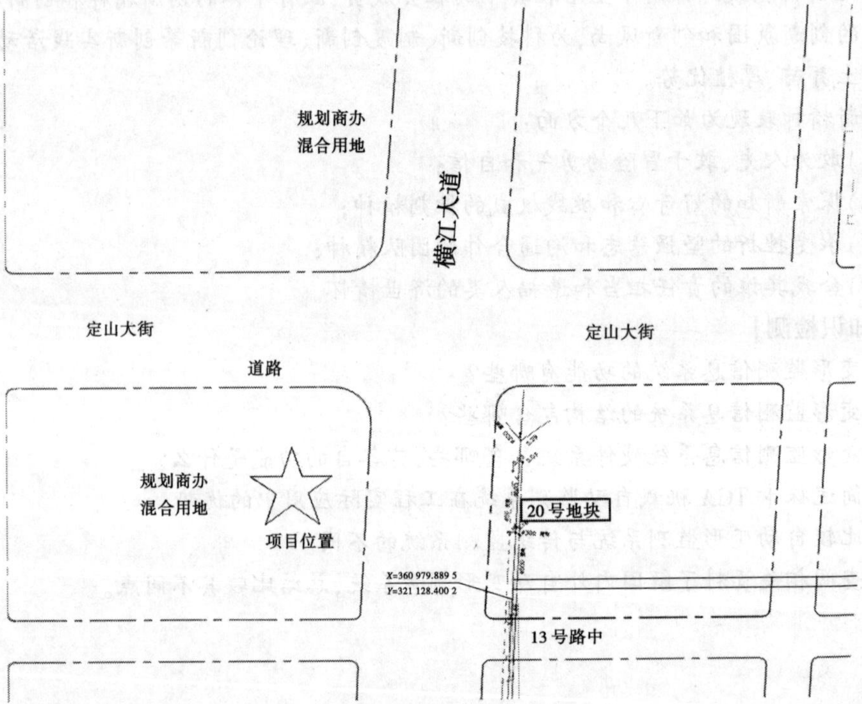

图 13-1　项目位置

二、基坑支护设计

(一)支护形式

三区甲段地下结构空腔围护结构采用地下连续墙+内支撑形式。车站基坑深 44.79~50.01 m，采用 1 500 mm 厚地下连续墙，竖向设置 7 道钢筋混凝土支撑。第一至三道钢筋混凝土支撑尺寸为 900 mm×800 mm，水平间距约 6 m；第四道钢筋混凝土支撑尺寸为 1 000 mm×800 mm，水平间距约 6 m；第五道钢筋混凝土支撑尺寸为 1 200 mm×1 100 mm，水平间距约 6 m；第六、七道钢筋混凝土支撑尺寸为 1 200 mm×1 400 mm，水平间距约 6 m。主体结构采用地下连续墙与内衬墙叠合墙结构形式；地下连续墙接头采用 H 形钢接头，接头外部采用 ϕ2000（摆喷 150°） RJP 桩进行加固止水。

（二）基坑降水

基坑开挖较深、平面尺寸较大，且场地范围内含水层厚度大，考虑到基坑围护结构已插入 K_2^{p-3} 中等风化泥质砂岩，已隔断基坑内外承压水水力联系，据此采用坑内井点疏干降水法，同时结合坑底集水明排；设计根据基坑实际情况进行布置，共设置 38 口降水井。疏干井需在基坑开挖前 1 个月提前开启，施工期间坑内稳定水位需降至基底以下 1 m。降水需等到主体结构上部回填土方完成后方可结束。

三、监测目的

作为庞大而复杂的轨道交通，建设工程往往因其地质条件复杂、建设周期很长、线路跨度很大、施工困难、设计计算理论尚不完善等诸多方面的问题，在建设过程中会出现工程质量难以保证、工程进度难以把握、工程风险难以控制的情况，而为确保工程安全进行的施工监测由于条件限制，花费大量的人力、物力获得的数据得不到充分利用，工程事故仍然不断。关键是各类监测数据浩如烟海，必须通过及时有效地分析处理，从中汲得到有价值的内容和信息，及时反馈至建设管理。

四、监测点布设

支护结构和周围岩土体监测点的布设位置和数量应根据施工方法、工程监测等级、地质条件及监测方法的要求等综合确定，并应满足反映监测对象实际状态、位移和内力变化规律，以及分析监测对象安全状态的要求。

支护结构监测应在支护结构设计计算的位移与内力最大部位、位移与内力变化最大部位及反映工程安全状态的关键部位等处布设监测点。

监测点布设时应设置监测断面，且监测断面的布设能反映监测对象的变化规律，以及不同监测对象之间的内在变化规律。监测断面的位置和数量宜根据工程条件及规模确定。

监测点位置的分布在施工图设计文件中给定，宜考虑相关规范要求、设计文件要求结合现场情况进行选布点。

（一）支护结构和周围岩土体监测点布设

1. 支护桩（墙）、边坡顶水平位移和竖向位移

（1）支护桩（墙）顶水平位移监测点宜采用在基坑冠梁上设置强制对中的观测标志的形式，如图 13-2 所示，观测装置宜采用连接杆件与冠梁上埋设的固定螺栓连接，连接杆件尺寸与固定螺栓规格可根据采用的测量装置尺寸要求加工，也可采用钻孔方式埋设观测装置。

（2）基坑边坡顶部水平位移监测点宜采用混凝土标识，如图 13-3 所示。用于观测标志的螺纹钢直径宜为 18～22 m，长度宜为 200～400 mm；混凝土标石上部直径宜为 100 mm，下部直径宜为 200 mm，底部埋置深度宜为 300～500 mm，顶部宜根据现场情况采取有

效的保护措施。

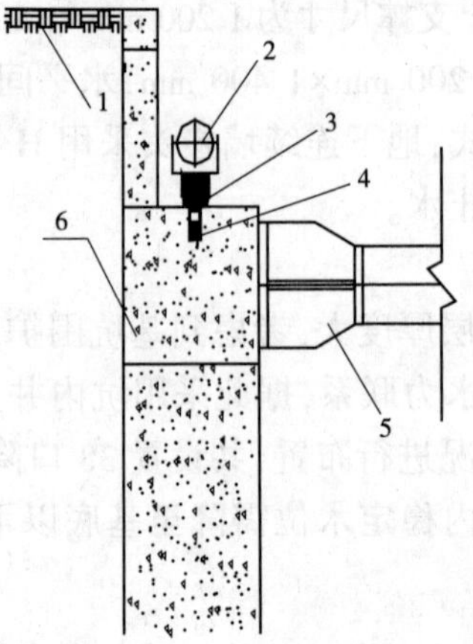

1—地面；2—测量装置；3—连接杆件；

4—固定螺栓；5—支撑；6—冠梁。

图 13-2 支护桩(墙)顶水平位移埋设示意图

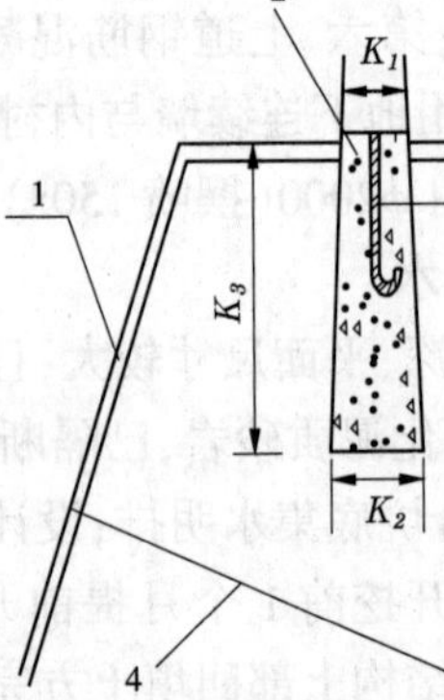

1—基坑边坡；2—混凝土标识；3—标志钢筋；

4—锚杆或土钉；K_3—混凝土基石底距硬化地面高度；

K_1—混凝土标石顶直径；K_2—混凝土标石底直径。

图 13-3 边坡顶部水平位移埋设示意图

2. 支护桩(墙)体水平位移

支护桩(墙)体水平位移监测点常采用在支护桩(墙)体钢筋笼内预埋测斜管的方式布设，如图 13-4 所示，宜采用与钢筋笼绑扎一同下放的方法。当采用钻孔法埋设时，测斜管与钻孔孔壁之间应回填密实。测斜管宜采用聚氯乙烯(PVC)工程塑料或铝合金管制成，直径宜为 45~90 mm，管内应有两组相互垂直的纵向导槽，且十字沟槽垂直于基坑。

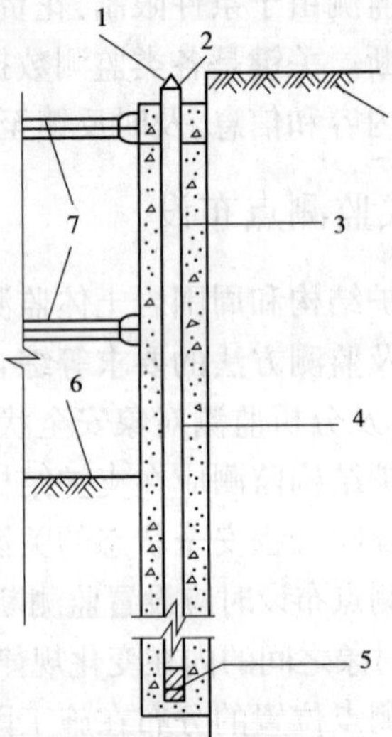

1—测斜管保护盖；2—钢套管；3—测斜管；

4—支护桩(墙)体；5—测斜管底封堵端；

6—基坑底部；7—支撑；8—地面。

图 13-4 支护桩(墙)体水平位移示意图

3. 结构应力监测

(1)工程部分为钢支撑，轴力监测采用振弦式轴力计，如图 13-5 所示。安装时将轴力计安装架与钢支撑端头对中并牢固焊接，在拟安装轴力计位置的桩体钢围檩上焊接一块 250 mm×250 mm×25 mm 的加强垫板，以防止钢支撑受力后轴力计陷入钢围檩，如图 13-6 所示。待焊接件冷却后将轴力计推入安装架并用螺丝固定好。

(2)工程部分为混凝土支撑，一般采用振弦式钢筋应力计进行监测，在支撑绑扎钢筋时，将主筋截断，钢筋计与支撑主筋焊接，为了能够真实地反映出支撑杆件的受力状况，钢筋计与主筋最好采用对焊，如果没有对焊条件，也可以用两根短钢筋夹住接头以通长焊缝正反两面焊接(双侧绑焊)，每个断面布设 4 个钢筋计，并严格均匀分布钢筋计，如图 13-6 所示。

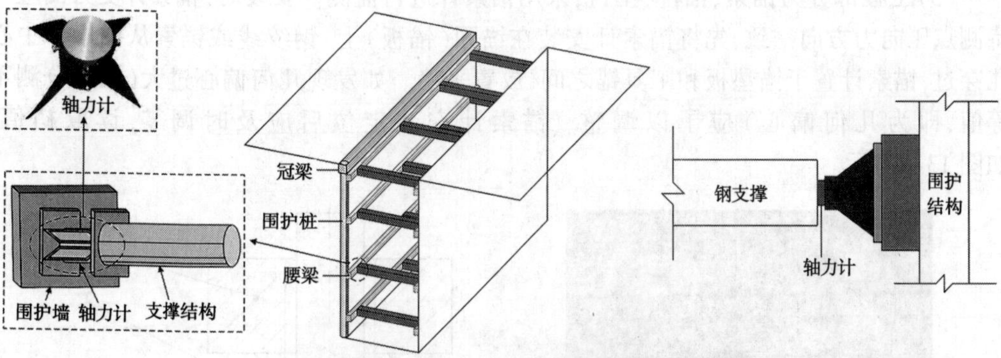

(a)示意图

(b)实例图

图 13-5　钢支撑轴力计埋设示意图及现场照片

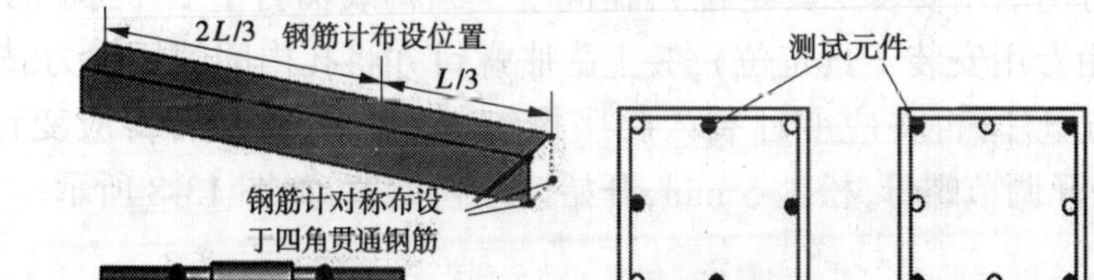

图 13-6　振弦式钢筋应力计埋设示意图与实例图

(3)工程部分为锚索、锚杆、土钉,采用锚索计进行监测。安装时,锚索计受力面应与待测点压向力方向一致,先将锚索计安装在锚固(锚板)上,钢绞线或锚索从锚索计中心孔穿过,锚索计置于锚垫板和工具锚之间,放置平稳。如发现几何偏心过大(仪器分测不等值,即为几何偏心)应予以调整。锚索计安装定位后应及时调零,读取初值,如图 13-7 所示。

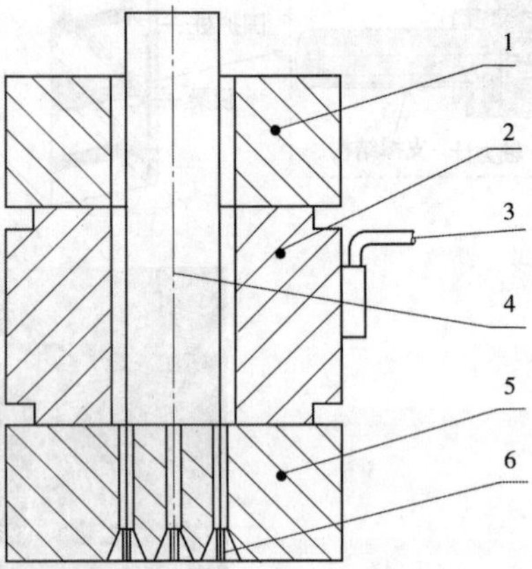

1—锚垫板；2—锚索计；3—导线；
4—钢绞线；5—工具锚；6—夹片。

图 13-7　锚索计埋设大样图及现场照片

(4)工程结构表面,采用表面应力计,安装前调节螺母,使应变计初读数调节到 2 200~2 230 με,钢结构表面采用焊接的方式将安装座焊接到钢结构的表面,两个安装座的中心距为 128 mm(可用专用安装工具定位),在混凝土结构表面打上 2 个 ϕ6 的孔,孔中心距为 130 mm(可用专用安装工具定位),装上膨胀螺钉并将孔内间隙用强力黏结胶填满,待胶固化后装上方垫片,再将应变计装入膨胀螺钉内,用螺母拧紧,待应变计读数稳定后(至少 12 h),松开调节螺母,松弛 3 min,开始读取初始值,如图 13-8 所示。

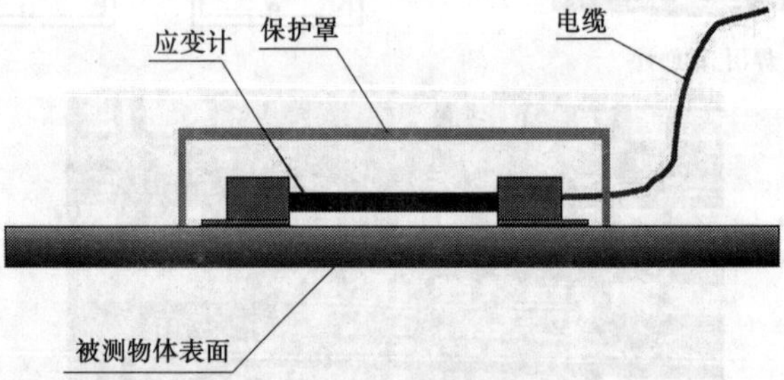

图 13-8　应力计埋设大样图

4. 周边地表沉降

测点要用大于 ϕ120 的钻机或水钻将地面硬化层钻透,随即打入作为监测点的钢筋,使钢筋与土体结为整体,可随土体的变化而变化,如图 13-9 所示。

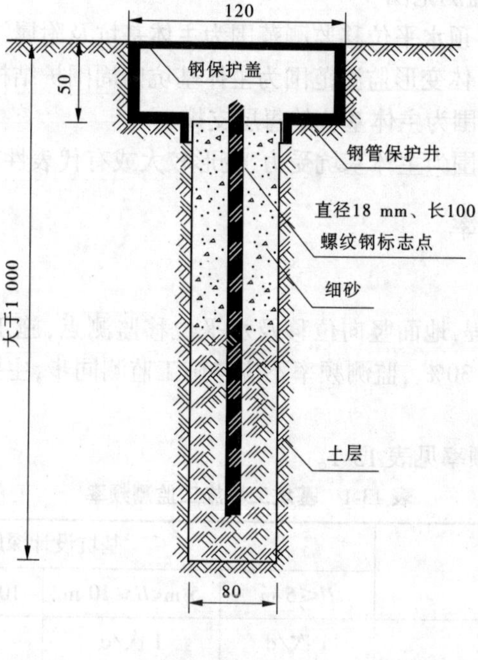

图 13-9　地表沉降埋设示意图　（单位：mm）

5. 坑底隆起（回弹）

（1）钻孔深度应低于沉降标设计深度 1.0 m，钻孔完成后应下放护筒至孔底；

（2）沉降标顶部为凸球状，带有与钻杆逆向螺纹，最低端钻杆与沉降标顺时针放进护筒内下放；

（3）逐根接长钻杆，将沉降标下至孔底后，压入设计深度；

（4）护筒外回填黏土，回填应密实；

（5）管口设置必要的保护装置。

五、监测对象及范围

江北新区中心区地下空间二期工程三区甲段地下结构空腔项目基坑监测对象主要包括基坑及周边环境。周边环境监测对象主要为工程周围地表、建（构）筑物、地下管线、城市道路、地下水位及其他市政基础设施等，围护结构体系监测对象主要为围护桩（墙）、钢支撑、立柱隆沉等，支护结构体系监测对象主要为基坑基底遂底初衬；岩土体监测对象主要为基坑围护结构背后土压力。本工程施工监测范围如下。

（一）周边环境监测建议范围

（1）基坑开挖时周边环境监测范围为车站结构外侧 2 倍开挖深度。

（2）暗挖区间施工时周边环境监测范围为：区间结构外侧 2 倍埋深（埋深等于区间结构顶离地表距离）。

（3）联络通道施工对本隧道左、右线的监测范围为施工面前后各 30 m。

(二)围护结构体系监测范围

(1)围护结构桩(墙)顶水平位移监测范围为主体基坑及附属结构四周的围护结构。

(2)围护结构桩(墙)体变形监测范围为主体基坑四周围护结构。

(3)支撑轴力监测范围为主体基坑的每层支撑。

(4)立柱隆沉监测范围为主体基坑受力、变形较大或有代表性的部位。

六、监测周期与频率

(一)监测频率

对于明(盖)挖法工程,地面竖向位移及水平位移监测点,施工监测单位采用抽查的方式,且抽查率不应低于 30% ,监测频率不应与施工监测同步,主要确保施工监测单位监测成果的准确及可靠。

基坑工程施工监测频率见表 13-1。

表 13-1 基坑工程施工监测频率

序号	监测项目		基坑设计深度			
			$H\leqslant5$ m	5 m$<H\leqslant10$ m	10 m$<H\leqslant15$ m	$H>15$ m
1	日常巡视		1 次/d	1 次/d	1 次/d	2 次/d
2	开挖深度 H/m	$H\leqslant5$	1 次/d	1 次/2d	1 次/2d	1 次/2d
3		$5<H\leqslant10$	—	1 次/d	1 次/d	1 次/d
4		$H>10$	—	—	2 次/d	2 次/d
5	底板浇筑时间 t/d	$\leqslant7$	1 次/d	1 次/d	2 次/d	2 次/d
6		$7<t\leqslant14$	1 次/3d	1 次/2d	1 次/d	1 次/d
7		$14<t\leqslant28$	1 次/5d	1 次/3d	1 次/2d	1 次/3d
8		$t>28$	1 次/7d	1 次/5d	1 次/3d	1 次/d

注:表为最低监测频率,根据实际情况进行调整;未列入本表的监测项目按照每周不少于 3 次监测。

(二)监测周期

(1)每个监测对象的监测周期应从江北新区中心区地下空间二期工程三区甲段地下结构空腔项目土建施工开始至结束后 3 个月止。

(2)工程施工结束,影响施工安全的因素消除,监测对象变形趋于稳定后,施工监测单位可向发包人提交停测申请,经批准后方可停止相应的监测工作。

(三)监测等级划分

(1)工程监测等级宜根据基坑的自身风险等级、周边环境风险等级和地质条件复杂程度进行划分。

(2)基坑工程的自身风险等级宜根据支护结构发生变形或破坏、岩土体失稳等的可能性和后果的严重程度,采用工程风险评估的方法确定,也可根据基坑设计深度和断面尺寸等按表 13-2 划分。

表 13-2 基坑工程的自身风险等级

工程自身/风险等级		等级划分标准
基坑工程	一级	设计深度大于或等于 20 m 的基坑
	二级	设计深度大于或等于 10 m 且小于 20 m 的基坑
	三级	设计深度小于 10 m 的基坑

七、监测变形分析

监测数据整理完成后,应及时进行分析。观测资料分析一般分为成因分析、统计分析、变形预报、安全判断 4 个阶段,变形分析前应排查基准点的影响,并尽可能排除测量误差的干扰等因素。

(1)成因分析(定性分析)。成因分析是对结构本身(内因)与作用在结构物上的荷载(外因)以及观测本身,加以分析、考虑,确定变形值变化的原因和规律性。

(2)统计分析(变形规律分析)。根据成因分析,对实测数据进行统计分析,从中寻找规律,并导出变形值与引起变形的有关因素之间的函数关系。确定变形体的变形和变形原因之间的关系有两种基本的方法:统计分析法(或回归分析)和确定函数(模型)法。

(3)变形预报。在成因分析和统计分析的基础上,可根据求得的变形值与引起变形因素之间的函数关系,预报未来变形值的范围和判断建筑物的安全程度。从数学观点来说,"拟合""内插""预报"在本质上没有什么区别:对已有观测值用一数学函数来表达称"拟合";由拟合曲线来推求观测值时域内或空间域内的数值称"内插";当所求值在观测值的时域外或空间域外时则称"预报"。

(4)安全判断。根据变形预报值对变形体是否安全进行判断。安全判断需要知道变形体的变形临界值或变形极限值。

八、监测数据处理

信息化监测和成果反馈包括多个环节,从监测仪器的快速数据采集、监测数据的快速处理到监测成果的及时传达,进而迅速采取措施等。监测成果有日报、周报、月报和最终报告 4 种形式。本工程采用三级警戒管理控制,并采用文字报表、手机短信电话和网络信息平台 3 种信息反馈形式。成果报告在正常情况下以文字报告形式反馈;当监测成果接近或超过报警值时,以短信、电话形式立即反馈给工地有关各方,同时向建设工程安全监督机构、质量监督机构报告,并在 12 h 内以文字报告形式反馈到各方,并加大监测频率继续监测;当监测成果达到控制值或出现险情时,以短信、电话形式立即反馈,并在 12 h 内以文字报告形式反馈到各方,并签字确认,同时加大监测频率继续监测,并建议组织召开专家会,讨论分析引起变形量过大的原因及需采取的措施;建设单位必须及时组织有关各方采取有效应急措施和抢险措施。其整个过程的流程如图 13-10 所示。

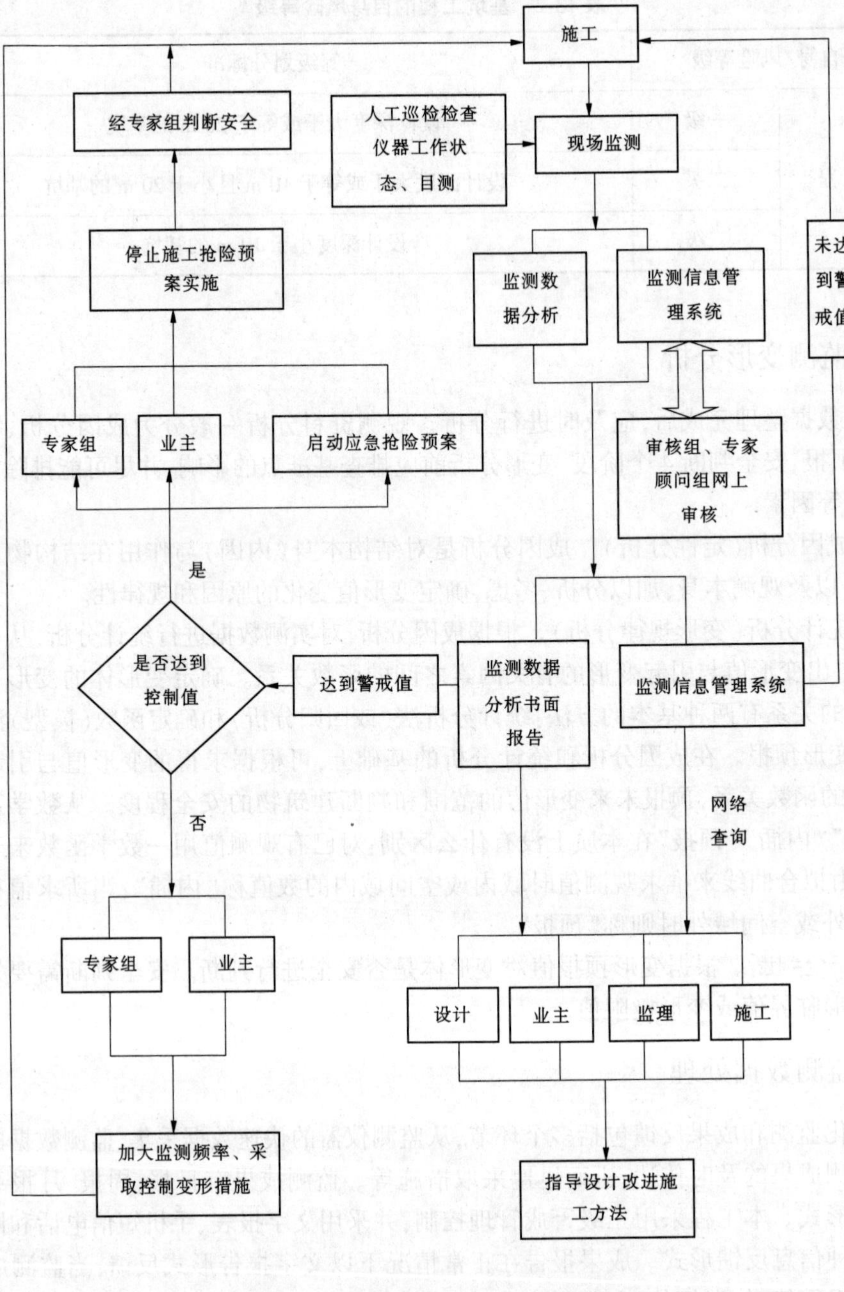

图 13-10 信息化监测和成果反馈流程

现将流程分成如下几个阶段：

(1)采集数据(包括目测)，对数据进行初步分析，初步判断监测对象安全，如果情况可疑应通知业主，并做进一步监测验证。

(2)数据录入计算机，上传至信息化网络平台数据库，进行数据处理，各有关审核人或专家顾问组在各个终端进行网上审核。

(3)审核合格，生成成果报告[主要指周报(全部结束后，生成最终报告)]。

(4)如果处理计算过程中发现监测数值过大,达到警戒值,应加大监测频率,采取控制位移变形的施工措施。

(5)如果监测数值过大,达到了控制值,那么立即紧急通知各方,停止施工,并启动业主相关的抢险预案,监测单位积极配合业主抢险。直至措施得当,危险解除,可以施工。

(6)生成监测成果报告(全部监测工作结束后,生成最终报告)。成果报告和相关主要数据、图表一并上传至成果发布平台,业主、设计等各方在得到授权的情况下均可以进行实时查询监测成果,同时成果报告以书面形式另报送给各相关方。

九、监测成果形式

监测信息反馈成果包括现场监测资料、计算分析资料、图表、曲线、监测报告等。工程监测报告分为日报、周(月)报、警情快报、阶段性报告和总结报告(见表13-3)。监测报告应以表格、图形等直观形式表达出监测对象与施工过程相关的监测信息,增强可读性。

表13-3　工程监测报告

监测报告	主要内容
日报	工程概况及施工进度;监测巡视信息,包括巡视照片、记录等;各类监测项目日报表,包括仪器型号、监测日期、观测时间、天气情况、累计变化量、变化速率、控制值等;监测数据与巡视信息的分析与说明;监测结论与建议
周(月)报	工程概况及施工进度;监测工作简述;监测成果统计及分析;监测结论与建议;监测数据汇总表;安全巡视汇总表;变形曲线图;监测测点布置图
警情快报	警情发生的时间、地点、情况描述、严重程度、施工工况等;监测数据及巡视信息汇总,包括监测值、累计变化值、变化速率、巡视照片、记录等;警情原因初步分析;处理措施建议等
阶段性报告	工程概况及施工进度;监测巡视信息,包括巡视照片、记录等;监测数据汇总,包括监测值、累计变形值、变形速率、变形曲线、时程曲线、必要的断面曲线、等值线图等;监测数据与巡视信息的分析与说明;监测结论与建议
总结报告	工程概况;监测目的、监测项目和技术标准;监测点布设;采用仪器型号、规格和元器件标定资料;监测数据采集和观测方法;监测巡视信息,包括巡视照片、记录等;监测数据汇总,包括监测值、累计变形值、变形速率及曲线、时程曲线、必要的断面曲线、等值线图等;监测数据与巡视信息的分析与说明;监测结论与建议

报告提交后,以各工点为单位,按监测时间顺序及线路走向,将监测原始资料、日报、周报、月报、最终成果报告分电子文件和书面文件存档。电子文件部分,信息管理系统中数据库部分要转换成常见数据库格式,仪器采集部分按最原始的格式保存。书面文件、原

始资料与报告分别归存,分别以各工点为单位包装。最后所有存档资料一并归入资料室管理。

案例二　中川城际铁路既有隧道变形监测技术方案

一、工程概况

景中高速公路 JZ9 合同段位于兰州新区境内,距离兰州市区约 67 km。该项目南起机场高速公路(S1)中川收费站管理所南 0.3 km 处,北至 T2 航站楼南约 1.25 km 处,终点顺接机场迎宾大道。主匝道桥与 D、E 匝道跨线桥采用下部钻孔灌注桩、承台柱式墩等结构形式。

主匝道全长 2 360 m,标准段宽 20 m;K1+845 主匝道高架桥接机场高速跨越兰州至中川城际铁路及迎宾大道。主匝道桥与机场隧道交叉设计里程 K1+910(机场隧道与之对应运营交叉里程 K60+636),交角 26.55°,上部采用波形钢腹板钢-混组合连续梁结构,跨径 50 m,下部采用钢盖梁门架式桥墩,桩基采用钻孔灌注桩基础。全桥长 1 126.46 m,双向四车道。跨城际铁路处原地貌见图 13-11。

图 13-11　跨城际铁路处原地貌

桩基础与中川城际铁路隧道结构位置关系:新建 K1+845 主匝道桥上跨中川城际铁路隧道,20#墩位于地铁区间两侧,21#墩、22#墩位于城际铁路隧道区间东侧,如图 13-12 所示。

二、监测目的

近接隧道施工不可避免地对铁路结构产生扰动,影响铁路的运营,严重时可能造成铁

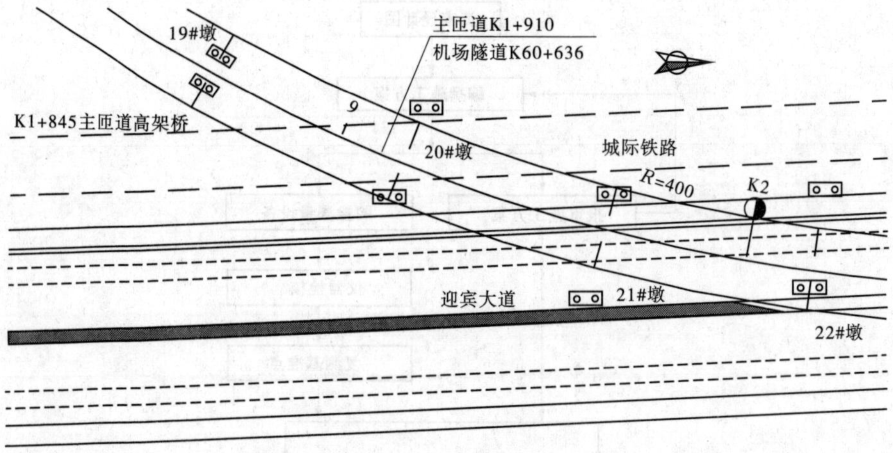

图 13-12　主桥桩与中川城际铁路隧道结构位置关系

路结构的破坏和部分使用功能的丧失，危及行车安全。但只要通过有效的工程措施，将这种影响降低到列车安全运营允许的范围内，施工即可正常进行。问题的关键在于对铁路变形控制的相关影响因素进行分析，合理确定铁路变形控制指标体系，统一纳入铁路变形控制标准之中，以便于在近接隧道信息化设计和施工中，通过监控量测和信息反馈，保证铁路的运营安全及近接隧道的施工安全。

三、监测范围及内容

本次监测中川城际铁路既有隧道里程 K60+586～K60+786，共 200 m。监测内容分为以下几个方面：

（1）隧道结构竖向位移；

（2）隧道结构水平位移；

（3）隧道内既有 CPⅢ 复测；

（4）隧道内道床与轨道变位监测。

四、仪器配置

采用徕卡 TS30 全站仪（测量机器人，测角精度 0.5″，测距精度 6 mm+1×10^{-6} 一套；徕卡 DNA03 电子水准仪（每千米往返测高程中误差 0.3 mm）一台，因瓦尺一套，2.5 kg 尺垫 2 个。

所用仪器均经测绘仪器计量检定单位检定合格，并在有效期内。

五、监测工艺流程

监测工艺流程见图 13-13。

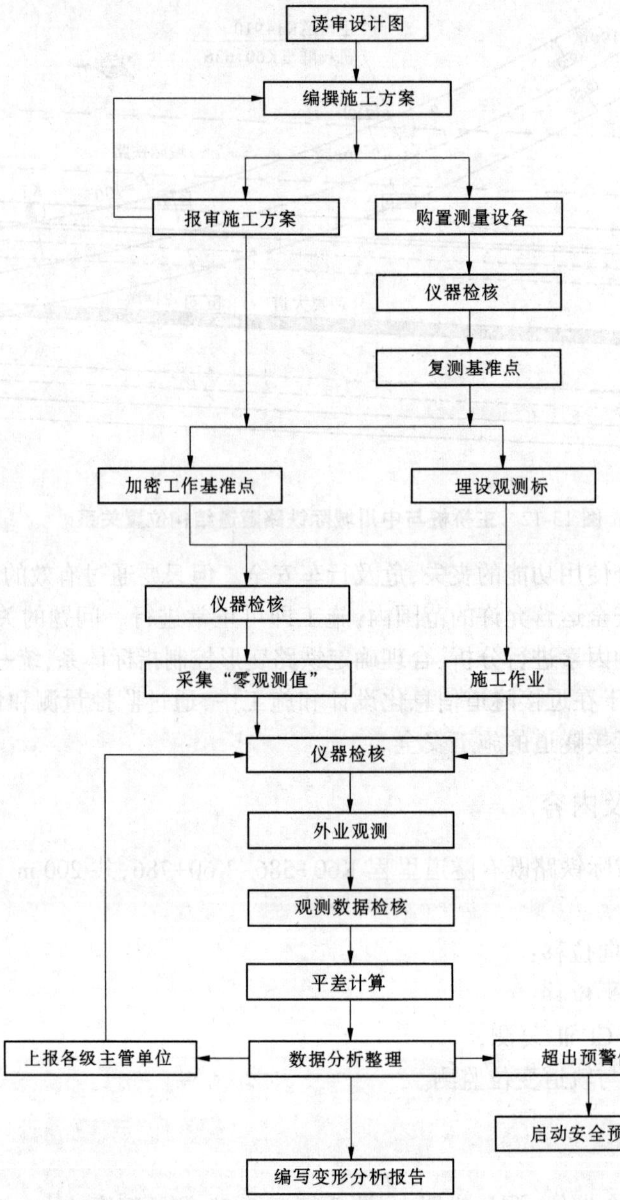

图 13-13　监测工艺流程

六、变形监测点的设置

隧道变形的最大弯矩发生在拱顶、拱脚和边墙处。因此,隧道变形监测点也在此处布设,每个隧道布设 3 个监测点,分别在拱顶、拱脚和边墙处。

变形监测观测标志用 6 cm×6 cm 的反光片。布设前先将隧道二衬的拟粘贴位置清洗干净,布设时,首先将反光片粘贴在角铝上,再将角铝用 302 胶固定在拟定的位置上。隧道内变形监测点的布设如图 13-14、图 13-15 所示。

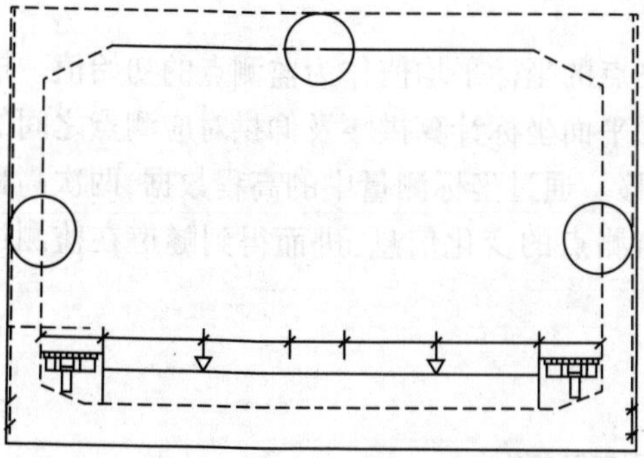

图 13-14　既有隧道监控量测点布设

图 13-15　监测点布置示意

七、隧道变形监测现状

隧道结构变形监测主要集中在结构的位移、收敛和沉降 3 个方面,变形信息获取的方法取决于变形体的特征、监测目的、变形大小和速度等。隧道变形监测主要是测量隧道在空间三维几何形态上的变化,目前使用的测量仪器有水准仪、全站仪等,这种测量手段技术成熟、通用性好、精度高,能提供变形体整体的变形信息。

八、监测方法

(一)建站

利用城际铁路既有 CPⅢ 控制网(200 m 监测范围外的 CPⅢ点)建站(见图 13-16),建站时应符合 0.5″级全站仪 CPⅢ测量建站要求,见《高速铁路工程测量规范》(TB 10601—2009)中轨道控制(CPⅢ)平面测量要求。

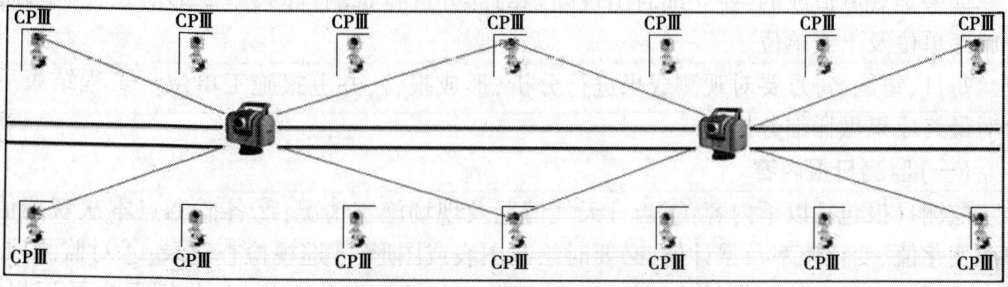

图 13-16　利用城际铁路既有 CPⅢ 网络建站图

(二)现场采集

利用 TS30 全站仪进行现场采集(测量人员学习后,采用全站仪对监测点进行自动化测量,减少人员测量误差),得到监测点坐标数据。

在测量开始前,首先检查全站仪的检定证书是否在有效期内,仪器本身是否存在显著的轴系误差。检校项目主要包括补偿器、ATR、水平角和竖直角等内容。

(三)数据预处理

检查测量数据质量，检查合格后，计算监测点的坐标平均值作为监测点的初始值。根据坐标值，对不同期数据进行对比，通过测点的平面坐标计算拱腰及仰拱对应测点之间的距离，两次距离作差即可计算出仰拱及拱腰位移。通过坐标测量中的高程数据，两次高程作差即可计算拱顶、拱腰的沉降值，从而得到监测点的变化信息，进而得到隧道在监测过程中的变化。

(四)观测周期及频次

观测周期及频次见表13-4。

表13-4　观测周期及频次

施工阶段		监测频次	监测次数	备注
桩基施工阶段	桩基施工开始前3 d	1 d/次	3	计算初始值
	桩基施工过程中	1 d/次	12	预计12次，如果工期延长，监测时间增加
	桩基施工结束	3 d/次	1	
		7 d/次	2	监测变化不大，可半个月监测一次
桩基施工完成至架梁前		15 d/次	2	根据施工进度，可随时调整监测频次
架梁期间		1 d/次	3	
桥梁架设完成至竣工前		30 d/次	4	数据无异常稳定后，可结束监测

九、成果分析及监测报告

每天数据处理完毕后，负责数据处理的人员要对观测成果进行分析，尤其是对出现异常情况的数据要重点分析，找出出现异常的原因。

如果是观测造成的，要立即对出现问题的部分进行重测；如果是变形所致，应立即报告施工单位及上级单位。

每日、每周、每月要对观测成果进行分析，形成报告，并上报施工单位。工程结束后，要对最终成果做详细分析。

(一)监测日报内容

监测日报包括以下内容：①当日天气情况及现场施工情况；②各监测点本次观测值、单次变化值、变化速率及累计值，必要时绘制图表或图形；③巡视检查记录；④对监测项目作出是否出现异常的判定结论；⑤对超过预警值的监测段作出标识、分析报告及汇报情况，并派专人防护；⑥对巡视发现的异常情况应有详细的描述及汇报情况，并派专人防护；⑦其他相关说明。

(二)阶段性报告

阶段性报告包括周报告及月报告，主要内容包括：①该监测期相应的施工状态一览表、天气及周边环境简介；②该监测期的监测项目及观测标布置图；③各监测数据整理、统计及监测成果的过程曲线图；④各监测项目监测变化值的分析、评定及发展预测；⑤相关的施工过程控制建议(是否会出现异常情况)。

(三)总结报告

总结报告包括以下内容:①工程概况;②监测依据;③监测项目;④基准点、工作基准点、观测标布置图;⑤监测设备与监测方法;⑥监测频率;⑦监测报警值;⑧各监测项目全过程的发展及变化分析与整体评价;⑨监测工作结论及建议;⑩工程项目名称、整个监测项目的起始日期,编制人、复核人、审核人签字及盖章齐全。

案例三　高地应力软岩和特殊围岩隧道初期支护及二衬受力监测

一、概况

兰渝铁路线兰广段处于青藏高原东北缘复杂特殊的地质构造环境,尤其是受到强烈的挤压构造作用。地质构造十分复杂,属高—极高地应力状态。受多期强烈变形和极低级变质作用改造以及构造、断层、高地应力、地下水等多种因素的影响,施工中出现了软岩大变形、硬岩脆性块状坍塌和流沙等一系列特殊复杂地质问题。针对兰渝铁路线地质的复杂性和特殊性,结合现场情况,对涉及软岩大变形、硬岩脆性块状坍塌和流沙的12座隧道进行隧道结构安全性监测,各工点监测断面及内容根据现场揭示实际地质情况及处理措施适时调整。

(一)特殊复杂地质条件的隧道(特殊围岩)

准备监测桃树坪和胡麻岭等2座隧道,围岩为第三系富水粉细砂层,遇水扰动后呈流沙状态,水稳性极差,施工难度非常大,隧道施工风险极高。

(二)高地应力软岩大变形的隧道

准备监测木寨岭、纸坊、哈达铺、同寨、新城子、毛羽山、天池坪、两水、西秦岭(钻爆段)等9座隧道。其中,木寨岭、哈达铺和西秦岭为单线隧道,毛羽山和新城子在进口和出口为单线隧道,其余地段及其他隧道为双线隧道。上述隧道围岩中,木寨岭和纸坊为二叠系炭质板岩,哈达铺、同寨、新城子、毛羽山和天池坪为三叠系板岩,两水为志留系千枚岩、炭质千枚岩,西秦岭(钻爆段)为大埋深断层。开工以来,兰渝铁路线多座隧道施工中出现了软弱围岩的大变形问题:初期支护所喷混凝土开裂、掉块,钢架扭曲、断裂,初期支护失稳破坏及侵限,二衬开裂、掉块等现象,隧道施工风险极高,使施工和结构运营安全面临极大的挑战。后期施工段以H175钢架为主,通过调整拱架间距、锁脚及锁固锚杆、注浆等技术措施加强支护强度和刚度,进行变形控制,以避免正洞出现大变形导致大范围变形破坏或拆换拱。截至目前,兰渝铁路线变形拆换总长度为7 100 m,采取加强支护刚度和强度(钢架调整为H175)等措施后,变形得到控制,拆换明显减少。

(三)硬岩软弱夹层隧道(硬岩脆性块状坍塌)

准备监测后山坪隧道,围岩属泥盆系砂岩夹泥岩、第三系砾岩夹砂岩,节理裂隙发育。在施工中部分区段初期支护出现开裂、变形、掉块、破损和破坏现象,多次出现沿节理、裂隙突然坍塌,严重危及作业人员安全。后期施工段增设了工16或工18拱墙钢架,1榀/1.2 m,并在拱部局部设超前支护。

二、监测目的及意义

(1) 兰渝铁路线兰广段施工时出现的软岩大变形、硬岩脆性块状坍塌和流沙等问题被专家认为是“特殊环境的特殊地质问题,在国内外是罕见的,不能采用现行的围岩分级及支护标准,需进行特殊设计”。针对以上问题采取了特殊的工程处理措施,采用了多种特殊的隧道结构形式,为了及时分析掌握这些特殊复杂条件下结构的安全性,需要对隧道围岩及支护结构受力变化状况进行监测,从而对隧道结构安全性状况做出评估,指导设计和施工,为隧道的运营维护提供依据。

(2)对高地应力软岩隧道而言,其变形具有量大、持续时间长、难以收敛等特点,很难达到规范要求的收敛变形 0.2 mm/d 的标准。根据专家意见,兰渝铁路线高地应力软岩隧道可按双线 4 mm/d、单线 2 mm/d 的控制基准提前进行施作二衬,同时二衬按此控制标准进行加强。基于此点,需要对二衬的受力状态进行长期监测,评价其安全性与稳定性。

三、测点布置

根据前期勘测及专家评审意见,结合现场高地应力实际情况,本工程监测方案设计中确定测试项目总计 6 项,如表 13-5 所示。

表 13-5　测试项目

编号	测试项目	说明
A	隧道变形(水平收敛、拱顶下沉、拱脚下沉、地质素描、施工步序及工法描述)	变形监测项目
B	衬砌接触压力	应力监测项目
C	衬砌钢筋应力	
D	初期支护钢架应力	
E	衬砌混凝土应力	
F	围岩压力	

监测方案测试项目所用元件计有压力盒、钢筋计、混凝土应变计(埋入式)、表面应变计等。在测试部位上,上述元件的相互位置关系如图 13-17 所示。

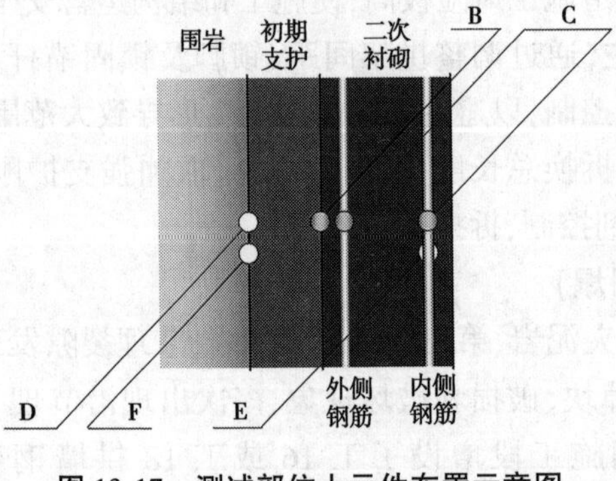

图 13-17　测试部位上元件布置示意图

编号	项目	元件
B	衬砌接触压力	压力盒
C	衬砌钢筋压力	钢筋计
D	初期支护钢架应力	应力计
E	衬砌混凝土应力	应变计
F	围岩压力	压力盒

其中,针对A、B、C、D 4项测试,测试部位按每断面5~7点进行设置(见图13-18):5点测试部位分别为拱顶、左右拱腰和左右边墙(最大跨处);7点则在此基础上增加左右墙脚的测试,主要用于埋深不小于500 m的大埋深情况。对两水隧道,在上述5~7点基础上,再在仰拱上增加一个测点,仰拱部位仅布置B、C、D 3项测试。

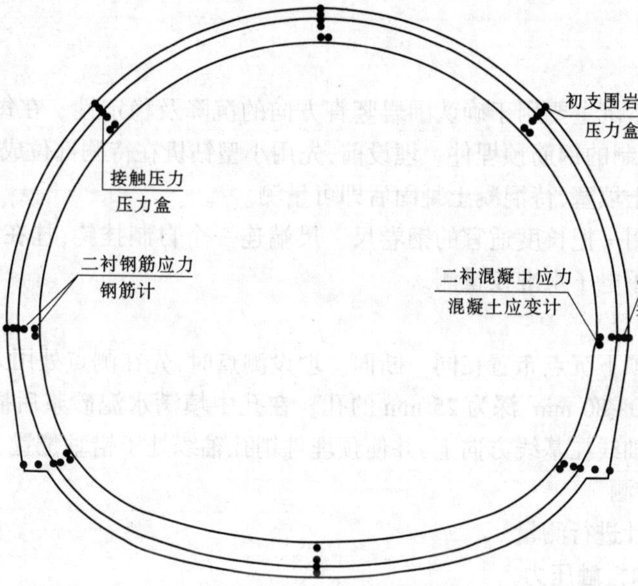

图13-18 隧道测点布置

四、测试周期及频率

(一)测试周期

Ⅰ类隧道监测期为埋设后至隧道运营1年,初步确定为2013~2017年,共4年。

Ⅱ类隧道监测期为埋设后至隧道运营前,初步确定为2013~2016年,共3年。

Ⅲ类隧道监测期为埋设后至隧道运营前,初步确定为2013~2016年,共3年。

(二)测试频率

测试频率见表13-6。

表13-6 测试频率

序号	监测项目	仪器设备	监测频率	备注
1	拱顶下沉	高精度电子水准仪	初期1~2次/日	一周以后3次/周,半月以后2次/周
2	拱脚下沉	高精度电子水准仪		
3	二维收敛	坑道收敛计		
4	接触压力	压力盒		
5	衬砌内力应变	钢筋计及埋入式应变计		
6	拱架应力	钢架应变计		

五、测量程序

(一) 地质及支护状况观察描述

观察并描述隧道围岩地质、地下水情况,衬砌支护情况。

使用仪器、材料、工具:地质罗盘、地质锤、钢卷尺、放大镜、秒表、手电、照相机或摄像机。

(二) 拱顶下沉

测点布设:拱顶下沉主要用于确认围岩竖直方向的沉降及稳定性。在每个量测断面的拱顶中心埋设一自制的钢筋预埋件。埋设前,先用小型钻机在待测部位成孔,然后将预埋件放入,并用混凝土填塞,待混凝土凝固后即可量测。

量测:量测时需用一把长度适宜的钢卷尺。尺端连一个自制挂钩,挂在测点上,将尺子铅垂放下,稳定后用电子水准仪量测。

(三) 收敛量测

测点布设:与拱顶下沉点布置在同一断面。埋设测点时,先在测点处用人工挖孔或用凿岩机开挖孔径为 40~80 mm、深为 25 mm 的孔。在孔中填满水泥砂浆后插入收敛预埋件,尽量使两预埋件轴线在基线方向上,并使预埋件销孔轴线处于铅垂位置,上好保护帽,待砂浆凝固后即可量测。

量测:采用收敛计进行测量。

(四) 围岩压力和接触压力

测点布设:每一断面宜布置 5~8 个测点(不同隧道具体要求不同),并对各测点逐一进行编号。埋设压力盒时,要使压力盒的受压面向着围岩。在隧道壁面,当测围岩施加给喷混凝土层的径向压力时,先用水泥砂浆、钉子、铁丝把压力盒固定在岩面上,再谨慎施作喷混凝土层,不要使喷混凝土层与压力盒之间有间隙,保证围岩与压力盒受压面贴紧。当测初期支护与二次衬砌之间的接触压力时,先用水泥砂浆将固定点找平,然后将压力盒用水泥钉和铁丝固定在喷混凝土层表面,不要使喷混凝土层与压力盒之间有间隙,保证喷混凝土层与压力盒受压面贴紧。

量测: 采用频率读数仪进行测量。

(五) 拱架应力

测点布设:和围岩应力布设在同一量测断面上,每一断面宜布置 5~8 个测点(不同隧道具体要求不同),分别沿钢架的腹板布设。安装前,在水平位置先固定安装套管,然后将安装套管焊接在指定部位,焊接完成松开支架螺丝取下套管,然后把拱架表面应变计固定在支架上。在焊接过程中注意对支架淋水降温,记下拱架应变计型号,并将应变计编号,用透明胶布将写在纸上的编号紧密粘贴在导线上。注意将导线集结成束保护好,避免在洞内被施工所破坏。

量测:采用频率读数仪进行测量。

(六) 混凝土应力

测点布设:和围岩应力布设在同一量测断面上,每一断面宜布置 5~8 个测点(不同隧道具体要求不同)。安装时把应变计用细铁丝固定在衬砌钢筋上,位置和钢筋计一致,把线引出来,注意保护线的安全,计下混凝土应变计型号,并将混凝土应变计编号,用透明胶布将写在纸上的编号紧密粘贴在导线上。注意将导线集结成束保护好,避免在洞内被施工所破坏。

量测:采用频率读数仪进行测量。

(七)钢筋应力

测点布设:和围岩应力布设在同一量测断面上,每一断面宜布置5~8个测点(不同隧道具体要求不同),分别沿二衬钢筋的内外侧成对布设。安装前,在待测部位截去一段钢筋,然后把钢弦式钢筋计焊接在原部位,代替截去的一部分。在焊接过程中注意对钢筋计淋水降温,然后记下钢筋计型号,并将钢筋计编号,用透明胶布将写在纸上的编号紧密粘贴在导线上。注意将导线集结成束保护好,避免在洞内被施工所破坏。

量测:采用频率读数仪进行测量。

六、信息反馈与预测预报

在复杂多变的隧道施工条件下如何进行准确的信息反馈与可靠的预测预报是监控量测试验的主要内容之一。信息反馈与预测预报通过如下两个途径来实现。

(1)力学计算法。

(2)经验法。此法也是建立在现场量测基础之上的;其核心是根据经验建立一些判断标准来直接根据量测结果或回归分析数据判断围岩的稳定性和支护系统的工作状态。在施工监测过程中,数据“异常”现象的出现可以作为调整支护参数和采取相应施工技术措施的依据。何为“异常”,这就需针对不同的工程条件(围岩地层、埋深、隧道断面、支护、施工方法等)建立一些根据量测数据对围岩稳定性和支护系统的工作条件进行判断的准则。

①根据围岩(或净空变化)量值或预计最终位移值与位移临界值对比来判断。位移临界值的确定需具体工程具体确定。

②根据位移速率来判断支护施作时机,二次支护时间可以根据净空变化的速率达到某一给定值进行施工(围岩变形基本稳定)。

③位移-时间曲线。

根据现场量测的位移-时间曲线进行如下判断:

$\frac{d^2u}{dt^2}<0$,说明变形速率不断下降,位移趋于稳定;$\frac{d^2u}{dt^2}=0$,说明变形速率保持不变,若发出警告,及时加强支护系统;$\frac{d^2u}{dt^2}>0$,则表示已进入危险状态,须立即停工,采取有效的工程措施进行加固。

【项目总结】

本项目通过3个实际监测案例,整体介绍了变形监测技术在工程中的综合应用,实现了理论到实践的跨越。通过学习使学生掌握了知识的综合应用能力和创新能力。

【学习重点和难点】

变形监测理论知识在实际工程中的灵活应用。

南极科考历程

“南极”是南极洲的简称,南极洲面积约 1 400 万 km^2,超过欧洲和大洋洲,是地球上的第五大洲。南极是地球上最寒冷、最荒凉、最干旱、最孤独的大陆,没有常住居民(有少数科考人员季节性停留)。

1772~1775 年,英国航海家詹姆斯·库克率两艘独桅帆船果敢号和探险号 3 次穿过南极圈(未登上南极大陆),这是已知人类对南极探险的起点。1821 年,美国捕鲸船员约翰戴维斯踏上了南极半岛,这是有记录的世界上第一个踏上南极的人。1911 年 12 月 14 日,挪威探险家阿蒙森的五人探险队到达南极点,这是人类第一次到达南极点。

为约束人类在南极洲的活动,1958 年 阿根廷、澳大利亚、比利时、智利、法国、日本、新西兰挪威、南非、美国、英国、苏联 11 国对南极展开讨论,于 1959 年 12 月 1 日签署了《南极条约》(1961 年 6 月 23 日生效) ,这是人类对南极进行国际治理的起点。1983 年 6 月 8 日,中国加入《南极条约》。

1980 年 1 月,国家海洋局第二海洋研究所研究实习员、山东荣成人董兆乾和中国科学院地理科学与资源研究所助理研究员张青松参加了澳大利亚南极考察队,首赴南极考察,成为最早赴南极考察的中国科学家(具有中国国籍的旅美科学家张逢铿 1958 年 11 月曾随美国国家科学基金会的南极研究计划登上南极大陆,是首个登上南极大陆的中国人,但因其长期旅居海外,其登陆南极大陆行动与中国无关)。

1984 年 11 月 20 日,中国派 591 人组成南极考察队,乘坐向阳红 10 号和 J121 号 2 艘科学考察船赴南极进行科学考察,这是中国第一次真正对南极展开探索。12 月 27 日,南极考察总指挥陈德鸿、南极洲考察队队长郭琨、副队长董兆乾和有关人员登上南极洲的乔治岛(位于南极圈外)。12 月 31 日上午,在乔治岛上隆重举行了中国南极长城科学考察站的奠基典礼。1985 年 2 月 14 日 22 时(当地时间,北京时间 15 日上午 10 时),中国南极长城站的建设全部完成,这是中国政府在南极洲建立的第一个科考站。

1989 年 2 月 26 日,中国第二个南极科考站中山站在位于南极圈内的东南极大陆伊丽莎白公主地拉斯曼丘陵和维斯托登半岛上建成。

1990 年 3 月 3 日,中、美、法、苏、英、日 6 国队员组成的 1990 国际横穿南极考察队成功穿越南极点,并胜利抵达终点俄罗斯的和平站,完成了人类历史上首次徒步横穿南极大陆的科学探险活动。中国科学院院士秦大河,作为中国代表全程参与了穿越活动。2009 年 1 月 27 日,中国第三个南极科考站、首个南极内陆考察站昆仑站,在位于南极内陆冰盖最高点冰穹 A 西南方向约 7.3 km 处建成。

2014 年 2 月 8 日,位于中山站和昆仑站之间的伊丽莎白公主地的中国第四个南极科考站——泰山站建成。

2018 年 2 月 7 日,位于南极三大湾系之一的罗斯海区域的中国第五个南极科考站——罗斯海新站在恩克斯堡岛正式奠基。

2024 年 1 月 13 日,正在建设中的我国第五座南极科考站——南极罗斯海新站,完成主楼最后一根钢梁吊装,标志着新站主楼主体结构实现封顶。

【项目知识检测】

1. 变形监测知识如何实现在不同工程中的应用。

2. 变形监测方案设计要注意哪些项？

参考文献

[1] 岳建平,方璐,黎昵.变形监测理论与技术研究进展[J].测绘通报,2007(7):1-4.
[2] 邹自力.边坡监测与变形分析[J].江西测绘,2004(3).
[3] 戴恽,邹自力.钢结构网架挠度形变检测[J].江西测绘,2006(4):7-8,45.
[4] 邹自力,汤俊.基于加权组合模型的沉降预测讨论[J].城市勘测,2010(1):89-91.
[5] 邹自力,卢艳.基于MO的土地利用规划管理信息系统的设计与实现[J].东华理工大学学报,2009(2):172-176.
[6] 秦智慧,李跃,邹自力.基于MGE管理的地形图数据转换到ArcCIS平台的方法及实现[J].城市勘测,2007(3):73-75.
[7] 罗德仁,邹自力,邹正周,等.RTK航道疏浚应用及工程坐标转换参数的获取[J].北京测绘,2005(2):44-47.
[8] 邹正周,邹自力.实时差分GPS定位技术在疏浚工程中的应用[J].西部探矿工程,2005(7):208-210.
[9] 张正禄.工程测量学[M].武汉:武汉大学出版社,2005.
[10] 岳建平,田林亚.变形监测技术与应用[M].北京:国防工业出版社,2006.
[11] 苏怀智,吴中如.大坝工程安全监测仪器优化设计[J].南昌工程学院学报,2005(3):5-9.
[12] 赵志仁.大坝安全监测设计[M].郑州:黄河水利出版社,2003.
[13] 高改萍,李双平,苏爱军,等.测量机器人变形监测自动化系统[J].人民长江,2005(3):63-65.
[14] 张加颖,麻凤海,徐佳.基于TCA2003全站仪的变形监测系统的研究[J].中国矿业,2005(4):67-69.
[15] 何秀凤,华锡生,丁晓利,等. GPS一机多天线变形监测系统[J].水电自动化与大坝监测,2002(3):34-36.
[16] 吕刚.大坝安全监测技术及自动化监测仪器、系统的发展[J].大坝观测与土工测试,2001(3):1-4.
[17] 李宏男,李东升,赵柏东.光纤健康监测方法在土木工程中的研究与应用进展[J].地震工程与工程震动,2002(12):76-83.
[18] 黄其欢,何秀凤. D- InSAR技术及其在监测地表形变中的应用[J].全球定位系统,2005(3):19-23.
[19] 张正禄,张松林,黄全义,等.大坝安全监测、分析与预报的发展综述[J].大坝与安全,2002(5):13-16.
[20] 赵斌,赵志勇,邱小弟,等.小湾水电站安全监测自动化系统的总体设计[J].水电自动化与大坝监测,2008(6):53-57.
[21] 李青岳,陈永奇,等.工程测量学[M].3版.北京:测绘出版社,2008.
[22] 中华人民共和国住房和城乡建设部.建筑变形测量规范:JGJ/T 8—2016[S].北京:中国建筑工业出版社,2016.
[23] 伊晓东,李保平.变形监测技术与应用[M].郑州:黄河水利出版社,2007.
[24] 薛志宏,卫建东,金新平,等. GPS在雅砻江卡拉电站滑坡监测中的应用[J].测绘工程,2007(2):65-68.
[25] 武文波,张国辉,梁洪武,等.采用全自动全站仪的滑坡监测系统研究[J].仪器仪表学报,2004(4):

412-413.
[26] 梁杨兴,徐顺明.广州地铁二号线调整工程位移沉降监测与分析[J].山西建筑,2008(8):305-307.
[27] 江杰,李新平,徐鹏程.水布垭电站尾水隧洞围岩变形监测与稳定分析[J].武汉理工大学学报,2005(12):72-74,82.
[28] 包欢,徐忠阳,张良琚.自动变形监测系统在地铁结构变形监测中的应用[J].测绘学院学报,2003(2):103-105.
[29] 蒋志坚.昆明某小区高层建筑变形测量[J].城市勘测,2007(4):77-79.
[30] 田胜利,葛修润,涂志军.隧道及地下空间结构变形的数字化近景摄影测量试验研究[J].岩石力学与工程学报,2006(7):1309-1315.
[31] 何秀凤.变形监测新方法及其应用[M].北京:科学出版社,2007.
[32] 牛志宏.变形工程监测技术[M].北京:测绘出版社,2013.
[33] 邱冬炜,丁克良,黄鹤,等.变形监测技术与工程应用[M].武汉:武汉大学出版社,2016.
[34] 侯建国,王腾军.变形监测理论与应用[M].北京:测绘出版社,2018.
[35] 李金生.工程变形监测[M].武汉:武汉大学出版社,2013.